缔造富豪

探寻富豪成功之路

张美娜 ◎ 编著

内蒙古出版集团
内蒙古文化出版社

图书在版编目（CIP）数据

缔造富豪：探寻富豪成功之路 / 张美娜编著. ——
呼伦贝尔：内蒙古文化出版社，2010.7
　　ISBN 978-7-80675-825-0

　　Ⅰ.①缔… Ⅱ.①张… Ⅲ.①成功心理学—通俗读物
Ⅳ.① B848.4-49

中国版本图书馆 CIP 数据核字（2010）第 138022 号

缔造富豪：探寻富豪成功之路
DIZAO FUHAO：TANXUN FUHAO CHENGGONG ZHI LU

张美娜　编著

责任编辑	白　鹭
封面设计	大象设计
出版发行	内蒙古文化出版社
地　　址	呼伦贝尔市海拉尔区河东新春街4－3号
直销热线	0470－8241422　　邮编　021008
排版制作	鸿儒文轩
印刷装订	三河市华东印刷有限公司
开　　本	710×1000毫米　1/16
字　　数	210千
印　　张	19
版　　次	2010年9月第1版
印　　次	2024年1月第2次印刷
书　　号	ISBN 978-7-80675-825-0
定　　价	58.00元

版权所有　侵权必究
如出现印装质量问题，请与我社联系。联系电话：0470-8241422

前　言

2010年3月10日,福布斯全球富豪排行榜在纽约一经出炉,就得到许多人追捧,富豪再次成为人们茶余饭后的谈资。其实,即使没有这个榜单出炉,富豪依然是众人竞相追捧的对象。因为随着这些年经济的日益发展,对于财富的追逐已经成为人们生活中的一部分。巨额财富的积累使得富豪的身上笼罩起迷人的光环。

追求成功是人生永远的主题。渴望成功,是人之常情。但在茫茫人海中却只有少数人能够叩开成功的大门,站到胜利的巅峰。身在同一片蓝天下,为什么只有这少数人能创造出人生的辉煌,大多数人却壮志难酬呢?

如果我们耐心地探索和研究世界顶级富豪们的创业史,就会发现,任何一个财富的争夺都是一场集谋略、智慧、财力、内在素质的搏击。无论是国外的还是中国本土的富豪,在他们身上我们都可以找出与众不同的特质。正是这些特质,指导着他们最终走向胜利,笑傲群雄。

我们现在编辑出版的这本书对于很多人来说,都具有非常大的吸引力。因为它立足于国内外富豪的创业史,探寻他们的成功之路,从而解密富豪为什么会有今天的成功。我们经过完整分析富豪们的创业历程,深度挖掘富豪们的成功特质,总结成这样几点:善于捕捉商机、拥有远见卓识、有强烈的赚钱欲望、敢于冒险、非常自信、懂得节俭、有经营天赋、善于推销自己和不怕失败的创业激情。正是这些东西,使他们在风云变幻的商场中勇敢地搏击,最终笑到了最后。

这里面我们收集了众多国内外富豪的真实案例,这些案例具有很强的说服力和可借鉴性。告诉世人他们不是靠着神的暗中帮助才成功的,而是一步一步靠着自己的力量走到了今天。这其中力量的源泉,正是我们总结出来的富豪们的内在特质。

商场从来就是可以与战场相媲美的,一个人要想永久地与财富结缘,在商场博弈中杀出重围,就需要对财富有清醒地认识,并将财富当成一种事业的载体来看待。除此之外还要借鉴富豪们的成功经验,努力向富豪们的特质靠拢,将这些特质变成自己的习惯。只有这样,才可能真正成为财富的拥有者。

一个善于观察思考、善于学习的人,在很多时候会成就其他人成就不了的事。那现在就行动起来吧,通过对富豪案例的分析借鉴,来汲取营养,武装头脑,充实心灵,从而拥有更耀眼的人生光彩,开创更美好的未来。

愿更多的人成为新时代的富豪。

目 录

第一章 善于捕捉商机

用商机成就梦想的汉堡包大王 / 2
有空白就有机会 / 9
细微之处挖财源 / 12
商机靠自己挖掘 / 15
机会垂青有准备的人 / 19
抓住机会，才能成就未来 / 22
关于商机 / 27
商机隐藏在哪里？ / 30

第二章 富有远见卓识

远见卓识成就了哈默 / 36
有目标才能有远见 / 38
商机无限，但要看得见 / 42
远见能变成财富 / 45
果断才能让远见卓识发挥得淋漓尽致 / 48
凡事预则立不预则废 / 52
关注行业和企业的发展及问题 / 55
从冷门入手，捕捉行业发展先机 / 57
没有远见只能失败 / 63

第三章 强烈的赚钱欲望

欲望是追求人生目标的动力 / 68
梦想就是欲望实现的翅膀 / 72
贫困是一种疾病 它需要欲望来治疗 / 80
不想当将军的士兵不是好士兵 / 83
强烈的欲望是财富的源泉 / 85
激发成功欲望 / 88
没有邪恶的欲望，只有扭曲的人性 / 92

第四章 敢于冒险

财富与冒险成正比 / 98
有冒险才有成功 / 102
冒险还需要野心和胆识 / 104
拒绝冒险，终将被淘汰 / 107
胆量是冒险的必备条件 / 110
危机之中打捞财富 / 113
精准的判断力不可或缺 / 117
判断力+果敢行动=成功 / 120
冒险不等于冒进 / 126

第五章 浑然天成的自信

信心是创业者成功的入场券 / 130
要坚持瓦伦达心态 / 134
自信，然后才有一切 / 137
反对意见无效 / 141
自信源于专注 / 146
如何变得自信 / 150
因为专注所以成功 / 157

第六章 财富源于节俭

节俭才能"生"财 / 164
富不过三代吗？/ 167
唯有节俭，才能成为最后的赢家 / 172
富豪节俭榜 / 176
节俭是增加财富的筹码 / 179
节俭是有计划的奔向财富 / 183
借债是财富终结的催化剂 / 186

第七章 卓越的经营才能

善借外力 / 194
借人之智 / 196
借人之财 / 199

借人之名 / 201
借人之力 / 203
精心培养管理骨干 / 205
只有懂得合作的人才更容易成功 / 208
竞争优势效应 / 210
建立良好的人际关系 / 213
借助敌人的力量 / 216
和竞争对手做朋友 / 221
当众拥抱你的敌人 / 223
对手是一座山 / 225

第八章　善于宣传自己

让人知道我的酒香 / 230
没有调查就没有发言权 / 232
酒香也怕巷子深 / 234
匠心独运才能收获惊喜 / 238
反其道而行才能成功 / 243
有好理念才有好销量 / 247
诚信是最好的广告宣传 / 249
信用是最好的招牌 / 254
没有诚信拒入天堂 / 258

第九章　坚韧不拔，知难而进

站起来的次数要比被击倒的次数多一次 / 262
失败只是柳暗花明前的山重水复 / 265
不经历风雨怎么见彩虹 / 270
没有人是永远不幸的 / 274
你不放弃希望，成功才不会放弃你 / 277
坚韧是战胜失败的必要因素 / 281
坚韧是通向成功的铺路石 / 284
坚韧是成功的保证 / 287
意志力是坚韧的同胞兄弟 / 289
激情是不惧失败的火焰 / 293

第一章 ◎ 善于捕捉商机

> 商机往往隐藏在平凡的事物中，只有善于捕捉的人才能发现。
>
> ——佚名

用商机成就梦想的汉堡包大王

在历史的长河中，如果你用心搜寻，一定可以发现，有那么多的人在捕捉商机这方面有着让人称道的地方，下面就讲一下麦当劳的故事。

如果细数麦当劳的经历，会觉得这又是一个神话。这个以经营汉堡包为主的快餐王国，历经40年的发展，到上世纪90年代初，在全世界80个国家和地区，成功建立了1.6万多家分店。每天销售汉堡包达两亿多个，年营业额达150亿美元。所有的麦当劳快餐店都挂着耀眼夺目的金黄色双拱形M字招牌，而这个招牌已经为越来越多的人所熟知。相信人们会有这样的错觉，当看到M招牌的时候，就会觉得这家快餐公司的老板是麦当劳。其实不然，麦当劳兄弟俩充其量是麦当劳公司的奠基人，而真正创建麦当劳快餐王国的却是雷蒙·克罗克。

克罗克是怎样成为亿万富翁，又是怎样使麦当劳公司扶摇直上，成为全球性快餐王国的呢？

克罗克年轻时家境不好，高中只上了一年就休学了。他在几个旅行乐队里弹过钢琴，后来在芝加哥广播电台担任音乐节目的编导。从1929年起的25年中，克罗克一直从事推销工作，先是在佛罗里达帮人推销房地产，后来在美国中西部卖纸杯。作为推销员，他曾遭遇过很多次失败。他后来回忆说："在佛罗里达推销房地产失败之后，我彻底破产，身无分文了。那时，我没有大衣，没有风雨衣，甚至连一双手套都没有。我开车进入芝加哥穿过寒冷的街道回到家时，简直快冻僵了。"

1937年，克罗克的生活有了一点转机，他在一家经销混乳机的小公司当老板。但受到第二次世界大战的冲击，克罗克经营惨淡，生意勉强能够维持。到了

第一章　善于捕捉商机

50年代，已达天命之年的克罗克，依旧是个小老板，眼看就要默默无闻地了却他的一生了。

不过，众所周知，机会只垂青于有准备的人，特别是那些能够抓住机会，并一抓到底的人。成功的机会可以从一笔买卖、一场交易、一项工作，甚至从一顿饭中获得。1954年，51岁的克罗克正是在一次偶然的机会中抓住了他发迹的契机。

1937年，一对犹太人兄弟——麦克·麦当劳和迪克·麦当劳，因为经济萧条的影响，高中毕业后就不得不离家外出，从美国东海岸远行到加利福尼亚，以寻找新的就业机会。他们开过一家小电影院，但最终将落脚点放在了经营汽车餐厅上。1943年，通过对过去3年餐厅收入的研究，他们发现，有80%的收入来自汉堡包，而不是排骨。也许他们根本预想不到，就是这不经意的发现最终带来了食品服务业的一场革命。

很快，麦氏兄弟开始主要销售这种每只15美分的汉堡包。并对经营方式进行了重大改革，采用自助式用餐，使用纸餐具，提供快餐服务，这种独一无二的汉堡包小餐厅经营方式大获成功。1952年7月，美国餐厅杂志以封面故事形式介绍了麦当劳新观念带来的惊人成就。接着，麦当劳兄弟开始建立连锁店，并亲自设计了金色双拱门的招牌。到1954年，拥有10家连锁店的麦当劳汉堡包餐厅，全年营业额已经达到20万美元。遗憾的是，目光短浅的麦当劳兄弟并没有意识到自己的发明具有极大的潜力。

也就是这个时候，克罗克这个传奇人物走进了圣伯丁诺城的麦当劳餐厅。他一眼就认定麦当劳具有无限广阔的前景。也正是他使得麦当劳发生了翻天覆地的变化。

故事还要从1954年说起，克罗克作为经销混乳机的老板，发现麦氏兄弟在圣伯丁诺市开的这家餐馆一下子就定购了8台混乳机。因为一直以来很少有人一下子购买这么多的混乳机，所以麦氏兄弟的订单让克罗克感到非常奇怪。出于生意上的需要，他认为必须弄清楚这是怎么回事，所以他特地赶到了圣伯丁诺。

麦当劳兄弟开的这家餐厅，与当时无数的汉堡包店相比，外表上并没有什么大的区别。但是，麦当劳还是以自己的方式震撼了克罗克。当时正是中午，小小的停车场里挤满了人，足有150人之多，在麦当劳餐厅前排起了长队。麦当劳的服务员快速作业，竟然可以在15秒之内交出客人所点的食品。这种作业方式，克罗克以前从未见过。

缔造富豪

"我从来不为买一个汉堡包而排队。"克罗克故意大声说,以期引起顾客的注意。

客人中立刻有人搭话告诉克罗克,这里的食品价格低、品质好,餐厅干净,服务又周到。何况速度非常快,别看排队的人这么多,一会儿就能买到。他经常在这里买东西,已经是这里的常客了。他还告诉克罗克可以一试。

听了顾客这番话,克罗克马上察觉到麦氏兄弟已经踏进了一座"金矿"。他立刻进店找到这两个犹太人,问他们生意这么好,为什么不多开几家餐厅?当时,克罗克心里盘算的还只是自己的混乳机,如果每家麦当劳餐厅都买他8台机器的话,他就发财了。然而,迪克·麦当劳却摇了摇头,指着附近山坡上的那栋房子说那是他们的家,因为自己喜欢那个地方,所以不想连锁店开得太多,因为这样就没有回家的时间了。

这番话在克罗克听来,无异于是将自己的好运让给了别人。因为,很显然,麦氏兄弟身在"金矿"不识"金"。

老克罗克凭着多年的经验,意识到自己的机会来了。他看准了麦当劳,决心开办连锁餐馆。第二天,他就与麦氏兄弟进行了协商。麦氏兄弟很快就答应给他在全国各地开连锁分店的经销权。但条件非常苛刻,克罗克只能抽取连锁店营业额的1.9%来作服务费,其中只有1.4%是属于克罗克的,0.5%则归麦当劳兄弟所有。一心想干一番大事业的克罗克,毫不犹豫地接受了这个非常苛刻的条件。

1955年3月2日,克罗克创办了麦当劳连锁公司。他的第一家麦当劳餐馆同年4月在得西普鲁斯城开张。9月,在加州的弗列斯诺市,第二家餐馆也成功开业了。3个月后,第三家餐馆在加州雷萨得市建立。推销员出身的克罗克,也在连锁店开张的时候找到了充分展示他推销才能的舞台,开设分店的速度变得越来越快。到1960年,克罗克已经拥有228家麦当劳餐馆,其营业额达3780万美元,麦氏兄弟拿去0.5%——18.9万美元的利金,麦当劳连锁系统这一年一共只赚到7.7万美元。随着规模的扩大,麦氏兄弟抽查的利金将会越来越多。而且根据当年合约的规定,克罗克不得对麦当劳兄弟设立的快速服务系统做任何的变动,但实际上克罗克在经营中至少已经做了几百次细小的改良。麦氏兄弟的规定,严重阻碍了麦当劳事业的进一步发展,这迫使克罗克下决心买断麦当劳。

1961年年初,克罗克和麦氏兄弟开始谈判出让麦当劳权利一事。但麦氏兄弟出价惊人: 270万美元!其中兄弟俩每人100万美元,交税70万美元,而且一定要现金。克罗克差点气晕了,他放下电话强迫自己冷静下来。麦氏兄弟的用意非

第一章 善于捕捉商机

常明显,他们知道克罗克一下子拿不出那么多的钱,这样克罗克就无法买断麦当劳,而这也正合他们的意,可以成功地制止克罗克拥有麦当劳。

克罗克考虑再三,权衡利弊,最终还是答应了麦氏兄弟的条件。克罗克和他的天才财务长桑那本,使出浑身解数,几经周折,借贷270万美元,买下了麦当劳餐馆的名号、商标、版权以及烹饪配方。到此为止,美国的全部麦当劳快餐店都划归到克罗克名下。虽然公司的名号仍叫麦当劳,却与麦当劳兄弟一点儿关系都没有了。麦氏两兄弟虽然是麦当劳公司的创业者,但显然不是能做大生意的人。克罗克事后回忆说:"他们虽然比我年轻,可他们都歇手不干了,而我可不能抛锚。"

在签订合约的最后文本时,麦氏兄弟出尔反尔,将圣伯丁诺的麦当劳餐厅排除在交易之外。因为这是他们建立的第一家店,也是整个麦当劳餐厅的发源地,他们对这个店颇有感情。克罗克虽然也把这个店看成是交易中最有价值的一部分,但从大局考虑,只好放弃了。

然而,克罗克并没有忘却这个富有象征意义的餐厅。他在后来奋力反击,在圣伯丁诺店的附近买了一块空地,盖了一间与原店一模一样的麦当劳餐厅。由于麦当劳的名称已被克罗克买断,因此新店就叫"麦当劳",而麦氏兄弟的老店只能改叫"大麦克"。谁知这样一来,新店的生意开始兴隆,老店却一落千丈,元气大伤。因为许多老主顾都以为麦当劳搬家了,都跑到新店去了,没人搭理那个叫"大麦克"的店。实际上两店卖的东西没有什么不同,销售额却相差很多,由此可见,"麦当劳"这名字的确具有很高的价值。

这一下轮到麦氏兄弟忧心忡忡了,到了1968年,兄弟俩无奈之下索性把这个昔日曾与克罗克争了个你死我活的宝店卖了!此后这个店称得上是命运多舛,几易其主也没见有什么起色,最后改成了一家唱片行。

摆脱了束缚,克罗克这下终于可以自由发挥了,他把自己的那一套管理方式发挥得淋漓尽致。

麦当劳公司需要具有强烈进取精神的人才。克罗克说:"我要的是全力以赴献身事业的人。如果只想挣钱养家过安逸的日子,那就别到麦当劳来。"

麦当劳各分店的经理平均年龄35岁,他们大都在其它行业上有过相当杰出的成就,并且银行账户上的数字非常可观。克罗克的招聘指导思想是:为了阻止那些不称职或表现平平的人进入,公司将最初的现金投资额定得很高。

取得一家麦当劳分店的经销权要花11~12.5万美元,其中必须有一半现金,另一半可以申请贷款。资金到位后，由克罗克派人选择地点并建造餐馆。等新的分店开张后，分店经理要将每月营业额的11.5%付给公司，其中3%作为管理费，8.5%是租金。

乍一看，这些条件貌似苛刻了些，但实际上分店经理还是能赚到很多钱。一家经营良好的餐馆，在3年到5年内就能赚回原来的投资额。麦当劳公司各分店的年营业额平均为43万至50万美元，一个中等水平分店的经理每年可盈利5~7.5万美元。

克罗克对优秀分店经理的最大奖赏，就是一有可能就让他们买到更多的经销权。有些经理拥有4家、6家甚至8家餐馆，所赚的钱相当可观。在麦当劳公司，大约有六七十个分店经理成了百万富翁。

在人才培养上，最能体现麦当劳特色的地方是克罗克一手创办的"汉堡包大学"。克罗克规定他的经理人员必须接受"汉堡包大学"的专门培训。在麦当劳，只承认汉堡包大学培养出来的汉堡包学士，其它任何学历都不被承认。

事实上早在1961年2月，第一所汉堡包大学就在伊利诺斯州的爱克鲁市建立了。学员们经过19天的专业训练，外加一门法式土豆片选修课，经考试合格后就可以获得"汉堡包大学"的学士学位了。现在，汉堡包大学的很多课程都被美国教育当局承认，已被列为许多大学的正式学分。

克罗克在现有麦当劳的基础上，创造性的使用自己的品质上乘、服务周到、地方清洁的法宝和自己的广告效益，成功地让麦当劳如雨后春笋般在世界各国安家落户了。它们在各自不同的国家，针对不同的市场文化，采用了不同的促销手段，但却使用着同一套标准的营运系统。到了上世纪80年代初，麦当劳已在世界33个国家和地区建立了6000多家分店。仅1985年一年就发展海外分店597家，平均15个小时就开一个店的速度使得它的竞争对手望尘莫及。

也许克罗克的事迹在我们看来有些陈旧，但是隐藏在其中的真理却是不容忽视的。任何一个渴望成功的人，其实都是这样，他们在变幻莫测的竞争环境中练就了一双敏锐的眼睛。同是看一个事物，有的人一扫而过，没有发现任何玄机；有的人在看第一眼的时候，就已经看出了不同，参透了其中的秘密。如果你喜欢看柯南，就一定会佩服那个变小的高中生。他和其他的侦探一起去办案子，总是他发现问题，进而解决问题，就是因为柯南看到了表象下掩盖的事实真相。

商机也是这个样子。如果在纷繁复杂的事物里面，你可以拨开乌云，就一定不会像麦当劳兄弟那样，只固守着那一亩二分田，不能让事业有更大的发展了。

第一章　善于捕捉商机

机遇对于任何人来说都是平等的，不论你是女佣还是已经拥有万贯家产的富翁。只要有空白就会有市场。

对于任何一个公司来说，能捕捉到商机才有可能站到胜利的领奖台上。如果连商机是什么都搞不清楚的话，那真要怀疑这个公司是不是能够继续发展下去。这条定律适用于任何一个公司，不管是大的还是小的，即使它只是一个饭馆。试想，如果这个饭馆做出来的饭菜都不合大家的胃口，明明人家喜欢吃辣，你偏要弄出上海菜的甜，那最终只能关张大吉了。所以说商机对于很多公司来说就是一个发展的契机。

如何才能抓住这转瞬即逝的商机呢？让这如同女神一样甜美的容颜在你面前悄然绽放呢？这就需要下一番苦功夫了。

信息产业界的人都知道，比尔·盖茨从来都不是专业技术的领先者，但最终成为世界首富的人是他，而不是那些专业技术过人的专家。微软一直被那些持反对意见的人称为贪得无厌的剽窃者，而这也正是盖茨的伟大所在。他从来不放过任何一个可以利用的商机，这一点使他与以前的成功人士有了很大的差别：从前成功人士的威力通常集中在某一行业，盖茨却借助软件的影响，把触角伸到了生活的方方面面。

在微软自己出的百科全书《英卡塔》中，对盖茨的评价是："盖茨的大部分成就，在于他有能力将科技的远景转化为市场策略，把对科技的敏锐和创造性融合在一起。"然而盖茨实际上就是一个凡人，但是一个不容置疑的智慧超人，有着超凡的经营远见和超强的好胜心，以及迫不及待抓住一切可能机会的科技精英。

盖茨的成功得益于他超乎常人的市场直觉、经营手法以及杰出的推销能力。这也是风险投资家所具备的良好素质。盖茨虽然算不上是一个严格意义上的风险投资家，但是他无意中具备了风险投资家所具备的最起码的素质。

善于捕捉商机，并利用凶悍与霸道的经营手法将对手赶尽杀绝，使别人几乎无立足之地，这是盖茨惯用的手法。他以高人一筹的市场远见与不凡的经营策略，成功占领了信息产业的制高点。业界人士经常无奈地表达他们的痛苦："最好的市场就是没有比尔·盖茨的市场。可惜，在信息产业界，他的阴影无处不在。"

说起来，微软的成功应该归功于蓝色巨人IBM，虽然这其中不仅仅是幸运。盖茨用自己的远见看出与IBM的交易影响深远。他知道如果有操作系统就可以建立起通用的平台,而这将改变个人电脑的历史走向。事实上这个决定最终迫使许多在技术上更加完善的操作系统黯然淡出历史舞台。

当微软公司的股票上市公告宣布后,盖茨更没有放过这个在近期内能给自己和公司带来巨大经济效益的机会,他开始马不停蹄地向集团购买者巡回推销股票。

在这次巡回推销活动中,盖茨代表公司在10天内到世界8个城市进行过宣传,包括世界金融中心伦敦。这虽然对于盖茨来说确实有点疲于奔命,但是为了让自己的股票有一个好价格,盖茨不但在这些城市逗留,还在每个城市发表演讲。

当乘坐的飞机在英国伦敦徐徐降落,盖茨一行受到了英国式的热烈欢迎。而盖茨的辛苦劳作也换回了股民的大把钞票。1986年3月13日微软股票上市的第一天,共成交360万股,可谓取得了一个巨大的成功。中午时分,每分钟就有大约几千股成交。如果有人以每股21美元的价位吃进,在最高值抛出,那他一天之内将增值40%以上。

第一章 善于捕捉商机

有空白就有机会

　　机会只垂青于那些有准备的人。因为这样的人每时每刻在等待成功的降临，每一分钟都敞开怀抱，准备拥抱成功。

　　美国的克里芙兰市有个年轻女孩，名叫娅克妮。因为家庭变故，中学还没有毕业就辍学自谋生路。因为文化程度比较低，找不到好的工作，只能到富人家做女佣。

　　但是娅克妮是一个很有志向的女孩子，她不想一辈子都做女佣。她渴望自己可以像那些成功女人一样，闯出一番自己的事业来。所以她每天帮主人做完所有的家务后，都会找一段时间找一些书来读。因为这家的男主人是一家工厂的老板，故而财经方面的书很多，娅克妮渐渐就对经商产生了浓厚的兴趣。

　　而且，娅克妮还有一个优点，就是做事认真有条理。人又聪明伶俐、诚实，深得这家女主人的欢心。女主人对娅克妮的好学精神颇为赞赏，一有空就和她聊天，指点她料理家务，告诉娅克妮一些外面的事情，给她讲人生的意义和做生意的诀窍。

　　耳濡目染之下，娅克妮心里渐渐有了一个模糊的影像——希望自己也能做老板。只是怎样做、做哪一个行业，她还没有一个清晰的概念。但她坚信，自己不会永远这样给人家做保姆，永远过清贫的日子。

　　机会很快来了。一天，娅克妮打扫完所有的房间，正坐在主人的书房里看书，电话突然响了，娅克妮拿起电话，原来是女主人打来的。说想请娅克妮帮个忙，他们家楼下左边的别墅里住着女主人的一个朋友，家里有一个卧床的老人，一直雇不到保姆照顾。今天老人有些发烧，碰巧女主人的朋友要出去参加一个重要会议，不能回去。老人又不能一个人在家，所以想请娅克妮去照看一天。放下电话，娅克妮马上就去了女主人的朋友家。但是娅克妮本身还有自己女主人家的事情要做，分身乏术，只能在料理完女主人家的事情后，在中午时分再去陪陪那个生病的老人，照顾她吃一些东西。

然而经过这么一折腾，娅克妮心里模糊的影像逐渐清晰起来。她决定成立一个"家政服务公司"，专门为那些忙于工作，没有时间照顾老人、孩子和料理家务的上班族服务。就像自己女主人的朋友这样的家庭，一定非常需要这样的帮助。但当时资金还不足，娅克妮只能省吃俭用，一点点地积攒创业资金。不过在这期间，她心中的影像却随着时间的流逝逐渐的清晰和明朗起来。

很快两年过去了，娅克妮手中积攒下了一笔钱，她认为自己创业的时机已经成熟了，就买了一些清洁用品，并印制了传单，还请了四名女工，成立了一家"娅克妮女佣公司"。

开始，娅克妮并不着急招揽业务，而是先将传单张贴出去。另一方面对聘请来的女工进行专业训练，使她们掌握一整套料理家务的专业技能。经过这些短期训练，"娅克妮女佣公司"正式开业了。

"娅克妮女佣公司"一经成立，就和当时的市场需求打了个合拍。因为当时还没有一家这样的女佣公司，来雇用者简直挤破了公司的门槛。

随着业务量的逐渐增加，娅克妮丝毫没有放松对公司员工的培训。对于新来的人员，她一定要经过严格训练，确认她们完全可以胜任了才让她们开始工作。由于"娅克妮女佣公司"的服务标准高、质量好，能达到客户的要求，所以接受服务的家庭普遍感到十分满意。她们的服务品质很快就被社会广为传颂，从而树立起了良好的口碑。使服务范围由单纯的家庭服务，向更广阔的范围延伸，许多企业和公司都找上门来，要求服务。

"娅克妮女佣公司"很快就扩展到了美国27个州，成为美国一家知名企业。女佣出身的娅克妮也成了美国有名的富婆。

很多人在看到苹果砸到牛顿头上的时候都非常羡慕，只是他们不知道，为了等待这个苹果的降临，牛顿曾经有过怎样的努力和奋斗。苹果最终能砸下来，只不过是对牛顿勤奋和努力的一种回报罢了。

另外，也总是能听到很多人抱怨自己没找到商机，所以发不了财。我要说的是，机会随时存在，你没有抓到只是因为你看到机会总是让它白白的流失掉，或者是看到了却没有向更深一层思考。娅克妮作为一个女佣，没有怨天尤人，没有对现实不满，而是在自己的生活中积极准备创业。一个让她帮忙照顾老人的简单

第一章 善于捕捉商机

而平常的事，让娅克妮心中的影像逐渐清晰，也就在那个时候她决定要开一个女佣公司。随后，她就为开公司做准备，把这个机遇紧紧地抓在自己手里，最终公司成立起来，而且口碑良好。她也从一个原本平凡的女佣变成了现在的富婆，生活终于圆了她的美梦。

▲ 缔造富豪
　DIZAOFUHAO

细微之处挖财源

也许有人会问，这么多的机会，我究竟应该怎么抓呢？也许我们应该学一下这个懂得在细微之处挖财源的人的经验。

任何时候财富对于大多数人来说，都有着绝对的魔幻力量，引得人们蜂拥而至。19世纪中叶，美国加州传出消息，说在那里发现了储量可观的金矿。消息一经传出，整个美国都沸腾了。人们群情激昂跃跃欲试，很多人放下手里的工作，日夜兼程、马不停蹄地奔赴加州。谁也不想错过这个千载难逢的发财机会。17岁的穷孩子亚默尔也在这庞大的队伍之中。

一时间到处都是淘金者，而狼多肉少，金子的数量是有限的，自然也就越来越难淘。况且当地气候燥热，到处是荒山野谷，粮食和生活日用品霎时变成了稀缺物品。人们像是走进了沙漠，看不到希望，水更成了绝对的稀有资源。在这样艰苦的条件下，许多淘金者因为不适应那里的气候条件，带着没有找到金子的遗憾永远地长眠在这块传说中藏满金子的地下。小亚默尔和大多数人一样，不但没有挖到金子，还被饥渴折磨得浑身无力。

这天，小亚默尔因为不舒服，就没有充满斗志的去挖金子，而是躺在用木板搭起的简陋的床上，思考自己的未来。

身上带来的钱很快就要花光了，可到现在为止连一粒金子也没有挖到，关键是还要忍受没有水喝的痛苦。想到水，亚默尔绝望地看了看已经空了的水袋。突然一个念头在他脑袋里一闪而过："淘金的希望太渺茫了，这样下去，不光什么都得不到，身体还会垮掉，还不如卖水呢！对！卖水！一定没问题！"亚默尔想到这里马上兴奋起来，很快忘记了身体的不适，从床上跳下来，把挖金矿的工具收拾到一起走出帐篷。此时，小亚默尔心里因为装了那个卖水的希望，浑身上

第一章　善于捕捉商机

下充满了力量。他很快开始打听这个地方离哪处水源最近，挖水渠又需要哪些工具。一周以后，亚默尔正式开始了自己找水卖水的新事业。

亚默尔要放弃挖金矿改行卖水的消息一传出去，立刻遭到了那些狂热的淘金者们的嘲笑。他们笑这个孩子胸无大志，千辛万苦地赶到加州来，不挖金子发大财，却干这种蝇头小利的小买卖。可亚默尔不管这些，他埋头苦干，开始挖水渠，从百里之外将河水引入水池。没有人理他、帮他，他就一个人没白天没黑夜地忙碌，双手都磨出了血泡。饿了啃口黑面包，困了躺在石头旁睡一会儿。附近的农夫看了很不忍心，于是纷纷过来帮他。很快，水就被引进了水池。亚默尔用细沙将水过滤，使之变成清凉可口的饮用水。然后将水装进桶里，挑到山谷，一壶一壶地卖给那些狂热的找金矿的人。大家仿佛在沙漠中看到了绿洲，一看到水就匆忙跑过来。一时间，排队买水喝的人挤破了头，自己一次喝够了还要买回去储存起来一些。水总是供不应求，因此小亚默尔常常要忙到深夜。后来，亚默尔又雇了几个人来帮忙，可依旧是一天24小时地忙，没有一刻空闲的时候。

有了充足的水，大家又被淘金刺激的充满了斗志，梦想发财的人们继续全力以赴地挖金子。然而，金子怎么会那么容易就得到呢？几年的时间里，淘到金子的人寥寥无几，大多数人都是一无所获的空手而归，有些人甚至因此沦为乞丐。而亚默尔却在很短的时间内，靠卖水赚到了6000美元，这在当时可是一笔非常可观的数目。那些当初嘲笑亚默尔胸无大志的人此时不得不佩服他的眼光了。

有了这笔钱，亚默尔用它成立了一家专门生产和加工肉制品的公司，也就是后来美国著名的亚默尔公司。

看到这些淘金的人，总是让我们想到前几年那些扎堆报专业的人。前几年管理热、法律热，于是那些经历过高考，成功走进象牙塔的人，纷纷报选这两个专业。但任何事情都是这样，物极必反，否极泰来，当供过于求的时候，就会向一个相反的方向滑落。结果这些年，做法律的，做管理的毕业生一抓一大把，没有找到工作的却比比皆是。

这些淘金者也是这样，任何一个热门的职业未必都能赚到钱。换个角度看问题，只要能抓住机会，独辟蹊径同样可以赚到钱。亚默尔就是很有说服力的证明。

当然这个男人的智慧，绝不仅仅体现在这一件事上。就在他赚钱开了公司以后，还有一件事更能说明他的智慧和善于捕捉商机。

有一天，亚默尔在阅报时看到一则很短的消息，大意是：墨西哥最近发现了瘟疫的病例。这则消息并不显眼，它夹杂在五花八门的新闻报道之中，注意它的人不多。但看到这则消息亚默尔马上想到，如果墨西哥真的发生了瘟疫，一定会从加州和得州边境传到美国。而这两个州是美国的肉类供应基地，一旦发生瘟疫，肉类的供应就会成为大问题，肉价也会因此猛涨。随后亚默尔派自己的医生去墨西哥证实了疫情，马上集中资金购买加州和得州的肉牛和生猪，及时运到美国东部储存起来。不久，瘟疫果真从墨西哥蔓延到了美国西部的几个州，美国国内的肉价飞涨。亚默尔把这批肉牛和生猪高价抛出来。这一笔生意，让他净赚了900万美元。

有一个成语叫蛛丝马迹，任何蛛丝马迹只要你悉心观察，一定可以从中探出重大的经营信息。许多在古代声名远播的侦探就是因为善于在蛛丝马迹中寻找线索，才使得那些别人无法破解的案子变得水落石出。做生意和开公司也是这样，随时保持敏感，不光在市场上寻觅信息，还要在自己已经获取的信息中发现"冷门"。只要发现了这个冷门，就等于你进了财门。

第一章　善于捕捉商机

商机靠自己挖掘

　　西方有这样一则寓言：50岁的麦克唐纳是一个优秀的牧师。他总是忠实履行自己的职责，被教区内的绝大多数教民视为"圣人"的典范，他自己也以此为荣。突然有一天，他所在的地区下起了暴雨，而且一下就是一个多星期。暴雨使得山洪暴发，洪水泛滥，街道被淹没了，房屋也被淹没了，麦克唐纳只好爬上教堂的屋顶，以免自己被水淹了。就在这时，他听到有人招呼：神父，快下来，我把你送到安全的地方去。

　　麦克唐纳一看原来是一条船向他驶来。那是一条运垃圾的船，船身不仅破烂不堪，还时不时散发出一股难闻的臭气。麦克唐纳摇摇头表示拒绝：像他这种身份的人怎么能坐这种船呢？他坐上去就算逃出了险境，以后还有什么脸给众人布教？再说，这些年来，他是这么忠心耿耿地做着上帝交给他的使命，在关键时刻，上帝怎么会见死不救呢？结果垃圾船走了，洪水还在继续上涨。这时，麦克唐纳又听到有人大声招呼他：神父，快，把这根绳子绑在身上，我们把你送到最安全的地方。

　　麦克唐纳抬起头，看到是一架直升机。直升机上涂有警察专用的标志，而且机舱里还坐着一个戴着镣铐的犯人。麦克唐纳不假思索地摆摆手——他，堂堂一个圣人，怎么能和罪犯坐在一起？怎么能乘这种为罪犯服务的交通工具，即使是在逃命的时候？见他执意不从，直升机也飞走了。

　　很快天就黑了，洪水最终淹没了一切，麦克唐纳也遇难身亡。但他一直为自己的遭遇愤慨，灵魂便晃晃悠悠地到了天堂，并且幸运地和正要外出的上帝打了个照面。上帝也认出了这位忠实的仆人，惊讶地问他怎么跑到这儿来了。麦克唐纳气愤地质问上帝，为什么在自己最需要他的时候，撒手不管，而让自己淹死了？上帝大吃一惊，否认有这回事，说自己先后派去了一艘船和一架直升机。然后问神父是他们没有找到你还是你根本没认出他们？到这时候，麦克唐纳才如梦初醒，但已经追悔莫及了。

在我们生活的周围，这样的情况屡见不鲜。软弱的人和犹豫不决的人总是有各种各样的理由说自己没机会。他们总是喊：机会！请给我机会！然而事实上，生活中处处都是机会。不要怀疑，就是这样的。你在中学或是大学里的每一堂课是一次机会，是一次可以告别愚昧和无知的机会；每一篇发表在报纸上的报道是一次机会，是一次可以挖掘到商机，成功做成买卖的机会；每一次商业买卖是一次机会，是一次表现你诚实品质的机会，是一次交朋友的好机会，更是一次展示你的优雅与礼貌、果断与勇气的机会。

但是又有几个人抓住了这些机会？抓住的人成就了自己，没有抓住的人，只能感叹上天没有成全了。

艾伦·葛林柏格是当今投资界最受人景仰与尊敬的人之一，他曾经将一个故事讲述过很多遍，是有关"贝尔·史坦斯"的故事：

艾伦·葛林柏格于1978年4月，也就是萨莉·席·路易斯去世之后数天被任命为"贝尔·史坦斯"的最高主管。虽然葛林柏格已经成为这家全美最具声望的金融投资公司的领导人之一，但他仍十分乐于为他的私人客户提供金融交易服务。

艾伦·葛林柏格曾经说过自己在进入这个行业以来，萨莉·席·路易斯就是他最仰慕的人之一。而萨莉·席·路易斯是一名非常了不起的销售人员，他是"贝尔·史坦斯"公司的资深合伙人。从1936年起就开始担任这个公司的领导工作。1956年，也就是在艾伦·葛林柏格成为这个公司合伙人的前两年，在公司进行交易的办公桌旁，他曾有一次与萨莉·席·路易斯紧邻而坐的机会，这使艾伦·葛林柏格得以对席有更进一步的认识和了解。席是大宗交易的创始人，他也正因此受到广泛的赞誉，并令人瞩目。他开创了以低价买进大笔股票、以高价卖出的交易行为，这类似于人们对债券的竞标方式。他操作的对象是某些公司行号。葛林柏格看来"贝尔·史坦斯"能闯出一番局面，全是席的功劳。

葛林柏格于1949年加入"贝尔·史坦斯"。他回忆说当时席就曾经表示过，他要让罗伯特·扬成为他们公司的客户。而当时的扬则是全美最杰出的企业领导人之一。

来自德州西北小镇加那迪的扬，曾依靠白手起家，成了"欧勒芬尼公司"的

第一章　善于捕捉商机

董事长，并且握有这个公司的掌控权。后来扬买进了美国境内长达23000英里的铁路股权，其中包括"雪斯皮克与俄亥俄铁路公司"，并于1942年至1954年间担任了这家公司的董事会主席。

当扬于1954年从"雪斯皮克与俄亥俄铁路公司"董事长之职卸任以后，还带头打了一场在当时震惊世人的代理权争夺战。通过这一战役扬拿到了纽约中央铁路的控股权，接着便成为这家公司的董事会主席。种种迹象表明，在20世纪40年代与50年代，罗伯特·扬称得上是最重要的商场玩家之一。这也就难怪为什么包括席在内的那么多人都要绞尽脑汁地让扬成为他们的客户。

然而对席来说，要想让扬成为自己的客户并不容易。因为扬是个善于交际的人，席却不是。所以，无论席怎样努力，都很难制造出和扬碰面的机会。不过席并没有放弃，他下定决心一定要争取到这位客户。偶然的一天，席发现热爱高尔夫的扬，每年春天都会在位于西维吉尼亚州白硫磺泉市一处世界闻名的度假胜地——葛林布打球。也正因此，席想出了一个与扬碰面的绝佳点子。

于是，席打电话给葛林布："我想到你们那儿度10天假。在我逗留的时间内，希望能以宾客的身份与你们的职业高尔夫球员一起打球。"

对于这样的要求，葛林布当然会非常痛快地答应。席也履行了自己的承诺，与那名职业球员定下了10天的"共事"时间。在与这名职业球员一同挥杆数天之后，这名球员对席说："很抱歉，路易斯先生，我明天不能和你一道打球了。"

席知道可能是扬来了，但是假装不明白状况地问："什么意思？"

这位职业球员有点为难地说："嗯，明天有另一个人会来，我必须陪他打球。"

"这样可不好，"席说，"我们约好要在一起打10天的，所以你应该和我继续打下去。当然，如果那个人愿意加入我们，我一点问题也没有。"

这位球员欣然同意了，而另外一个人确实就是席所期待见到的人——罗伯特·扬。

在剩下的时间里，他们两人终于得以一同挥杆打球。一星期结束后，两人之间已经建立起非常好的友谊。

就这样，席和扬完成了很多笔令人难以置信的大笔交易。

这个故事是很好的说明，一名销售人员为了制造与重要潜在客户谋面的机会，是多么的别具匠心与积极进取。这个故事的主人公萨莉·席·路易斯采取的虽然是非传统的手法，但最终他成功地完成了任务，为他的公司带来了数百万美元的财富。更重要的一点是，我们必须看到，机会总是存在的，只要你勇敢地去发现、去挖掘。

有人在总结富豪成功经验的时候，也许会说是他们这些人天生好运。但是这些人难道不知道吗？好运从来就不是与生俱来的，而是在生活历程中创造出来的。富豪之所以好运，就是因为他们在面对机遇的时候，从来不放过它们。在别人看来没有机会的时候，也总能从纷繁的头绪中挖掘出机会。

不要停下自己追索的脚步，机遇之神常常会在某个拐弯口等着你。如果你总是只顾着埋怨上帝不给你机会，却从来不去争取，不去挖掘，那即使有机会，机会也会在你抱怨的间隙匆匆跑掉了。

在这个世界上生存，本身就意味着上帝赋予了你奋斗进取的特权。你要利用这个机会，充分施展自己的才华，去追求成功，那最终得到的会远远大于你付出的。仔细想一想吧，像弗来德·道格拉斯这样一个连身体都不属于自己的人，尚且能够通过自身的辛勤努力变成一位杰出的演说家、作家和政治家。那些还在抱怨上帝不给自己机会的年轻人，那些与道格拉斯相比拥有更多机会的年轻人，是不是应该做得更好呢？只有懒惰的人才会总是抱怨自己没有机会，抱怨自己没有时间；辛勤的人则永远在孜孜不倦地工作着，努力着。他们没有理由把时间白白浪费在抱怨上，更不会让机遇在这样的时候溜走。另外，但凡有头脑的人都能够从琐碎的小事中寻找出机会，粗心大意的人却总是轻易地让机会从眼前飞走。有的人在其有生之年总是在寻找机会，他们像勤劳的蜜蜂一样，从每一朵花中汲取琼浆。对于有心人而言，每一个他们遇到的人，每一天生活的场景，甚至陌生人说过的一句话，都是一个机会，都会在他们的知识宝库里增加一些有用的价值，都会给他们的个人能力注入新的能量。

居里夫人曾经说："弱者等待时机，强者创造时机。"不要再继续等待你的机会出现，而是要自己创造机会——就像那个牧羊的孩子费格森用一串串的珠子来计算天上的星星一样为自己创造机会，就像乔治·史蒂芬在肮脏的煤矿马车旁用粉笔来算出一个数学定律一样去创造机会，直到最终成功。

请记住：对于懒惰者而言，即使是千载难逢的机会也毫无用处，最终还是会被他们白白浪费。勤奋者却能将最平凡的机会变为千载难逢的机遇！

第一章 善于捕捉商机

机会垂青有准备的人

有这样一句格言:"幸运之神会光顾世界上的每一个人,但如果她发现这个人并没有准备好要迎接她时,她就会从大门里走进来,然后从窗子里飞出去。"我们都知道机会是稍纵即逝的,一个不留神就有可能将它放走了,所以我们说:机会只垂青有准备的人。美国运输业巨头、著名企业家科尼里斯·范德比尔特的成功就是最好的例证。

他在创业初期,一个偶然的机会使他从汽船行业看到了自己的前景和希望。认为自己发达的机会就是这个,于是决定放弃原本蒸蒸日上的事业,从一名汽船上的船长做起,一点一滴的经营自己的新事业。尽管那时候他的年薪只有1000美元。

事情如果发生在别人身上,可能不会像他这样选择。毕竟之前的工作条件优越,要想真的放弃太难了。可范德比尔特不这样认为,他觉得这个机会才是真正让自己成功的机会。

当时利文斯敦和富尔顿拥有汽船在纽约水面上航行的专有权,范德比尔特认为这根本不符合美国宪法的精神。于是要求政府取消法令,最终他拥有了自己的汽船。

那个时侯的美国政府每年都要为往来欧洲的邮件付出很大一笔钱,对此,范德比尔特却出人意料地愿意免费为政府服务。靠着这种方式,范德比尔特很快就建起了庞大的客运和货运体系。而他也同时感到,美国如此辽阔的地域,人口又如此多,对于铁路运输必然会有很大的需求。于是他又积极投身到铁路事业中去了。

在生活中我们总是听到有些人抱怨机遇太少了,并且大言不惭地说:年轻人的机会不复存在了。可是,上帝是公平的,他将机会撒播到各处都是。那些人之所以总是抱怨没有机会，是因为他们的头脑中并没有机遇这个概念。一个对凡事都不进行深入思考，仔细分析的人，又怎么会成功？不要忘了一句看似老生常谈，实则非常有道理的话：机会只垂青有准备的人。偌大的机会就摆在你面前，你自己却看不到，这能怪机会和上帝吗？所以，一个人能否识别机会，对成功来说也是非常关键的。

在美国流行淘金热的时候，一个年轻人跟随着众人前去淘金。然而他不是依靠淘金变得富有，他甚至没有采挖、淘洗过1盎司的黄金，最终却变得非常富有。这个人就是D·O·米尔斯。

米尔斯最初只是一个小职员，在淘金狂潮席卷东部沿海之时，他决定前去淘金。这个决定刚做出，米尔斯就开始迅速、果断地采取行动。

他原本准备在大西洋段的行程乘坐"福尔肯"汽船到达巴拿马地峡，然后到太平洋转乘绕道好望角到圣弗朗西斯科的"加利福尼亚"号新汽船。然而，当他到达巴拿马城，在地峡靠近太平洋一侧时，却没发现"加利福尼亚"号的踪迹，而且根本就没有向北方航行的船只。他只发现3000美国人正在当地省府小城那凄凉而又泥泞的街道上露营，而他们正拼命想办法要到达圣弗朗西斯科。

米尔斯此时意识到自己如果不采取行动，恐怕就要永远等下去了。于是他乘上一艘南下的船只，希望在南美洲西海岸的某个港口租一艘船。现实还是令他失望了。好在最终他在距离巴拿马1500英里的地方找到了一艘三桅帆船"马萨诸塞"号，这才最终到了圣弗朗西斯科。

米尔斯事先购买了一些他认为在加利福尼亚有市场的商品。然后，在"马萨诸塞"号做准备时，他趁机观看了利马附近的风景。

经过长途跋涉和颠簸，米尔斯历尽艰辛才最终到达了目的地。然而，他所购买的商品并不是淘金者所需要的商品，这笔投资使他损失了一笔钱，不过也因此弄清楚了矿工们真正需要的物品是什么以及哪个地方需要得多。

米尔斯安顿好自己后，又用最后一笔现金购买了别的商品，当然是淘金者们最需要的那些。

在淘金的狂热气氛下，所有商品的价格变得奇高无比。米尔斯的商品还没有卸下船，就被抢购一空了。在接下来的6个月中，24岁的米尔斯获得了4万美元的利润。

也许你会觉得这些钱根本就是小巫，但在当时这也是一笔不小的财富了。而且我们要说的关键是米尔斯看到了机会。如果说在船上的时候他没有进行观察，

第一章 善于捕捉商机

那他可能就和其他淘金者一样累死累活的去淘金了。这样最终会成功吗？我们不得而知，我们唯一知道的就是，肯定要比卖东西慢很多。

在捕捉商机这方面还有一个人的故事非常具有说服力，他就是经营奇才奥利莱。当年他在波兰街头闲逛的时候，忽然想写点东西，于是走进一家文具店准备买一支钢笔。一问价格却大吃一惊：一支钢笔要26美分，比英国的3美分要高出将近8倍！打听了一下才知道，原来这些钢笔是从德国进口的，而且数量非常有限。听到这个消息，奥利莱心中狂喜，因为他知道他又找到了一个发财的好机会。之后他对波兰市场进行了详细、周密的调查，结果更是让他兴奋不已：整个波兰只有一家钢笔生产厂，生产能力非常有限。奥利莱当即决定，要在波兰办一个钢笔生产厂。

奥利莱马上来到德国历史最悠久的钢笔名城，在这里高价聘请了一位技术骨干，并让他召集了一大批工人悄悄来到波兰进行生产。奥利莱则忙着准备设备和原材料，并巧妙的将它们运出海关。一切准备就绪后，工厂就投入运营了。

在不到一年的时间里，奥利莱生产钢笔一亿支，不仅满足了波兰的消费市场，而且还出口到英国、土耳其等十余个国家。当年就创造出了100万美元的利润。依靠一支小小的钢笔，奥利莱最终赚取了数千万美元。这在他的享誉世界的经商奇迹史中又添了浓墨重彩的一笔。

如果是你在波兰街头发现钢笔昂贵，你会怎么做？相信大部分人的第一选择是放弃购买钢笔，也可能会有一些人忍痛买下钢笔，然后发几句牢骚。有几个人会像奥利莱一样，发现这其中隐藏的赚钱的机会呢？也正是因为这样，奥利莱成了富豪。而我们却依然贫穷，就是因为我们缺少发现机遇的眼光。

抓住机会，才能成就未来

在泰国有一个看起来非常奇怪的雕像：从雕像的正面看是一个婀娜多姿的裸体女人，但女人乱蓬蓬的头发挡住了她的脸，让人看不出她的面容是美丽的还是丑陋的。当你走到雕像的背后时，会发现这个女人的后脑是光秃秃的，没有一根头发。她的后背上则写着两个大字：机会！

对这个雕像，泰国人是这样解释的：机会，就像这个裸体女人。当她长发遮面向你走来的时候，是充满诱惑又让人疑惑不解的。因为大家看不到她的真实面容，不知道她的面孔是不是一样迷人。因此你通常会犹豫着不知道是不是该上去拥抱她。当她走过你身边，长发飞扬的一瞬间你终于发现她确实是个美女。你伸手去抓，然而她的后脑没有一根头发，身上也一丝不挂，你又能抓住什么呢？

精妙！

泰国人的解释很好的诠释了机会的稍纵即逝，它来得快走的也快，往往不容许你有半点犹豫。因为只要你稍微犹豫，你可能就已经抓不着它了！

不相信吗？我们在前面讲到的神父的故事就是最好的例证。

这个故事虽然简短，但含义很深刻。任何一个人在生存的路上，都会遇到无数问题。可很多人却像神父一样，一次又一次的放过，直到最终付出惨痛的代价。上帝对每个人都是公平的，之所以有些人成功了，而有些人没有成功，是因为成功的那些人抓住了时机，另外一些人却放过了极可能成功的机遇。他们也有可能是在等待那位机会女神将自己的长发掀开，就在犹豫的刹那，机会走了。

当然，一般说来，机会在来的时候都是非常丑陋的，是不被看好的，这就需要你自己加以分辨。这个过程需要的时间非常短，这就需要你在事前做好充足的功课，只有这样你才不会白白浪费机会。

第一章　善于捕捉商机

20世纪的美国人有一句俗谚："通往失败的路上，处处是错失了的机会。坐待幸运从前门进来的人，往往忽略了从后窗进入的机会。"在这一点上，美国伯维尔的百货业巨子约翰·甘布士做的非常好，他有一句经验之谈极其简单："不放弃任何一个哪怕只有万分之一可能的机会。"

可能会有不少自以为聪明的人对此不屑一顾，理由也很充足：第一，希望渺茫的机会，实现的可能性也大不了；第二，如果去追求只有万分之一的机会，还不如买一张奖券碰碰运气；第三，根据以上两点，只可能有傻瓜才会相信这万分之一的机会。

约翰·甘布士对此却有不同见解，且从行动中对此进行了最好的诠释。

有一次，甘布士要乘火车去纽约，但事先没有订好车票。这时正值圣诞前夕，到纽约度假的人非常多，所以火车票非常难买。甘布士的夫人打电话去火车站询问是否可以买到这趟车的车票，得到的答复是：所有的车票已经全部售光了。但末了说了一句：如果不嫌麻烦的话，可以去车站碰碰运气，也许可能遇到临时退票的人，不过这种机会只有万分之一。

甘布士听后，欣然提着行李来到车站。就好像已经事先买好了车票一样。夫人关怀备至地问他："约翰，要是到了车站你买不到车票怎么办呢？"

甘布士不以为然地说："没关系，就当我提着行李去散了一趟步。"

甘布士到车站等了半天也没见着一个退票的人，所有的乘客都按照原来的计划行色匆匆地向月台涌去。此时的甘布士没有急于回去，而是继续耐心地等待。在离开车时间只有5分钟的时候，一个女人匆忙赶来退票。说她的女儿病得很严重，她只好改坐以后的车次。

甘布士买下那张车票，搭上了去纽约的火车。到了纽约，他给太太打了个电话。在电话里他轻松地说：

"亲爱的，我抓住那万分之一的机会了。因为我始终相信：一个不怕吃亏的笨蛋才是真正的聪明人。"

甘布士就是这样，在生活中愿意做那个别人看来只等待万分之一渺茫机会的傻子。可就是这个傻子，靠着这股"傻劲儿"，赢得了事业上巨大的成功。

有一次，伯维尔经济出现了很大的危机，许多工厂和商店在这期间纷纷倒闭，被迫贱价抛售自己堆积如山的存货。价钱甚至低到了1美金可以买到100双袜子。

那时，约翰·甘布士还是一家织造厂的小技师。他看到这种情况，马上把自己的积蓄拿出来收购低价货物。人们见他这样，都嘲笑他是傻瓜：人家都往外抛售，只有他往自己家搂，简直就是个蠢才！约翰·甘布士对此却毫不在意，他依然固执地收购各工厂和商店抛售的货物，并租了一个很大的货仓用来储藏货物。

对此他妻子也劝他不要把这些别人廉价抛售的东西买回来。因为他们积蓄下来的钱并不多，而这些钱是用来给子女做抚养费的。假如血本无归，那后果就不堪设想了。

面对妻子的忧心忡忡，甘布士笑着安慰她："3个月以后，我们就可以靠这些廉价货物发大财了。"

然而，甘布士的话很快就被现实否决了，因为过了没10天，那些商家即使贱价抛售也找不到买主的货物，被他们用运货车运走烧掉了，以此来稳定市场上的物价。甘布士的太太看到别人都在焚烧货物，心里万分焦急，不由得抱怨起了甘布士。对妻子的抱怨，甘布士始终一言不发。

后来，过了一段时间，美国政府采取了紧急行动，大力支持那里的厂商复业，来稳定伯维尔的物价。这时候，伯维尔因为焚烧的货物过多导致存货严重欠缺，物价一天天飞涨了起来。看到这个机会，约翰·甘布士马上把自己库存的大量货物抛售了出去。结果，一来赚了一大笔钱，二来还稳定了物价飞涨，为国家做出了贡献。

在他决定抛售货物的时候，妻子和朋友都劝他先不要将货物全部出售了。也许过段时间，价格会更高，因为那时候物价是一天一个新高度。甘布士却说："现在就是抛售的最佳时机，再拖延一段时间，就会全部砸在手里。"果然，甘布士的存货刚刚售完，物价就跌了下去。

后来，甘布士用这笔赚来的钱开了5家百货商店，业务非常发达。如今，甘布士已是全美举足轻重的商业巨子，他在一封给青年人的公开信中曾经这样诚恳地说道：

"亲爱的朋友，我认为你们应该重视那万分之一的机会。因为它可能会给你带来意想不到的成功。是的，是曾经有人对我说过，这种做法是傻子的行径，它比买奖券中五百万的希望还要渺茫。然而，这种观点是有失偏颇的，因为开奖券是由别人主持的，由不得你自己半分；但这万分之一的机会，却完全是靠你自己的主观努力就可以把握的。"

当然，这还需要注意一点，要把握住这万分之一的机会，还需要具备一些条件：

第一章 善于捕捉商机

1. 要善于发现机会。即使机会隐藏在密密的树林里，也要将它找出来。这就需要你在日常生活中多锻炼自己的能力，只有这样才可能实现这点。

2. 要善于抓住机会。这就需要你有敏捷的判断力和果断的行动力，否则机会照样是会抛下你的。假如这些条件你都已经具备了，那么恭喜你，你终将成为大富豪，只要你肯将这些付诸实践。

另外，记住一点：要想在商业活动中有所作为，只靠一味的盲目蛮干收效肯定是十分微小的。只有看准时机并且把握它，才可能将其变成现实的财富，这是任何一个成功企业家的明智之选。

也许你会有这样的疑问：机会是什么？很简单，机会就是别人不知道的你知道了，别人不明白的你明白了，别人犹豫或不做的事你做了。当别人知道了，明白了，准备去做时，你已经成功了！机会就是这样，偏爱少数人，这是因为大多数人都有惰性，喜欢跟风，喜欢人云亦云。

我们要想实现梦想，就需要为自己找一个施展的舞台，通向这个舞台的桥梁就是机会。

对于机会，要宁愿深入了解了之后放弃，也不要因为不了解而错过。因为抓住机会，未必能赢，但是不抓住机会，是注定要平庸的！

往往会有人在错过机会后追悔莫及：当时我为什么就没抓住这些机会呢？这是因为很多人都选择了"万一……怎么办？"机会就是在选择了"万一"之中失去的，不去选"9999"的机会和机率，却选择"一"，这不就是很明显的拣了芝麻，丢了西瓜吗？

历史告诉我们：先知先觉是机会者，后知后觉是行业者，不知不觉是消费者。机会就像小偷，它来的时候无声无息，走的时候却会让你损失惨重！解决这个问题只有一个办法，抓住它！机会从不对某一个人格外青睐，也不对谁格外吝啬。我们要做的就是在它到来之前，努力做准备；在它到来之时，紧紧抓住不放！

商机更是这样，当大家都对它不看好，对它不确定的时候，它真的就是商机；而当众人都知道它是商机的时候，就已经被人抢先一步了。比尔·盖茨就是在许多人对计算机还感到诚惶诚恐时，意识到了它的局限性很大。于是抓住机遇，在短短二十年的时间里，取得了惊人的成就，成了全球的焦点。

成功与失败只有一线之差，它只在于你为与不为。成功者对机遇是敏感的，机遇一到便牢牢抓住，或者主动寻找；失败者则瞪大双眼痴痴等待，当机遇在茫

缔造富豪
DIZAOFUHAO

茫等待中悄悄溜走时，依然茫然不知。所以，在生活中多一点迎接机遇的准备，在它来临的时候一定不要手软，一定要牢牢地抓住它，不要让它与你擦肩而过，这时候成功的桂冠就非你莫属了！

第一章　善于捕捉商机

关于商机

要想使商机转化为财富，必须满足五个"合适"：合适的产品或服务，合适的客户，合适的价格，合适的时间和地点，合适的渠道。

而商机无论大小，从经济意义上讲一定是能由此产生利润的机会。就像我们会在后面讲到的，当旧的商机消失之后，新的商机就会出现，以弥补新旧商机之间的空白。没有商机，就不会有"交易"活动。

现在，我们能认识的商机大致可以归结为这样的14种：

1. 短缺商机——物以稀贵

有句老话说得好，叫做物以稀为贵，这反映的是供小于求的现象。短缺是经济洋行牟利的第一动因。也许在大家看来，空气到处都是，不存在短缺的现象，可在高原或者密封空间里，空气也会是商机。一切有用而短缺的东西都可能在某一种契机下变成商机，比如高技术、真情、真品、知识等。

2. 时间商机

远水解不了近渴。在一场即将被大火烧毁的价值昂贵的东西中，时间就是金钱。在需求表现为时间短缺的时候，时间就会变成商机。飞机比火车快，激素虽然不能治病但却能延缓生命，它们都有商机存在。

3. 价格与成本商机

水往低处流，但"货"往高价上卖。在需求的满足上，能用更低成本满足时，低价替代物的出现也就变成了商机，比如说国货或国产软件。

4. 方便性商机

江山易改，懒性难移。现代生活，越是便捷就越会有市场。毕竟我们不再是很多年前的人们，愿意为了买一点便宜的东西，比方说鸡蛋、大米或者是白菜而排好几个小时的队。现在，时间就是金钱，花钱能买个方便，所以"超市"与"小店"能并存。手机虽然比电话贵，但可以随时随地使用，于是乎手机就成了商机。

5. 通用需求商机

周而复始，永续不完。这个地球的人类不知道还能存在多少年。尽管各种各样的大片都在预言人类的末日就要到了，但是人们还是平安的度过了N多的灾难和末日。而只要有生活就会有吃、穿、住、行，可以这样说，有人的地方，就有商机。

6. 价值发现性商机

天生我才必有用。一旦在众人眼中司空见惯的东西出现了新用途，那肯定会身价大增。正如非典肆虐横行的时候，板蓝根卖了个底朝天，而醋能消毒，还有不赚的道理吗？

7. 中间性商机

螳螂捕蝉，黄雀在后。大多数人大多数时候都是急功近利的，往往盯住的是事物发展的最终端，而忽略了在这背后可能隐藏的更好更大的商机。亚默尔在众人忙着淘金不亦乐乎的时候，看到了淘金这个螳螂背后的黄雀——稀缺的水资源。结果在大家空手而回的时候，带着赚到的几千美元，美滋滋地回家了。

8. 基础性商机

任何事物的出现都会有原因和契机，所谓空穴来风事出有因就是这个道理。对长期的投资者来说，这是非常重要的。比如说社会制度、基础建设、商业规则等，当重大事件出现的时候这些都有可能成为更大的商机。

9. 战略商机

但凡大的事情出现的时候，总会出现重大的商机，这是商机存在的必然规律。30多年前，中国政府的一个正确决策，使得那个时代出现了非常大的商机。而这些商机使今天出现了"下岗"和"致富"的天壤之别，就是因为后者的主动"下岗"，才造就了致富这个最终结果。

10. 关联性商机

所谓一荣俱荣，一损俱损，这是由需求的互补性、继承性、选择性决定的。一个公司可以试着找寻一下地区间、行业间、商品间的关联情况，也许这种比较会让你发现更大的商机。

11. 系统性商机

发源于某一独立价值链上的纵向商机。比如说电信繁荣，IT需求旺盛，IT厂商赢利，众多配套商增加，增值服务商出现，电信消费大众化。

12. 文化与习惯性商机

在我们生活的周围存在着各种各样的人群，每个人有着不同的生活习惯。但是，要说明的一点是，某些生活习惯或者是习俗会将两个生活习惯完全不同的人联系在一起。比如说各种节日用品、生活与"朝拜"的道具等等，这也是一些很好的商机。

13. 回归性商机

如果你用心观察就会发现，很多东西存在轮回性。举个例子来说，很多年前人们喜欢的圆眼镜在这几年又成为时尚新宠，而回力鞋和海魂衫的流行，就更不奇怪了。人们的追求，远离过去追随时尚一段时期之后，很多过去流行的东西就又成为"稀缺"物，回归心理必然会出现。至于多久才能回归，就要看商家的理解了。

14. 灾难性商机

由重大的突发危机事件引起的商机。比如说外国的一场雪灾或者是一个爆炸，就会制造出很多的难民。这时候对于他们来说，很多东西是稀缺的，只要你能把握机遇，一定可以大赚一笔，但是切记这不是要你去发国难财。

缔造富豪
DIZAOFUHAO

商机隐藏在哪里？

亚默尔为什么会成功，就是因为他在那些人人忽略的新闻信息中，看到了赚钱的希望。激烈的市场竞争中，任何经营都需要机遇，商机对于哪一个企业来说都是非常重要的。机遇就是目标，商机就是财富，谁能越早发现和把握商机，谁就能越早在商战中制胜。虽然随着当前买方市场的形成，市场商机越来越难寻觅。但必须承认的一点是，在我们生活的周围仍然蕴藏着无限的商机。这些就存在于我们眼皮底下和日常生活中的商机，只要用敏锐的"嗅觉"去发现它，去开发它，去利用它，就会为自己的事业创造良好的发展契机，就会将机会牢牢地握在手里。

而商机一般蕴藏在这样几个渠道里：

1. 从新闻事件中捕捉商机

我们总是说新闻起着耳目喉舌的作用，就是因为新闻中蕴含着众多的有价值的东西，而商机也蕴含其中。现在的媒体终端越来越发达，越来越广泛而多样化，报纸、杂志、广播、电视等等，每天24小时，不间断的给我们带来大量的信息。只要你用心对待这些信息，一定可以发现商机。但需要注意的是，由于新闻是对客观事实的报道，它不可能从每个人的实际需求出发，进而分析某某新闻可能会给哪些人带来什么好处，并提醒人们赶快行动。这就需要那些企业经营者练就一双"新闻眼"，从新闻中看出"门道"来。对新闻产生的原因，对事件的发展趋势等有个比较准确的判断和预测。做到未雨绸缪，方可捷足先登。财富永远属于那些有心的人，机会永远属于有准备的人。洛杉矶奥运会开幕之前，美国一家电视台曾播放了一条新闻：中国的熊猫将去美国"作客"展览。一位有心的商

第一章　善于捕捉商机

人根据这条信息当机立断联系服装生产厂家，赶制了印有熊猫图案的旅游帽和运动衫。在熊猫馆开馆那天，洛杉矶骤然掀起了一股"熊猫热"。就连老太太在看了熊猫之后都喜滋滋地要买一顶"熊猫旅游帽"戴在头上，年轻人则以穿"熊猫衫"为时尚。这个商人的生意那是格外兴隆，他也就稳稳当当地发了一笔"熊猫财"。

2. 从市场盲点中寻觅商机

曾经听某出版社的一位社长给我们讲授做图书的经验。我曾经问过一个问题，就是如何找到好的选题。社长讲了两点，却是围绕着一个中心展开的，那就是市场。他告诉我应该多去市场上转转，任何一个市场上都蕴藏着好的选题素材，只要你善于发现。现在回想起来，确实是这样的，市场无热点，不等于市场没有"盲点"。而所谓的市场盲点就是消费者需要而市场上没有或者很少见到的商品或服务项目。在市场经济的运行过程中，新的商机最初总是以萌芽的形式出现在原有的市场缝隙之中。当旧的经济缝隙填补了，新的经济缝隙又会出现。而这些经济缝隙就是所谓的市场盲点。在广阔的市场中，往往会有众多的"盲点"隐藏在纵横交错的生意中，等待着善于从"盲点"中捕捉商机的经营者。有句话说得好，有消费就有市场，只要你发现这些消费的空白点，也就找到了市场。只要拥有敏锐的眼光，肯动脑筋，就会发现"盲点"里蕴含的无尽的商机。前几年苏州、无锡、常州等很多城市商家瞄准城市人在节假日怕麻烦，不愿去菜市场的心理，就将蔬菜开发成系列礼品。这种"蔬菜礼品"既价廉又物美，投放到市场后出现了热闹的排队订购，预先付款的场面。

3. 从解人烦恼中创造商机

人都是群居动物，没有人可以一个人单独生存，即使是鲁滨逊同样要找一个星期五一起生活。很多人生活在一起，就意味着会有生活上的不便和麻烦，也就会有烦恼的产生。烦恼多了如何解决就是一个问题，而这可能就是一个很好的商机。为什么这么说？当商家从帮助人们解决烦人恼事出发，去开动机器，潜心研究。这样做虽然算不上什么大的发明创造，但因为生产经营者是设身处地地站在消费者的角度思考，以消费者的需求为出发点。总是想着如何让自己的商品更好，在更大程度上让消费者爱用、好用。因而这样生产出来的商品就会具有强大的生命力，甚至不用在广告上做宣传也会大大畅销，从而带来无限的商机。日本的许多发明和设计就是以人们日常生活中的不便之处为出发点。尽管有些困难在人们看来已经习以为常，但商品设计师想到并解决了，也会产生令人大喜过望的效果。举个例子来说，日本的城市建筑非常拥挤，道路狭窄，有时汽车开门会很困难。基于此丰田公司就设计出了拉式的汽车门，从而减少了占地空间，方便了汽车用户。同时，丰田公司考虑到住宅区内一家挨一家的拥挤现状，夜间开车回家噪音太大会吵到别人，就在改进引擎上下了功夫。这些为人们解决烦恼的细微改进使得丰田汽车大受欢迎，销量倍增。

4. 从与人闲谈中发现商机

有人可能会问，难道这也能找到商机？当然。就像人是群居动物一样的道理，人生活的过程中总少不了要与人交谈，在交流闲谈中有不少值得去挖掘的"潜在市场"。只要你用心去听，用心去思考，就一定可以发现这背后隐含的某种市场信息和经营策略。江苏某公司之所以成功地开发出新型感冒药"白加黑"，就是该公司经理从一次偶然的闲谈中得到的灵感。一位工程师访美归来，在和这位总经理闲谈中谈到了美国的一种白天和晚上服用，组方成分不同的片剂药。说者无意，听者有意，这次闲聊使总经理来了灵感：为什么不开发一种新型的感冒药呢？有了这个想法后，总经理就和他的智囊团研究决定，迅速开发这一创意产品。结果仅一年的时间，"白加黑"就实现产品产值2亿多元，完成利税2000多万元，创造了我国医药史上的奇迹。

5. 从顾客批评中把握商机

很多商家非常在意顾客的批评，就是因为商机不光藏在顾客的赞扬和激励中，顾客的批评和指责中同样蕴藏着成功的机遇。只要是对商品提出的批评，就说明商品还存在某些不足之处。如果你善对批评，就会变批评压力为改进产品和工作的动力，批评就能助你拓宽市场。反之，就会失去顾客，失去市场。明智的企业家应该有一双善于捕捉的眼光和一颗善于发现并能化解批评的心，学会向顾客批评要市场。前几年有位顾客购买了松下电器公司的有线电熨斗，使用一年多后发现该熨斗电线破皮漏电伤人。这位顾客以此为由指责松下公司产品有毛病，并要求赔偿。针对这一指责，松下公司本来也可以置之不理。但松下知道这是一个很好的改进产品质量的契机，就耐心地听取了这一指责，并从中敏感地意识到无线电熨斗的潜在市场，研发成功投入市场后深受顾客青睐。

6. 从"上帝"的创意中寻找商机

不要奇怪,这里的上帝不是耶稣,而是消费者。在日常生活中,消费者对于商品常常有这样那样的创意或"妄想"。这种创意或妄想其实就是消费者的消费需求和愿望,这往往也是市场的晴雨表和企业开发产品、打开销路的信号灯。经营者如果能多询问、了解,掌握消费者的各种"妄想",并不失时机地攻关夺隘,巧于开拓,往往能为企业带来巨大的商机。举个很好的例子,海尔洗衣机销到四川农村后,听到农民异想天开地说:"要是洗衣机能洗地瓜就好了"。聪明的海尔人独具慧眼,将这一"妄想"付诸实践,发明了深受农村欢迎的既能洗衣服又能洗地瓜的洗衣机,从而开拓出一片农村市场。还有"傻瓜"照像机、"电视遥控器"等等新产品的研制推出,都是根据消费者的创意和妄想带来的产品开发灵感,从而为企业带来了巨大的商机。

总而言之,商机无处不在,而且是稍纵即逝。但它有一个特点就是对每一个经营者都是平等的,就像是上帝对于每一个人都是平等的一样。谁心有灵犀,看得准,抓得及时,谁就会从纷繁复杂乃至平凡的小事上获得商机。如果你反应迟钝,缺少眼光,就很难发现并且抓住它,这样就会使许多很有价值的商机从自己的眼皮底下白白溜掉。只有眼观六路,耳听八方,大脑中时刻绷紧捕捉商机这根弦,做市场的有心人,才能及时发现商机并且抓住商机,为我所用,从而为企业拓展出新的市场。

第二章 ◎ 富有远见卓识

> 世界上的成功之路会通向那些有目标和远见的人。
>
> ——冯两努(香港著名推销商)

▲ 缔造富豪
DIZAOFUHAO

远见卓识成就了哈默

中国有句古语"凡事预则立，不预则废"，讲的是人要有远见，这样才能在以后的生活中不断地创造奇迹，也才最有可能迎接成功的到来。在这方面，我们要讲的亿万富豪阿曼德·哈默具有当之无愧的代表性。

哈默从小就受到了良好的教育和严格的训练，使得他具有敏锐的判断力和创新精神。这也就为他将来的成功埋下了伏笔。

1920年6月，发生了一件大事，由于一次医疗事故，哈默的父亲受审入狱。作为美国共产党的创始人之一，老哈默对苏联十分关注，且曾向被封锁的布尔什维克政权提供过必需品。这一突然变故，使年轻气盛的哈默决心完成父亲未遂的愿望，到父亲出生的国家，去帮助苏联战胜那里正在蔓延的饥荒和伤寒。

哈默到了苏联后，看到的是满目疮痍，但同样也看到了巨大的商机。那么多的矿产急待开采，那么多的珍宝急待出售，但由于出口贸易的道路不畅，人们只能守着宝山挨饿。哈默当机立断，火速给哥哥发了电报，让他在美国购买100万美元的小麦运到苏联，以易货的方式换取100万美元当地产的毛皮和矿产。

1921年，哈默在莫斯科的官方报纸上看到苏联即将进行一次全国扫盲运动的新闻。开始的时候哈默并没有往心里去，但是在他准备回国的时候，却意外地发现苏联商店中的铅笔很少，而且价格很贵。这就是巨大的财富呀！哈默果断的决定兴办铅笔厂，尽管这个想法遭到周围朋友的强烈反对，但是哈默预见到了长远的利益，于是顶住压力，坚持兴办铅笔厂。尽管他本人并不懂得怎样制铅笔，但他知道怎么使用懂行的人。他以高薪聘用技术人员，用美国的计件工资制度来管理生产，结果第一年就赚了250万美元。几年后，哈默不仅满足了苏联铅笔、钢笔市场的需要，而且出口到英国等十几个国家。这家工厂很快成为世界上最大的铅

第二章　富有远见卓识

笔厂之一，给哈默带来了几百万美元的收入。

而这一切，正是哈默的远见卓识带来的丰厚回报。

到此故事还没有结束，1930年哈默回到美国，继续自己无限潜力的财富之路。

在开办完铅笔厂之后，哈默又将眼光对准沙皇皇宫里被抄出来的大批古董和精致的艺术品。这些东西在当时苏维埃政权者眼中属于没有什么价值的东西，贫困的人们也往往低价出卖家中的艺术品，用来换钱糊口。就是这些别人眼中不值什么钱的东西，让哈默看到了巨大的商机，他的远见卓识又一次得到了发挥的舞台。哈默花了大量的时间和精力用来收购那些古董和艺术品，时间一长，他竟成了这一行业的专家。当哈默把这些艺术珍品完好无缺地运到美国时，美国也正在遭受经济危机的侵袭，全国正值经济大萧条时期。很多人肯定地认为，哈默这些古董在经济大萧条的情况下，不会有什么市场。但哈默非常自信，他先后在纽约和洛杉矶投资建造艺术馆，并挑选精美的艺术品在国内各城市巡回展出，这成功地引起了巨大轰动。他还精心印制了艺术品存货目录，分别寄给美国各著名百货商店的经理，并诚恳地附上说明，愿以零售价40%的折扣将这些艺术品委托商店出售。随后，他又大张旗鼓地举行拍卖会，引来了无数顾客，让自己的艺术品名扬天下。这次"折腾"，又让哈默大赚一笔。

正是这些远见，使得哈默一直站在别人够不到的顶峰，笑看群雄。

▲ 缔造富豪
　▲ DIZAOFUHAO

有目标才能有远见

撒哈拉沙漠中有一个小村庄叫比塞尔，它靠在一块1.5平方公里的绿洲旁。从这儿按照正常速度走出沙漠一般需要三昼夜的时间。可是在英国皇家学院的院士肯·莱文1926年发现它以前，从没有一个人能从这儿走出大漠。据当地人说他们不是不愿意离开这块贫瘠的地方，而是每次尝试都会最终宣告失败，他们还是会回到这个地方。

肯·莱文用手语同当地人交谈，得到的答案却都是一样的：从这儿无论向哪个方向走，最后都还是要转回到这个地方来。为了证实当地人说法的真伪，莱文做了一次试验，从比塞尔村向北走，结果用了三天半的时间就走了出去。

肯·莱文感到非常纳闷，为什么比塞尔人走不出去呢？最后他决定雇佣一个比塞尔人，让他带路，自己只跟着这个比塞尔人，看看到底是怎么回事。于是他们准备了能用半个月的水，牵上两匹骆驼，肯·莱文收起了指南针等设备，只拉一根木棍跟在后面。

10天过去了。他们走了大约800英里的路。第11天的早晨，一块绿洲终于出现在了眼前，他们果然又回到了比塞尔。这一次肯·莱文终于明白比塞尔人为什么走不出大沙漠了，是因为他们根本就不认识北极星。在一望无际的大沙漠里，一个人如果仅凭着感觉往前走，他就会走出许许多多大小不一的圆圈，最后的足迹十有八九会是一把卷尺的形状。比塞尔村位于浩瀚的沙漠中间，方圆上千公里，没有指南针，想要走出沙漠，根本就是不可能的。

肯·莱文在离开比塞尔的时候，带了一个叫阿古特尔的青年。他告诉这个青年说："只要你白天休息，晚上朝着北面那颗最亮的星星走，就能走出沙漠。"阿古特尔照着肯·莱文的说法去做，三天之后果然就到了大漠的边缘。

第二章 富有远见卓识

看不清眼前的迷雾，就不会看到真正的目标，也就不会有远见的正确预测出现。这样的话，怎么能走出人生的大沙漠？一个人如果总是看不透眼前的迷雾，就会像一艘轮船没有舵一样。没有目标，只能随波逐流，无法掌握，最终搁浅在绝望、失败、消沉的海滩上。

这不禁使人想起了那些"宗教游行毛虫"。法国著名的自然学家约翰·亨利·费伯勒，曾用一些被称作"宗教游行毛虫"的小动物做了一次不同寻常的实验。这些毛虫之所以得到这个名字，是因为它们喜欢盲目地追随着前边的一个。

费伯勒很仔细地将它们放在一个花盆外的框架上排成一圈，而实际上领头的毛虫已经碰到了最后一只毛虫，这样就完全形成了一个圆圈。在花盆中间，费伯勒放上松蜡，这是这种毛虫非常爱吃的食物。

之后这些毛虫开始围绕着花盆转圈。它们转了一圈又一圈，一小时又一小时，一天又一天，一晚又一晚。它们围绕着花盆转了整整七天七夜。最终，它们全都因为饥饿劳累而死。

事实上一大堆食物就在离它们不到6英寸远的地方，它们却都一个个地饿死了。原因很简单，就是因为它们按照习惯的方式在盲目地行动。

这次试验后，费伯勒的笔记本里写了这样一句话："在那么多的毛毛虫中，如果有一只与众不同的话，它就能改变命运，从而告别死亡。"

但是现实生活中，也有很多人会犯同样的错误。尽管生活为我们提供了巨大的财富，却只能收获到一点点。尽管未知的财富就近在眼前，却得之甚少。因为这些人只知道盲目地、毫不怀疑地跟着圆圈里的人群毫无目的地走，却没有自己的目标，也就不会有什么远见预测出来了。

他们随波逐流着，只是因为"事情一直就是这样做的。"这么多年的老习惯，为什么要改变呢？在这个方面，他们的行为就像电影《老男孩》遇到的事情一样可笑。老男孩的妻子派他去肉店买火腿，他买回来以后，妻子问他为什么没让肉店老板把火腿的尾端切去。

老男孩就问自己的妻子为什么要切掉火腿的尾端，妻子回答说她的妈妈一直就是这样做的，这个理由听起来好像就足够充分了。当妻子的妈妈来探望他们的时候，夫妻俩问她为什么总要切掉火腿的末端，妻子的妈妈回答说因为她妈妈也是一直这样做的。

妈妈、女儿和老男孩决定打电话给祖母，来解开这个三代都感到迷惑的事情。祖母很快就回答说那是因为当时她的烤肉架太小了，放不下整个火腿，所以要切掉一块。现在，祖母的行为有其充分的理由了，那么你呢？没有靶心你又怎么射箭呢？你射亿万次也不一定能打中得分！只有给自己设定好目标，你才能有的放矢，你才会把力量集中到一点，也只有这样你才会成功。没有目标的一生漫游，最终也不会成功的。

1953年，耶鲁大学对毕业生进行了一次有关人生目标的调查。当被问及是否有清楚明确的目标以及是否达成了书面计划的时候，结果只有2%的学生作出了肯定的回答。20年后，有关人员又对这些毕业多年的学生进行了跟踪调查。结果发现，那些2%的有达成目标书面计划的的学生，在财务状况上远高于其他98%的学生。

几乎不约而同，《成功的钥匙》一书的作者也得出了近乎一致的结论：绝大多数的人都不了解愿望和确信之间的差别，他们也从来没有采取过可以帮助他们运用思想实现欲望的6个步骤。作者概略说明了这6个步骤，并且加入了对那些采取这6个步骤的人所做的观察结果：

1. 大多数的人一生之中对目标只抱着"愿望"而已。这些愿望就像一阵风一样，没有办法成就任何事业，然而抱着这种态度的人占了将近70%。

2. 有很少数的人采取行动将他们的愿望转变成了欲望，他们一再地想得到相信的东西。但欲望也仅此而已，这样的人占了10%。

3. 把愿望和欲望变成希望的人就更少了，并且他们害怕想象有一天他们的美梦可能成真的情形，这种人占了大约8%。

4. 极少数的人把希望转变成确信，他们期待他们真的能得到自己想要的东西。这些人占了6%。

5. 为数更少的人将他们的愿望、欲望和希望转变成确信之后，又再进一步将确信转变成强烈的欲望，最后转变成一种信心，这种人占了4%。

6. 最后，只有非常少的人除了采取最后两个步骤之外，还制定达成目标的计划。他们以积极的心态展现他们的信心。这种人只占2%。

那些已经登上人类财富高峰的人必定是实践过第6个步骤的人，这种人了解他们自己思想的力量；他们掌握了这个力量，并导引这股力量，为自己所制定的明确目标服务。当你采取第6个步骤的时候，"不可能"这三个字对你来说将不再具有任何意义。每件事对你来说都是可能的，而你也最终将成功地实现它们。所以说，成功就是先找到了目标，然后对此加上自己的见解，也就是那些所谓的远见。你要使自己成为那成功的2%，就应该有目标——而且目标要尽量崇高。

第二章　富有远见卓识

林肯曾经说过:"喷泉的高度不会超过它的源头,一个人的事业也是这样,他的成就绝不会超过自己的信念。"

生活对有梦想的人来说是温暖的,对没有梦想或梦想卑微的人则是冷酷的。在追求自己的远大目标中体会到成功的喜悦,并不比在失败中咀嚼痛苦累。俄国一位政治家有句名言:"谁是生活的迟到者,生活就会惩罚谁。"

一位商界精英曾经指出:如果你是一个学员,只为分数而学习,那么你也许能够得到好分数。但是,如果你为知识而学,那么你就能够得到更好的分数和更多的知识;如果你为做生意而努力,那么你可能会赚很多钱。但是,如果你想通过做生意来干一番事业,那么你就有可能不仅赚很多钱,而且会干一番大事;如果你只为薪水而工作,你有可能只能得到一笔很少的收入;但是,如果你是为了你所在公司的前途而工作,那么你不仅能够得到可观的收入,而且你还能得到自我满足和同事的尊重。你对公司所做的贡献越大,就意味着你个人所得到的回报会越多。

人生之旅好比乘着一趟列车前行。心雄志大的人,加上才华、勤奋、机遇,就像乘上了这趟高速火车。他们在有限的生命时间里,一定会走得最远,他所能欣赏到的人生景色也一定会是最壮观雄奇甚至是险峻的。志大才疏的人在生命的某个时间段也会像坐上快车一样,只是有可能会突然慢下来或者停住。以勤补拙的人,可能一开始坐上的是慢车,但是他的这趟列车开得稳、开得久,最终也会到达远方。

人穷志短、马瘦毛长型的人物也能挤上一班列车,但是车速慢得惊人。更要命的是,当车行驶到中途,会突然来个穿黑色制服的乘务员,抓起此人的行李和身体就扔到了车外。而此时车外是茫茫黑夜,荒山野岭。要真到了那个时候,就什么都晚了。

你的列车可以暂时晚点,但不能总是晚点。晚点两三次之后,你的一生就永远到达不了预定的终点。这恰好是人生时刻表的重要性。拿破仑·希尔说过:"记住,定高远的人生目标,要求富足与成功,并不比接受不幸和贫穷艰难。"

▲ 缔造富豪
▲ DIZAOFUHAO

商机无限,但要看得见

中国有句俗话说得好:"穷没有根,富没有苗。"尤其在商机瞬息万变的今天,谁也不能小觑谁。因为在物质文明高度发达的今天,稀缺的不完全是有限的资源,恰恰是创造新资源的商机。

打个比方来说,商机就如同迎面走来的一个女神,长发垂向面部,遮住了容颜,让人看不清楚她长什么样子。只有你在与她擦肩而过的时候用手去撩她的秀发,才能看清她的美丽面容。那些成功的老板正是因为在迎面擦肩的瞬间抓住了女神的秀发,才有幸一睹了女神的芳容。阿里巴巴的马云就是因为抓住了互联网在中国还处于儿童时期这一契机获得了成功;美国商人阿曼德·哈默则是靠自己的财商能力抓住了历史的机遇,从而使自己的事业跨过一个新的里程碑,最终成为美国巨富。

1934年,美国总统罗斯福为挽救美国历史上最严重的经济危机采取了新政。这时尽管哈默在集中精力推销艺术品,但是对于形势的发展丝毫没有放松过关注。在哈默得知罗斯福即将实行新政的时候,他预见到自己事业大发展的时候就要来了。因为新政一旦得势,禁酒令就会被废除。

早在1919年,美国议院通过的《沃尔斯德台案》中就规定不许酿造和销售酒精含量过5‰的饮料。哈默看着罗斯福的新政策一个接一个地出台,敏感地认定罗斯福一定会取消已经不合适宜的禁酒令。而禁酒令一旦被解除,全美国对啤酒和威士忌酒的需求将会出现一个高潮。他通过观察,没有将着眼点放在人人可能看到的市场上没有酒这件事,而是别人可能忽略掉的酒桶。因为哈默在市场上巡查时,发现市场上确实没有酒桶,尤其是白橡木制成的酒桶。

速度决定效率。哈默很快就从俄国订购了机床和桶板。当货物运到美国时,

第二章 富有远见卓识

哈默却发现俄国人搞错了。他们运来的不是已经成型的桶板，而是一块块晾干的白橡板。来不及追究弄错人的责任，哈默就近租用了纽约船坞码头公司的一个码头，修建起一座临时桶板加工厂，日夜不停地加工这些白橡木板。

事情确实如哈默所料，禁酒令被解除了。几乎与此同时，哈默的酒桶也正从生产线上滚滚而下。这些酒桶很快被各大酒厂抢购一空，因为供不应求，哈默又在新泽西建立了一个现代化的加工酒桶的工厂，钞票源源不断地流入了哈默的口袋。

制酒业在当时的美国是很受人鄙视的，因为这一行业的生意都是黑帮在暗中操纵。但是一个偶然的机会，使持原来那种看法的哈默改变了观点。一天，他的一个朋友递给哈默一份证券交易所的价格表，建议哈默购买美国制酒公司的股票。因为谁购买了他们的1股股票，他们就会给谁1桶烈性威士忌酒作股息。

当时，第二次世界大战已经拉开序幕。由于美国政府不准酿酒厂使用当时奇缺的谷物酿酒，人们因此很难买到威士忌酒。哈默听了朋友的建议后，觉得既可以拥有美国制酒公司的股票，又能搞到紧缺的烈性威士忌酒，确实是一件两全其美的好事。于是，就以每股90美元的代价购买了5500股股份。两个月后，美国制酒公司的股票上涨到每股150美元，然而哈默并没有卖掉手中的股份，因为他知道他还可以在威士忌酒的买卖中赚一笔。

事实证明，哈默的远见再一次将他带到成功的面前。在一切顺水顺风的时候，哈默没有把那批作为股息付给他的5500桶烈性威士忌酒运到纽约去出售。在别人看来哈默这时候如果不卖出，就等于损失了一大笔钱。但是机遇来时，哈默想得更远。他把这批威士忌酒改成瓶装，全部存在原来的工厂中。然后自己申请了一张造酒的执照，并开设了一个办事处。只用了几周的时间，他就卖出了2500桶。

还有一次，哈默在与化学工程师的朋友聊天中得知：纯正的威士忌中掺进80%的廉价的酒精，可以使威士忌变成原来的5倍。而那个时候，绝大部分喝酒的人，都会把掺有酒精的威士忌当做难得的好东西。这对他又是一个难得的好机会，因为这样一来剩下的3000桶就变成了15000桶，而且股票还在手中握着。于是哈默决定干一场。

当时美国的战时生产局对酒精控制非常严格，因为在战争期间，酒精的需求量非常大，它等同于军需燃料。所以法律只允许用土豆生产工业用的酒精，而不准用来造酒。哈默通过各种关系，疏通关节，最终局长给他签发了一个批准函

43

件，授权哈默和合伙人生产供酿造饮料用的土豆酒精。

　　之后哈默开始紧锣密鼓地运作。他用5.5万美元买下了一家名叫"朗姆"的酒厂，又以每10磅1美分的低价购进了几千吨土豆，聘请出色的配酒师为自己勾兑混合酒，还取了一个响亮的名字——金币牌威士忌。果然，没多久，购买的人就排起了长龙。

　　哈默就因为不断地捕捉稍纵即逝的商机，才使得事业不断地发展，到后来他成为全美第二号威士忌酒业巨头。

　　商机就如昙花一现，如流星即逝。所谓物以稀为贵，既是为贵，就不易珍藏。因为不是所有的庙堂，都能享有尊佛。就如罂粟，它饰有美丽诱人的花朵，却怀有摧残人性的毒汁。所以老板在把握住商机资源的同时要甄别瞬间的转机，要有驾驭资源转化资金的能力——这也就是财商能力配置的要素。

远见能变成财富

  如果说我们在哈默身上看到了远见的巨大收益,那比尔·盖茨更不会让你失望。身为软件王国一代帝王的盖茨,深知对市场的洞察力和远见将是微软发展中一笔宝贵的财富。谁看得更远,谁能抓住瞬息万变的市场信息,谁能以最快的速度开发出新产品,把产品打出去,谁就能快速占领市场,那谁就是最终胜利者。而他就是利用自己的远见赢了一场又一场的战争。

  在盖茨刚开始创业的时候,就和他的员工看准了市场,抢先于硬件之前开发了基于"8086"这个高速芯片上的软件程序。这在当时算是冒天下之大不韪的事情。因为一旦芯片的开发出现问题,微软的软件产品也将受到牵连。但是盖茨的冒险精神和远见促使他们敢于第一个吃螃蟹,让软件走在了硬件的前头。

  客观的说起来,当时的微软确实在进行一次在别人看来完全没底儿的事儿,毕竟他们是在一个还没有诞生的事物的基础上设计出了一个衍生品。但是事实证明,盖茨的眼光绝对是卓著的,微软再一次成功了。

  20世纪90年代初,信息高速公路的字眼在冲击着人们视线的同时,也格外引起了盖茨的关注。他时刻惦记着多媒体和信息高速公路,因为盖茨知道要迎接这个世纪大变革,就必须开发出真正意义上的多媒体软件,投入信息高速公路的建设。

  他的远见为微软迎来又一个大胜利。经过漫长而又艰苦的研发,1995年8月微软公司的多媒体操作系统视窗95问世,给全世界带来了石破天惊的震撼,成为一道流行全球的最为壮观的信息革命风景线。

  随着市场的发展,1994年个人单机使用环境的市场已经基本饱和,微软公司凭借其独到的眼光开始大举进入网络操作系统与网络应用软件市场。盖茨预见到随着多媒体和信息高速公路的开发和投入使用，整个社会将发生深刻变化。因此微软在开发产品时毫不吝惜在网络操作系统方面的投入。通过推出NTServer、SQLServer等服务软件，微软公司成功切入由IBM公司、Sun、网威公司、Oracle、Inforrmix、Sybase等软件大厂所把持的商用服务器软件市场，使得公司营业额持续飙涨。远见再次成为微软的财富。

而在Windows NT的研发过程中，尽管最初几年并没有从该产品上赚到多少钱。但盖茨坚信，微软需要一个类似Windows NT这样更为稳定和安全的操作系统，用来进军企业计算市场。在这一信念的支持下，微软公司的技术人员通过不懈的努力，最终使Windows NT及其后续版本Windows 2000获得了巨大的成功。如果没有坚持"从长远出发"，微软今天在全球服务器市场上可能都不会有任何收获。

为了能让自己看得更远，微软的技术支持部门一直在广泛收集来自市场和用户的信息。他们想方设法甚至是用金钱做诱饵从一些内行人士中得到数据。这种及时从用户中反馈过来的信息就可以使软件性能得到更好的改善。整个微软上上下下的信息交流是频繁的，快速的，以至对市场的感觉非常敏锐。盖茨及其下属认真地根据需要设计、修正其战略模式并以此来指导决策，使公司更具备各种应变能力。也正是因为这样，微软才能作出一个又一个富有远见的决策。

事实上任何一个市场产品的运作和发行都会有相应的风险。如果想渡过难关，就一定要有预测风险的能力，这也是远见的一种吧。

现在世界上越来越多的企业开始重视竞争情报。日本企业在全球范围内的迅速崛起，就得益于从政府到企业对竞争情报的高度重视。每年日本政府都投入巨额资金进行竞争情报的收集与分析工作，并且向日本企业免费提供。

当然对竞争情报的有效利用，也使得一些美国企业在与日本进行市场争夺战时，重新占得先机。施乐公司从1959年发明了世界上第一台影印机开始，在整个六十年代和七十年代初一直保持着在世界复印机市场上的垄断地位。但从1977年到1982年，其市场份额却从81%下降到36%。它的挑战者是日本的佳能公司，施乐就此开展了大规模的竞争情报研究，最终成功地从日本人手里重新夺回了市场份额。

而计算机企业在争夺市场过程中对市场风险的预测就显得更为重要。因为计算机软硬件升级速度之快足以让一个没有风险预测能力的公司瞬间轰然倒地。微软的合作者之一苹果公司在其总裁斯平德勒上任后，要求任何项目在得到批准之前，必须经过概念和调查两阶段的严格检验，甚至连董事会议也需经过详细的检查。

斯平德勒要求职员把苹果公司的会议与可口可乐、摩托罗拉等六个"世界级"公司的会议比较。现在，每次会议开始都有一个"战略框架"讨论，有图表和曲线图显示自上次聚会以来的变化情况。斯平德勒还拿出自己年度奖金的一半来确保在产品管理和交货方面的预测准确无误，这种对风险预测的苛求使他最终带领苹果走出了生死关头。

虽然盖茨和微软一直没有遭遇过苹果那样的生死攸关，但他们同样注重对未来风险的预测。为了夺取网络浏览器市场，微软充分发挥其竞争情报研究部门——战争室（War Room）的特长。每月定期监测网络浏览器市场占有率的变化，以此作为微软公司制定网络浏览器市场策略的最高指导方针。当然，预测风险的眼光可能更多地来自于企业的智囊团，他们不属于任何部门，但是他们以其非凡的知识与经验得到了广泛的承认。通过多重防范风险机制，微软在经营过程中远离了失败，远离了风险，一身轻松地向着新的高度迈进。

每位成功的企业家都有自己独特的经营之道，泰国第一富翁陈弼臣的经营哲学说起来其实很简单，就是能够远见卓识地抓住各种机会。他说："开银行是做生意，不仅仅是做金融业务。我判断一笔生意是否可做时，最重要的就是观察这个顾客本身，包括他的过去和他的家庭情况。"盘谷银行之所以能发展如此迅速，与陈弼臣敏锐的目光、深邃的洞察力、捕捉时机以及预见未来的能力是绝对分不开的。

陈弼臣的儿子陈有汉还说："盘谷银行的业务之所以能迅速发展，是因为我们有能力掌握各种机会发展国际业务……我们得到最先进的消息用来扩展国际业务，所以总能占得先机。"

西方金融界人士分析盘谷银行崛起的原因，说："第二次世界大战之后，曾经支配泰国等东南亚地区的洋商银行忽略了海外华人的经商能力。陈弼臣正是因为从这当中预测到了商机，以东南亚各地及香港的经济活动能力为基础，扶助他们发展国际贸易和各种工商业务。这才后来居上，超过了许多洋商银行，成为东南亚最大的银行。"

如果说陈弼臣也跟其他人一样忽略华人的经商能力，对他们不予重视，那结果会怎么样？即使后来会有大的发展，最起码也要延后很多年吧？

果断才能让远见卓识发挥得淋漓尽致

一副微胖的娃娃脸，腼腆羞怯，说话轻声细语，尾音拖得很长，甚至有些吞吞吐吐。这个看似文弱书生的人，却隐藏着一种坚忍不拔的品性。他就是精明能干、富有远见的石油大亨罗伯·安德森先生。单纯从他的相貌上来看，很难相信他就是叱咤石油王国数十载的石油巨子，是创建全美第七大石油公司——大西洋沃野公司的亿万富豪。然而，正是他探明并打出全世界有史以来油藏最丰富的一口油井；是他购买了100万英亩以上的牧场，一跃成为美国最大的私人土地拥有者；是他建造了世界上最大的太阳能工厂……这一连串轰动世界的惊人之举，都是这个貌不惊人的人创造出来的。

安德森在小时候就是一个目标非常明确的孩子。尽管他出生在城市，对于野外生活却非常热衷，那个时候他就决定不要在小城度过自己的一生。

大学毕业后，他开始尝试着做生意。靠着敏锐的嗅觉，他觉察到石油前景不可限量，于是开始了"野猫式探油"。即偷偷在他人土地上探油，发现油后便不动声色地以低价买下这块土地。二战爆发后，石油及汽油的需求量激增，安德森的煤油厂因此利润逐步上升。他成为麦可煤油公司的总裁，不久又改名为"杭多石油瓦斯公司"。后来通过一系列吞并和收购，公司日益壮大，从而迈出了安德森石油生涯的第一步。

到1963年，在安德森的苦心经营下，杭多石油瓦斯公司已经变得十分强大。他将公司和大西洋提炼公司合并，组建了日后闻名全球的大西洋沃野公司。在他48岁那年，开始担任公司董事。

这时的安德森完全可以提前退休，安闲地享受大牧场里的悠闲生活。但他根本没有这个意思，对他来说，作为公司董事，他有责任对公司的管理实行改革，

第二章 富有远见卓识

把公司办成一流的现代化企业。事实也证明，正是靠着安德森雷厉风行的决策和大刀阔斧的改革，才使得公司踏上了腾飞的征程。

安德森的成功，似乎总有点神在暗中帮助的意思，因为他是那种具有"见树知村"的预见能力的人。在用人问题上，他物色的总裁桑顿在之后的15年里一直是与他合作非常默契的好搭档。在事业上，他的预见大多也是对的。1968年的时候，他将公司总部从洛杉矶迁到了纽约。之所以这样做是因为他觉得公司要想成为一流公司，就应该迁到一个"企业气氛更为活跃的地方，跟其它大石油公司更接近一点的地方，而纽约无疑是最合适的地方。"果然，在纽约这个金融、贸易、工业和信息中心，大西洋公司那是如鱼得水。十几年后果真成了美国十大石油公司之一。

安德森的英明预见，在阿拉斯加北坡大油田的发现上表现得最为淋漓尽致。北坡油田地处阿拉斯加卜路后湾，从20世纪50年代起就有许多石油公司在这里钻探寻油。然而钻井队打了几百口井，却看不到一点儿石油，于是纷纷沮丧地撤走了。安德森没有人云亦云，继续坚持在那里钻油。他直觉上认为北坡有油，而且是大油田。当然，安德森的直觉不是凭空来的，而是建立在他对当地地质构造的科学分析的基础上的。最后，安德森的信心和耐心终于得到了报偿——大西洋公司在卜路后湾发现了油藏，而且是有史以来油藏量最丰富的油田。这个油田的发现，使得美国的石油储量一夜之间增加了二倍，也使得安德森一夕成名，跻身美国大石油公司的老板之列。后来，有人问他这次成功是因为眼光敏锐、精心策划还是仅靠运气？安德森回答地非常谦虚："两者都有，是90%的运气加10%的眼光敏锐、精心策划的结果。"尽管回答的非常谦虚，然而，大家都知道，这次成功应该归功于安德森的远见卓识。要不是他一再的坚持，也许根本发现不了这个大油田，之后的一切也就不可能出现了。

大西洋公司的这一发现，使得它的竞争对手之一、海湾西方石油公司慌了手脚。他们不久便向辛克莱石油公司提议，要收购这家公司。安德森听到风声，敏锐地感觉到这是千载难逢的壮大力量的机会，于是抢先一步采取了行动。他亲自前往辛克莱公司，与其总裁面谈，陈述兼并的种种好处，表示希望辛克莱石油公司加盟。两人最终达成一致协议。翌日安德森有事外出，临行前他特地留下指示要尽量争取谈判成功。同时，他争取到一笔银行循环贷款，以便用来收购辛克莱的股票。

数日后，收购大功告成。两家公司的兼并使大西洋公司的规模扩大了3倍，而后数以亿万计的美金纷纷涌入大西洋沃野公司的金库。安德森本人的财富也因大油田的发现而迅速增加。

　　作为公司的董事长，安德森还能从长远观点来驾驭公司，为公司未来成长做计划和决策，并且为公司创造一个能留得住人才的环境。因为在他看来，公司的成败完全依赖于它所吸引的人才。公司不仅要吸引优秀的人才，更要留住他们的心。因此他鼓励员工独立思考，并且十分相信职工的能力和才华。在选择高级管理者时，他要求他们必须清楚地了解问题并掌握正确解决问题的能力，还要有充沛的能力和体力来应付繁重的工作。

　　安德森的远见不光表现在善于制定策略，还表现在能够及时发现问题，改正错误，在尚可挽回的情况下，避免问题的严重化。1976年，当阿拉斯加油钱流入公司金库后，安德森以1000万元买下了一家濒于倒闭的英国报纸，即著名的《观察家报》。他本来是想通过此举来改善公司与英国的关系，但由于种种原因并没有达到预期的目的。5年后，如当初购买时引人议论一样，安德森将报社转手了。无论是购进还是转手，都体现了安德森果断的办事作风。

　　后来，安德森的生意直觉使他一时兴起买下了阿那康大采矿公司。一夜之间雅古的员工从25000人增加到了50000人之多。然而安德森选择投入这一新领域的时机非常差，因为不断上升的美元汇率使得这一计划丧失了竞争力。计划最终一笔勾销，使雅古得到一个损失25亿美元的惨痛教训。虽然这项投资损失重大，但无论如何也比继续做下去要好得多。

　　继雅古亏损之后，1973年的石油危机、石化产品需求不振、炼油产量过剩，再加上石油需求减少，使得公司被人收购的消息广泛流传。面对这一时期的噩梦以及谣言，安德森决定迅速采取行动，以避免发生更大的财政危机。他很快草拟了一份结构重整计划，大幅精减该公司的组织结构。在3年内工人数量减少了将近一半，还取消了与提高公司收入有直接关系的奢华活动。石油勘探及开发的计划也予以外包或延搁，亏损中的非石油类计划则干脆一笔勾销。这当中最为激烈和引人注目的要数安德森的财务措施：他果断地将位于洛杉矶市的公司总部雅古摩天大厦卖掉，以帮助筹措资金，重新买回价值40亿元的雅古股票，从而提高了公司的价值。

　　富豪的一项决策可能会给公司带来意想不到的巨额利润，也可能给公司造成巨大的损失。当很多石油公司在阿拉斯加北坡因未曾发现油田而心灰意冷时，安德森凭着商业上的预见性，以远见卓识、耐心和毅力发现了有史以来最大的油

第二章 富有远见卓识

田,为公司创造了巨额利润。同样,当他凭着预见性买下阿那康大采矿公司准备提炼页岩油时,又因事先没有预料到汇率上涨导致了25亿美元的损失。幸运的是他及时抽身,避免了进一步陷入泥潭。当然,也许这样说是有些太过褒奖安德森,然而一个人要想让公司的实力不断壮大,就需要培养商业上的预见性,对实际情况透彻的了解和洞悉。并尽可能分析未来情况的变化,采取灵活的措施。同时还要及时灵活地处理遇料不到的事件,尽可能实现公司利润的最大化。

  在实行公司远景规划的时候,必不可少的一个点是:要果断。做事只有不拖泥带水,才能将你的远见和卓识发挥得淋漓尽致,也只有这样才能在公司陷入危机的时候,使损失降到最低。

缔造富豪
DIZAOFUHAO

凡事预则立不预则废

凡事都要早做准备，只有这样，才能比别人更快地进入做事状态，更快地想出办法，更快地付诸行动，更快地达到目标。俗话说"笨鸟先飞早入林"、"早起的鸟儿有虫吃"，即使我们不是"笨鸟"，也要"先飞"，也要"早起"，因为只有把工作提早开始，我们才能比别人更早获得机会，从而比别人更早获得成功。

拿破仑·希尔曾经说过："自觉自愿是种极为难得的美德，它驱使一个人在没有人吩咐应该去做什么事之前，就能主动地去做应该做的事。"

李一男，毕业于华中理工大学少年班，1993年，他进入著名的科技企业——华为公司。十几天后，李一男即被提为主任工程师，一年后被任命为公司总工程师，27岁时李一男被提拔为华为公司最年轻、最受倚重的副总裁。这位才华横溢的年轻人之所以晋升得如此神速，就在于他不但对技术的发展趋势非常敏感，而且总能够给总裁任正非提供许多前瞻性的建议，总能提前为所开发的技术项目解决难题。当别的员工还在为一个产品在市场中的成功开发而陶醉时，李一男已经给任正非提出新的建议，并着手开发下一代产品了。很显然，这样的员工无论在哪个公司都会受到老板的青睐。

几乎所有的领导最先看到的就是那个第一个完成工作的人，如果一个人什么事情都能够比别人做得更出色，又能够超越他人率先完成，那么这个人没有理由不从众多员工中脱颖而出，没有理由不出类拔萃，没有理由不受到领导的重视和青睐。

我们提前提交工作成果，就能为领导留出更充裕的调整时间，增加他指挥若定的资本，老板自然就会对我们的工作赞赏有加。

第二章　富有远见卓识

没有成功会自动送上门来，也没有幸福会平白无故地降临到一个人的头上，这个世界上一切美好的东西都需要我们主动去争取。机会经常是属于那些跑在前面的人，因为只有走在别人前面的人才能有机会握到成功之手。只有凡事比别人提前一点，你才会离成功更近一点。

某企业打算招聘一位技术主管，在众多求职者中，甲和乙两个人在个人知识、技术和能力方面都很接近。正当公司为录用哪一个更合适而发愁时，乙主动给公司的人力资源部打了一个电话，并发了一个邮件。信中详细表达了他对这家公司的向往以及他为什么认为自己是合适人选的原因，此外还有他在学校发表的论文、导师的推荐信及他希望来公司所作的一些课题的打算等。

正是因为乙的这番积极主动的做法，集团决定录用乙。很多时候，比别人跑得快了一点点，得到的却是完全不同的另一种收获。

工作中唯有那些积极主动，跑在别人前面的人才善于创造和把握机会，并能从平淡无奇的工作中找到机会。

小谢大学毕业后在一家贸易公司当了一名临时职员。从上班那天起，她就时刻提醒自己，一定要做一名合格的正式员工。为了达到这个目标，她认真全面地了解公司的目标、经营方针、组织结构、销售方式等，以便在以后的工作中能更准确、更有效地采取行动。她积极主动地向同事们请教问题，除了努力提高自己的技术能力外，在同事遇到问题或忙不过来时，在完成自己的本职工作后她就主动前去帮忙。在领导下达给那些正式职员一些任务时，她自己也主动完成一份，完全按照正式职员的标准要求自己。在结束一天的工作之后，她还常常不怕辛劳，准备好第二天要用的资料。对此，有的人总笑她太傻：那么辛苦干嘛，领导又看不见，太不值得了。面对这些，小谢总是一笑了之，从不辩解，只是继续做着自己认为应该做的事情。

半年后的一天，领导向办公室主任要香港会议上所用的资料。办公室主任有些慌了，他前两天给职员小张交待了一下，因为领导后天去香港，也就没催促他快点完成，现在好像还没做好呢。"临时有了变动，今天下午就要去的。还没准备好吗？我不是前两天就给你说了吗？你自己想办法解决！"领导忍不住发了火。

正在办公室主任一筹莫展的时候，小谢拿出自己准备的那份资料交给了他："我准备的，您看一下吧。"主任一看，比以前小张准备的还要整齐、全面，于是赶忙给领导送了去。"这是谁准备的？"领导看了看问。"一个临时职员，我看还非常全面。"主任连忙回答。"嗯，不错，能够提前做好准备，是个做事情的料。"看来领导很满意。

几天后，领导从香港回来，第一件事就是把小谢转为正式职员。现在，她已经是领导的办公室助理，协助领导打理生意上的很多事务。

在还没有得到这个职位以前就已经身在其位了，凡事比别人快一步，主动去做上司没有交待的事，并把这些事做好，这就是小谢获得提升的原因。

任何老板，都需要那些自发寻找任务、自发完成任务、自发创造财富的员工。他们总是以更高的标准来要求自己，在工作中积极主动，时刻以公司制定的长期目标为导向，把握每一个表现自己的机会，主动承担责任，设身处地地为老板、上司着想，主动思考提高产量、降低成本、增加销售额、创造更大利润的切入点，主动提出并实施有益于公司发展的项目和业务。

当你主动给自己更高的定位，并主动把这些事情做好时，你就会比同事走得更快、更好，你在老板心目中的位置也会随之升高，带给你的也将是更多的发展机会。

第二章 富有远见卓识

关注行业和企业的发展及问题

  关注行业的发展及问题，能够帮助一个人更清楚地理解企业的问题；关注企业的发展及问题，是一个人为企业创造价值的前提。

  观察每一个企业的发展时，其所处行业的情况都是至关重要的参考。比如对于一个家具厂而言，木工设备行业的相关变化，原材料的变化，五金连接件及其相关企业的变化，新的设计、新的结构等方面的变化，一个城市中分布着哪些家具城，哪些具有影响力的家具大卖场等，所有这些情况都或直接、或间接、或急迫或不那么急迫地影响着家具厂的经营和管理活动。

  因此，能不能相对全面、相对系统地了解这个行业的情况，能不能对行业的相关变化作出及时的反应，甚至于对某些变化作出预测，将在很大程度上决定着一个家具厂能不能健康发展。

  企业在不同的发展阶段上，都会遇到各种各样的问题。怎样看待这些问题，如何理顺问题与问题之间的关系，把哪些问题定义为重要问题，并投入企业主要的资源加以解决。所有这些，有的时候并不是以企业意愿为转移的，都必须对照着行业整体的发展以及行业整体的问题来加以综合判断。

  虽然不能说，某一个人就能够决定企业发展的空间，就能够包办企业所有的问题，但是一个业内的资深人士，一个对行业有着全面和系统判断的人，将为企业的发展提供非常有价值的分析及判断，依靠这样的分析及判断，企业就会少走很多弯路，避免很多低级错误的同时，看清在哪里有陷阱。当一个人要伴随企业的发展实现共同进步时，他就必须关注企业所属行业的整体发展，只有对行业的整体状况以及面临的问题作持续的跟踪和研究，才能够为企业的发展献计献策，才能够为解决企业的实际问题提供富有价值的参考。

缔造富豪
DIZAOFUHAO

在现实工作中，企业的决策者会面临很多日常性的问题，也要处理很多棘手的突发事件。此时，如果有人向他们提供关于行业整体状况的报告，而且是一种持续的、系统的报告，相信所有企业的决策者都需要这样的信息，都需要收集、整理、分析这些信息的人。

在市场经济的背景下，谁能够为消费者解决问题，提供价值，谁就发展得更快。因此，关注行业整体的发展，你就会发现这个行业中新技术的变化能够为产品的更新提供哪些机会；你就会发现，相关行业的变化为这个行业的多数企业带来了哪些挑战和机遇，由此再结合企业自己的发展战略，就更容易找到努力的方向。

不论是个人还是企业，只有找到了问题，才能给自己准确地定位，也才能够就此确定努力的具体方向。那么什么是问题呢？如果没有对行业整体情况的了解，而是钻到了自己企业内的一个局部里，那么定义的许多问题可能是别人已经解决的，或者是暂时不能解决的，不论是这两种情况的哪一种，都将消耗企业的大量资源，同时却不能够为企业带来效益。花精力去研究这些内容又有什么意义呢？

如果，就现实的技术而言，在解决某种问题上，存在着巨大困难时，企业是不是应该考虑将有限的资源首先投入到那些能够迅速产生效益的领域中。相信，对绝大多数企业而言，这样的选择是明智的，尤其对于众多中小企业而言，在开发重大技术之前，确实需要慎重的考虑。因为，当解决重大问题所需要的资源远远超过企业可以调动的资源时，企业将不可能成为先驱，而只可能成为"先烈"。

只有在更大一些的背景下去观察和分析问题，才能够相对准确地给出判断。这一点几乎对所有问题都适用。因此一个人要为企业创造更直接、更大的价值时，其中一个重要的前提，就是他能在更大的范围里分析问题。但这个大背景，往往源自对企业所属行业整体情况的了解。

要为企业解决问题，创造财富，就必须首先认清企业所面临的问题，就需要根据重要程度为问题排序。要把问题看得更清楚一些，就需要以背景来做支持。

第二章　富有远见卓识

从冷门入手，捕捉行业发展先机

2000年7月17日，杭州人马云成为50年来第一个登上《福布斯》封面的中国企业家，理由是马云创建了全球最优秀的电子商务网站。该杂志如此描写马云："深凹的颧骨，扭曲的头发，淘气的露齿笑，一个5英尺高，100磅重的顽童模样。"又说，"这个长相怪异的人有拿破仑一般的身材，同时也有拿破仑一样的伟大志向！"

据说这是个让人疯狂的人。他每年会在全球10所大学演讲，在美国麻省理工学院讲台上，他口若悬河的表达和张牙舞爪的样子，令他所说的内容仿佛不可置信；在哈佛讲台上他与诺基亚总裁激烈辩论，最终赢得了台下1000多名听众长时间的起立鼓掌。

这是一个善于创造奇迹的人，全球商人热烈地追捧着他。他的阿里巴巴两次被哈佛选为MBA案例，掀起全美研究热潮；他被"世界经济论坛"选为"未来领袖"；公司成立仅4年，全球十几种语言400多家媒体对阿里巴巴的追踪报道从未间断！

2003年7月英国首相布莱尔访华，点名要见"中国的马云"，因为"他正在改变全球商人做生意的方式"！

其实不只马云，在富豪圈里，还有很多人像马云一样，在别人不关注的冷门里，创造出了属于自己的辉煌，这个人就是戴尔。

提起戴尔，就会让人想起他的传奇经历。他的直销模式为他创造了梦想中的财富，并缔造出了骄人的业绩：戴尔公司目前名列《财富》杂志500家的第48位，《财富》全球500家的第154位。自1995年起，戴尔公司一直名列《财富》杂志评选的"最受仰慕的公司"，2001年排名第10位。

缔造富豪
DIZAOFUHAO

戴尔公司自1984年创立至今，已成为全球领先的计算机系统直销商，跻身业内主要制造商之列。截至2000年1月28日的过去四个财季中，戴尔公司的收益达到270亿美元，成为全球名列第二、增长最快的计算机公司，在全球有35800名雇员。在美国，戴尔是商业用户、政府部门、教育机构和消费者市场名列第一的主要个人计算机供应商。

戴尔公司在全球34个国家设有销售办事处，其产品和服务遍及超过170个国家和地区。戴尔公司总部位于得克萨斯州，还在以下地方设立地区总部：香港，负责亚太区；日本川崎，负责日本市场业务；英国布莱克内尔，负责欧洲、中东和非洲的业务。另外，戴尔在中国厦门（中国市场）设有生产全线计算机系统的企业。

历数戴尔的成功历程，会发现，正是电脑直销这个"冷门"，成就了今天的戴尔。

之所以说戴尔的选择是冷门，是因为按照一般的逻辑，计算机销售最常见的方式就是由庞大的分销商进行转销，这也是日常生活中最常见的方式。而且看起来这种方式似乎坚不可摧，这也令许多计算机制造厂商的直销屡屡受挫，因为大部分人已经认同了这种销售方式。而戴尔却偏偏与传统对抗，用网络直销PC机，并接受直接订货的方式进行销售。靠着本身敏感的市场嗅觉，戴尔靠这个冷门，精彩地演绎了业界的经典故事。

因为家庭原因，戴尔在小时候就接触了电脑，并对其产生了特别的感情。当初为了不辜负父母的期望，戴尔选择了做德克萨斯大学医学专业的预科生。可那时候他的兴趣依然在电脑身上，最终兴趣战胜了一切，他将所有的热情全都投放到了电脑上。

在戴尔最初接触电脑的时候，他用自己卖报纸存的钱买了一个硬盘驱动器，用它架设了一个BBS，以方便和其他对电脑感兴趣的人交换讯息。在和别人比较关于个人电脑的资料时，他发现电脑的售价和利润空间没什么规律可循。当时一部IBM的个人电脑，在店里的售价是三千美元，可电脑需要的零部件只需花六七百美元就可以买到，而且还不是IBM的技术，他觉得这种现象非常不合理。他还发现，经营电脑商店的人竟然对电脑没什么概念，这也很说不过去。大部分店主以前卖过音响或车子，觉得电脑是一个"可以大捞一把"的时尚，所以全都跑过来卖电脑，赶时尚。这股风刮起来之后，光是在休斯顿地区就雨后春笋般地冒出了上百家电脑店。这些经销商以两千美元的成本买进一部IBM个人电脑，然后三千美元卖出去，纯利润空间是一千美元。同时，他们很少给顾客提供支持性服务，有些甚至没有售后服务。然而因为电脑使用的流行，这些什么都不提供的店主还是狠狠地赚了一笔。

有了前面的意识后，戴尔买进了一些和IBM机器里的零件一模一样的零部件，然后将电脑升级后转手卖给他认识的人。结果大受欢迎，戴尔也因此挖得了人生的第一桶金。对此他说："如果我的销量再多一些，就完全可以和那些电脑店主竞争，而且不光是价格上的竞争，更是品质上的竞争。"同时他也意识到了一点：经营电脑是"商机无限"的事儿。之后，戴尔将热情全都放在了电脑事业上，在离开家进大学那天，他开着用卖报纸赚来的钱买的汽车去学校，在汽车的后座上载着三部电脑。

在学校期间，他的宿舍里经常会有一些律师和医生等专业的同学进出。他们是来找戴尔的，他们请戴尔帮自己组装或者升级电脑。除此之外，戴尔还经常用比别人低得多的价格来销售功能更强的电脑，并多次赢得了得克萨斯州政府的竞标。他说："很多事情我都不知道，但有一件我很清楚，那就是我真的很想做出比IBM更好的电脑，并且凭借直接销售为顾客提供更好的价值及服务，成为这一行的佼佼者。"

这些胜利增强了戴尔的信心，也使他拥有了一笔数目可观的积蓄。大学第一学年结束后，戴尔打算退学，结果遭到父母的强烈反对。无奈之下，戴尔决定采取折中的方法：如果那个夏天的销售量不令人满意的话，他就继续读他的医学。他的父母接受了这个建议，因为他们觉得戴尔不可能实现这个目标。然而他们错了，戴尔的表现没让他的父母如愿，仅第一个月他就卖出了价值18万美元的改装PC电脑。也正因此，戴尔如愿以偿地没再回过学校。从那时候起，戴尔真正地踏上了奋斗历程。

戴尔是从一个简单的问题来开展他的事业的，那就是：如何改进购买电脑的过程？结果得出的答案是：把电脑直接销售到使用者手上，去掉零售商的利润剥削，把这些省下来的钱再回馈给消费者。这种"消除中间人，以更有效率的方式来提供电脑"的方法，就是戴尔电脑公司诞生的核心理念。

1988年，戴尔公司股票公开上市发行，"直接模式"正式宣告开始。也正是依靠这种方式，戴尔公司创造了一个个传奇，戴尔则圆了自己的梦。

从一开始，戴尔公司的设计、制造和销售的整个过程，就是以聆听顾客意见、反映顾客问题、满足顾客所需为宗旨。他们所建立的直接关系，是从电话拜访开始,到面对面的互动,再到现在的借助网络沟通。这些做法让他们可以非常迅速地得到顾客的反应,及时获知顾客对产品、服务和市场上其他产品的建议,并知道他们内心深处更希望公司开发出什么样的新产品。

戴尔的这种销售模式被习惯称为直销,在美国则一般被称为"直接商业模式"。而所谓的戴尔直销方式,就是由戴尔公司建立与客户联系的渠道,由客户直接向戴尔发订单。订单中可以详细列出自身所需要的配置,然后由戴尔"按单生产"。简而言之就是简化、消灭中间商。戴尔在他所著的《戴尔直销》一书中解释说:"在非直销模式中,有两支销售队伍,即制造商销给经销商,经销商再销给顾客。而在直销模式中,我们只需要一支销售队伍,他们完全面向顾客"。"别的企业必须保持高库存量,以确保对分销和零售渠道的供货。由于我们只在顾客需要时生产他们所需要的产品,因此我们没有大量的库存占用场地和资金,没有经销商和相应的库存带来额外成本,所以我们有能力向顾客提供更高价值,并迅速扩张。而对每一位新顾客来说,我们能收集到更多他们对产品和服务需求的信息。"

对于这种销售方式,戴尔曾说:"其他公司在接到订单之前已经完成产品的制造,所以他们必须猜测顾客想要什么样的产品。但在他们埋头苦猜的同时,我们早有了答案,因为我们的顾客在我们组装产品之前,就表达了他们的需求。

"其他公司必须预估何种配置最受欢迎,但我们的顾客直接告诉我们,他们要的是一个软盘驱动器还是两个,或是一个软驱加一个硬驱,我们完全为他们定做。"

当然,要更好地实现直销,戴尔也有自己的实施规划和策略,总结起来就是细分市场:比顾客更了解顾客。大多数公司主要是在产品上细分,戴尔公司则是在顾客上加以细分。随着对顾客群认识的不断加深,对于他们所代表的财务层就能精确衡量,也可以更有效地衡量各营运项目的资产运用。通过评估市场的投资回报率,并与其他市场比较,从而制定出以后的绩效目标,充分发挥各项业务的潜能。戴尔认为"分得越细,越能准确预测顾客以后的需求和需求的时机。得到这样的信息,就可以与供应商协调,把信息改造为应有的存货。"细分化的做法解决了戴尔公司自创立以来的困扰:如何做到一边扩大规模,一边持续稳定地成长。《哈佛商业评论》的研究显示,1994年,戴尔公司的顾客只有两类:大型顾客和包括一些商业组织和消费者在内的小型顾客,当年公司的资产为35亿美元;到1996年,大型顾客就被细分为大型公司、中型公司、政府与教育机构,公司资

第二章 富有远见卓识

产也升到78亿美元；到了1997年，戴尔又进一步把大型公司细分为全球性企业客户和大型公司两块市场，政府与教育机构市场则分为联邦政府、州政府和地方政府、教育机构三块不同的市场，小型顾客则进一步分解为小型公司和一般消费者两块业务，当年公司资产攀升到了120亿美元。公司成长后与顾客脱节是很多大公司一直以来的烦恼和通病，戴尔的业务细分，却照顾了顾客的需要，创造了意想不到的奇迹。

如果戴尔在创业的时候没有将目标锁定在人人反对的直销上，在别人高喊着这种直销模式只适合美国，在别的国家行不通的时候。在亚洲被人告知："你这种西方观念在这里不可行。"在戴尔进军我国的时候，被国内某些电脑公司高层领导告知根本不可行时，戴尔没有坚持将自己的冷门进行下去，那结果会怎么样？没人知道。

这就好比一条很少有人走的路，这条路满是荆棘，满是杂草，没有人知道会在路中遭遇到什么。大多数人的经验告诉他：这条路不能走，也许在路中间会遇到危险的东西，到时候可能连命都会搭上。可是有的人却坚持着走了下去，走没有人愿意走的杂草丛生的路，结果在路中间挖到了罕有人知的大宝藏，戴尔无疑就是后者。

人人都想成为事业上的黑马，但是有几个人做到了？这些人之所以没有实现梦想，就是因为他们不敢将人生的赌注压在冷门上。他们宁肯走别人走烂的一条路，也不愿意选择一条别人没有发现的路。至于原因，当然就是前面说的，担心血本无归。这些人也许就该学学戴尔，正如他所说的，"直销模式可应用于各种文化背景，如果你的设想真有强大的生命力，就不要理会那些说'不行'的人，而应招聘拥护你远见的人。"

一个人最终决定创业，他一定是比别人预先看到了某个行业的前景，不然他不会去冒险。正如戴尔发现了电脑直销的前景，柳传志发现了电脑的前景，创维老总黄宏生发现了彩色电视的前景，耐克老总菲尔·耐特发现了运动鞋的前景，马化腾看到了即时通信QQ，而马云看到的是电子商务等等，从而打开了一片新天地。而要具备这样的眼光，我想并不是他们突发奇想，一定是经过深思熟虑的。你每天不想这些事情，机会摆在你面前，你也抓不住啊！孙正义研究了40种行业，2年读了2000本书籍，最后决定干互联网投资这一行。

很多尤其是现在在中国做的很成功的企业，他们很多有出国的经历，因为西方国家毕竟领先中国20～30年，在他们国家做的很成功的行业，在我们国家也许

缔造富豪
DIZAOFUHAO

才刚刚起步，很多行业尤其IT方面，几乎完全复制国外，像百度与谷歌、搜狐、网易、新浪等门户网站，当当网、卓越网与美国的亚马逊网上书店简直如出一辙，前面提到的马云正是因为出国看到了互联网的前景，最后义无反顾地辞职投身进去，而黄宏生也是因为到日本看了人家的彩色电视机以后，开始从遥控器干起，最后成长为中国做电视的老大。所以我觉得有机会应该多走走，尤其如果能够有出国的机会那是更加要抓住，关注各种行业的信息，对比自己的优势，看看自己合不合适去干，也许发现彩色电视前景的还有很多人，但是最后真正干成了的又有几个？

因此，能够真正的把一件事情做好做成，也是我们最需要探讨和摸索的。不是现在成功的每个人都在干他最初决定创业时所干的行业。要发现机会是一个长期的过程，有的人做着做着就来了灵感，也积累了很多经验和资本，锻炼了队伍，再做的时候他已经能够比别人吸引更多的投资，成功的机会也会更大。

阿基米德说过，给他一个支点，他就能翘起整个地球。但是他永远都翘不起地球，因为寻找那个支点正是最难的地方。

不过大家不要灰心，现在世界上虽然不是遍地黄金，也不致于全无机会。象金平谈到的外贸虽然说不一定能做到世界五百强，但是要赚钱，机会还是挺大的。

马云说过一句话：如果没有发现互联网，没有发现电子商务，他可能去上海开个理发店或饭店，但他一定要把它做成全上海最好的理发店或饭店，反正是要去做点事的。我认为，不管做什么只要把他做到好到连自己都感动，我想要赚钱是根本不成问题的。尤其像中国大部分地方服务这么差，完全不考虑顾客这样一个背景下。张蓝女士做餐饮（俏江南），大家可以去网上了解一下，做得多么有创意，多么好。所以不一定要去做一个别人从没做过的行业，当然有这样一个行业那是求之不得的。最重要的是能不能把它做到最好，最有创意啊。

第二章 富有远见卓识

没有远见只能失败

在美国有一位昙花一现的大富豪麦卡锡，在他身上也有着十分传奇的经历。

少年时代的麦卡锡，头脑非常聪明。在人人都急着寻找石油的时候，麦卡锡的父亲也随之来到油田找工作。麦卡锡从小就是在油田里长大的，为此他认识了很多性格倔强、肯吃苦、喜欢跟命运赌博的人，这些人对麦卡锡有着非常大的影响。

后来，麦卡锡随着父亲来到城市，因为反应敏捷，给公司创造了赚钱机会。他个人也因此拥有了油站，之后又把它扩大为两座。

麦卡锡不甘心一辈子过平淡无味的日子，于是卖掉了一座油站，用这笔钱作原始资本找石油。他很快买来设备和工具，开始钻探。

在经历了希望落空之后，麦卡锡没有像别人那样放弃，而是执着于钻探的梦想。终于，麦卡锡成功了，这口油井让他赚了70万美元。

但好景不长，麦卡锡的一口井因为不慎失火了，另一口井井架倒塌，麦卡锡为此损失了一大笔钱。这样一来，初享成功喜悦的麦卡锡又变得一文不名，还欠下200万美元的债务。但麦卡锡没有就此一蹶不振，而是积极寻找解决问题的办法，最终时来运转，成就了自己。

成功后的麦卡锡嗅觉变得格外灵敏。他的鼻子嗅到哪里，就能在哪里找到丰富的石油。他的钻井比一般人的都深，设备也先进，因此先后找到了38处油田。尽管售价低，他仍然赚足了钱，成了万众瞩目的大富翁。

然而，成名之后的麦卡锡变得不再和以前一样。他过上了全新的生活。也正是因为这种生活，使他最终告别了富翁的生活。

缔造富豪

总结麦卡锡最终变穷的原因，没有远见是其中一个重要因素。

首先，他花数百万美元在休斯敦市中心建造了当时很高的建筑——22层的谢尔大厦；接着，又买下了一批报馆、休斯敦的一家广播电台和一家银行；他甚至买下了东部航空公司的大量股票，当上了这家公司的董事。

他已经完全丧失了理智，将手中辛苦挣来的金钱，进行着完全没有分析和预见的冒险投资。我们在前面提倡的冒险不是指盲目的冒险，而是有计划、有准备的冒险。麦卡锡现在已经完全丧失了理智，所以这种冒险其实是种盲目的冒进。

在这之后不久，麦卡锡又相继添加了一座大农场——大得乘小飞机穿过农场需要1个小时的航程以及好几架飞机。1949年的时候，他居然买下了一架波音同温层客机，这绝对称得上是当时最豪华的私人飞机。

他还建造了最著名的饭店"酢浆草"——一座以爱尔兰国花命名的超级饭店。他将地址选在了离休斯顿市中心较远的一块地皮上。尽管人们都说将饭店盖在离市中心这么远的地方是在发疯，麦卡锡却仍然一意孤行，执意将工程动工了，耗时3年建成了。

这座饭店在当时绝对是美国最豪华的饭店。为了更加吸引人，麦卡锡用了63种浓淡不同的绿色来装饰它。夜里绿色的水银灯把饭店四周照亮，连服务台用的都是绿墨水钢笔。除此之外，麦卡锡还打算用草皮铺地。当时草皮公司因为存货不多不肯全部出手，麦卡锡知道后就将那家公司买了下来。饭店里有很大的游泳池、能容纳近2000人的舞厅。舞厅用进口红木和玫瑰红大理石装饰，请了大批最著名的演员表演。

……

麦卡锡的种种行为除了让人觉得难理解外，就是觉得他这个人已经疯狂了。然而，不要忘了一句话：一个既不懂得怎样握紧自己钱袋，又不思考如何能赚更多钱的人，是注定要走下坡路，甚至彻底失败的。

很快，这句话就在麦卡锡身上应验了。因为当时政府颁布了一条阻止石油收购价格下跌的法令，这样出售的石油就保持在了较高的价位上。购买者不愿花钱收购这么贵的石油，结果导致石油卖不出去，麦卡锡的收入因此减少了一半。

最初让外界感觉到这位风云人物的事业开始滑坡的，是麦卡锡用未开采出来的石油作为抵押，向保险公司借了5000万美元的债。

这还不算，麦卡锡前边花巨资建造的饭店也根本没有收到预期的投资效果，他花巨资建造的化工厂也一直在亏本。可以说麦卡锡的远见已经不那么灵了。

第二章　富有远见卓识

为了扭转局面，麦卡锡向政府的一个金融机构提出了贷款7000万美元的请求。后来，又将包括在休斯敦市中心的22层的谢尔大厦变卖了。

但所欠的贷款还是不能偿还，于是保险公司开始接收麦卡锡石油公司和饭店资产的管理权。在万不得已的情况下，麦卡锡卖掉了"酢浆草"饭店。他手中的住宅、报馆、广播电台和其它一些资产，也相继从他手中失去了。

这时候，如果麦卡锡肯和别人合作，这场危机也可以度过。然而此时的麦卡锡已经没有了这种意识，也已经将原先的远见卓识丢失了，他只想单干，只想盲目的冒险。他打算在华尔街上市销售他公司的1000万美元的股票，以便筹集资金。可惜因为欠人贷款，申请被人驳回了。

麦卡锡无奈之下只好另谋出路。一年以后，他来到玻利维亚做石油生意。他向玻利维亚政府租了大片土地，想重操旧业——钻探油井。可他租的那片土地周围是密密麻麻的丛林，运油卡车不好通行。唯一的办法就是铺设一条输油管道，而这又需要大笔资金。麦卡锡手里根本没有这么一大笔钱，最终只好打道回府。

这下麦卡锡公司彻底衰败了，他沮丧地卖掉最后一个石油企业，告别了他亿万富翁的生活。

麦卡锡的失败给我们的最好的启示，就是一个人如果没有远见，最终是会走上失败之路的。远见在富豪的一生中，绝对起着至关重要的作用。

第三章 ◎ 强烈的赚钱欲望

> 人人都成为亿万富豪并非虚妄之言。只要我们在正确的欲望的指引下,我们的能力就能得到超常的发挥,追求财富的路就会变得异常宽阔。我们在不知不觉中就已经攀上了财富的顶峰。
>
> ——佚名

欲望是追求人生目标的动力

也许有人会问：什么是欲望？这个问题其实很好回答，欲望是你所要追求的目标，是你努力刻苦的基本动力。对人生怀有梦想，而督促这些梦想变为现实的就是欲望。

这个看似简单的命题，却始终决定着人的行为方向。只要我们活在世上，它就永远不会静止，永远得不到彻底的满足。换句话说，"生存"就是"欲望"，欲望消失之日，也就是生命停止之时。

相信很多人都会有这样的疑问，为什么我们处在相同的环境下，吃着一样的饭，有着相同的时代背景，人与人之间的差异却是这样的大……是什么造就了伟大者和普通人之间巨大的差异？又是什么制造了奇迹与平庸之间看似无法逾越的鸿沟？

目标、信仰、意志、才华、环境、机会……即使是最有权威的研究者也无法运用这些因素列出一个精确的成功模式。我们当然不敢随意对这巨大的司芬克斯之谜饶舌，却又忍不住要说，至少有一样东西是一个成功者必须具备的，那就是强烈的欲望——这是所有能够把握自己命运的强者和改变了历史进程的巨人们都绝对拥有的素质。

拥有强烈的欲望，可以使你迸发出巨大的热情，使你不断溶化困难的坚冰，驱散失败的愁云。将一切琐屑、枯燥甚至充满危险的工作都变得乐趣无穷；将每一个看似不可逾越的鸿沟变得渺小。强烈的欲望是永不会熄灭的生命之火。

大自然从来没有给人类一个极乐世界。在生命的最初，我们便面临着生存问题，我们无时无刻都在经受着肉体上、精神上的痛苦与折磨，时时刻刻逃避着各种各样的灾难——死亡、饥饿、疾病、疲劳、恐惧、侮辱、贫穷等等。人的本能

第三章 强烈的赚钱欲望

总是自然而然地为征服这些灾难而挣扎、抵制和拼搏着，所以生命的过程显得那么坎坷不平、逶迤曲折、无边无际。

然而就是在这样的考验和挣扎中，我们确定着自己存在的意义和价值。我们对生活有所乞求，有所寄托，充满希望。当最低生活的需要被满足之后，我们总会自然而然的追求更高的希望——追求权力，追求爱，追求富裕的生活，追求幸福，追求成功。我们把生活的赌注押在未来，从而追求一种内在的满足感。

巴尔扎克曾经说过："欲望是支配生命的力和动机，是幻想的刺激素，是行动的意义。"

欲望是人类与生俱来的动力和精力，它像一颗深埋心中等待爆发的种子那样跃跃欲试，赋予生命以无穷的激情。它从内心自然流露，时刻不停地运作着，决定着生命的方式。如果某天你深刻地自省，往往会惊觉：这股潜藏的力量，会使我们跨过伟大与平庸之间那条看似无法逾越的鸿沟。并能唤醒心海深处沉睡的种子，由此你也能成为自己美好生活的创造者和改变者。

当你开始反省自己的时候，生命也自然会对你敞开另一道闸门，让你看到不一样的风景。你也会因为自我反省，学会驾驭及组织自己的本性，进而对未来抱有强烈的欲望，想要扭转自己的命运。每一次经验都是一个全新的开始，当你面对生活中源源不绝的挑战时，只要激起这股欲望的力量，你将永远居于主动地位。并能镇定自若地调兵遣将，决定应对敌人的方式和态度。你将会成为自己的指挥官，没有任何人能命令你，也没有人能以他的意志驱使你，一切主动权尽在你的掌握之中。我们甚至可以这样说，当你的欲望真正强烈起来的时候，你将获得无限的动力与激情，在追求成功的道路上，势如破竹。

但是，正如我们在前面所说的，人本身对于痛苦有一种天然的逃避，就像向日葵喜欢太阳一样，对于黑暗有着天然的鄙弃。人也是这样，总是不断追求快乐，逃避痛苦。因此，想要成功，就要将成功和快乐打包在一起，将失败和痛苦打包在一起。这样，每想到成功，想象美梦成真的滋味，便充满快乐、心生向往，而努力去追求。每想到失败，想到失败所带来的羞辱，就感到痛苦万分，因而坚持着要成功，不达目的誓不罢休。

欲望能驱使行动去达成愿望。转化心中的愿望为强烈的欲望，就是一而再、再而三地要求自己行动再行动，前进再前进，丝毫不松懈。也只有这样，才能让自己拥有持续不断的动能，"忍人所不能忍，为人所不能为"，克服一切困难，达到成功的目的。不论你遭遇什么困难和挫折，不论你罹患什么疾病，只要求生的欲望、

缔造富豪

康复的欲望、成功的欲望没有泯灭，你必能战胜疾病，摆脱厄运，赢得成功。

也许有人会说欲望这个词太过抽象，但它其实就在我们身边。很多作家常常深夜醒来就伏案写作，他们为什么会这样？其实就是心底的某种力量在驱使他们，而且这种力量不是机械的力量，它是一种肉眼看不见的精神力量。这种精神力量，与欲望有着不可分割的关系。

在心理学研究中，越来越多的成果表明，人的深层需要像低级动物的需要一样也会激发强烈的本能力量。这也是人类生存和幸福所必不可少的。任何一个渴望成功的人，都能够意识到自己的深层需要，或者说是将自己的深层需要激活了。只要你想要成功，它们就会在你不断地告诫自己要努力的时候，被你一点点的激活，并最终转化为成功的欲望。

当你内心深处的深层需求转化为欲望被你意识到时，它就表面化了。诸如"我想买房子"、"我想结婚"、"我想长命百岁"、"我想成为大富豪"等等具体化的欲望，就是深层欲望表面化。

所有的人都希望自己的生活能比现在过得好些，更好些。改变现状的渴望是许许多多的人拼搏奋斗，穿过一道又一道人生大弯的根本动力。虽然很早以前就有"知足者常乐"的处世格言，但那实际上只是无力改变现状的人们聊以自慰的借口。而那位身高和能力完全不成正比的科西嘉人曾说过的一句话则完全可以震撼所有人的心灵："不可能这个词只是在庸人的词典里才有。"当你听到这句话时，是否能从中理解出：只要拥有欲望，就可以改变一切的意思。

1921年8月，一位39岁的美国人突然患了小儿麻痹症，使得双腿僵直，肌肉萎缩，臀部以下全麻痹了。谁知屋漏偏逢连夜雨，他作为民主党的副总统候选人参加竞选也失败了。他的亲属、挚友都陷入极度失望之中，医生也预言他能保住性命就是万幸。但他心中始终怀抱着"不相信这种娃娃病能整倒一个堂堂男子汉"的信念，为了活动四肢，他经常练习爬行；为了激励意志，他把家里的人都叫来看他与刚学会走路的儿子比赛。每一次都爬得气喘吁吁，汗如雨下……就是这种想要站起来的欲望使得他坦然地面对每一次辛苦的练习，就在十余年以后，他奇迹般地当选了美国第37届总统，坐着轮椅进入白宫。他，就是美国历史上唯一一位连任四届的总统罗斯福。

如果把世界上所有令人难以置信的奇迹都倒退回它们刚刚开始出现时候的那种状态，我们就会惊奇地发现：一切都是从似乎"不可能"开始的。穿过开始和结局之间那个充满了拼搏奋斗、挫折失败循环往复的漫长过程，我们所一再强调的凡人格言总是会得到证明：欲望可以改变一切。

　　如果你信奉这句话，你完全可以跟那些要求你伸出手掌，指点着你的掌纹为你讲述命运的人说：如果掌纹真是某种命运的密码的话，找一张纸把你现在的掌纹印下来。你会发现几年后，现在的掌纹也会变化。

　　一切都可以改变！只要你拥有要改变它的欲望。对于一个真正的强者而言，没有什么力量能操纵他的命运，除了他自己。

▲ 缔造富豪
　DIZAOFUHAO

梦想就是欲望实现的翅膀

　　任何一个成功者，都是拥有梦想的人。也许有人会说，爱梦想的人是不现实的人，因为他们只会沉溺于不切实际的梦想中，但也有的人觉得梦想就是前进的动力，是成功的催化剂。

　　我同意第二种观点。持前一种观点的人是将梦想和幻想混淆了，他们没有弄明白这两个概念之间的界限。要知道拥有梦想不是一件坏事，它给人以自信，让人充满奋斗的力量，藐视困难和挫折，让你最终踏上成功的征程。

　　孙中山先生说："人类因梦想而伟大。"每一个走上人类财富巅峰的人，都是拥有伟大梦想的人，正是这些伟大的梦想造就了这些人才，造就了这些富豪。

　　现在只要提起"希尔顿"这三个字，就会很自然地使人联想到那豪华舒适的大饭店。这几乎是家喻户晓的事情，正是因为康拉德·希尔顿这位世界旅馆业大王，才使得世界各地的大都市里，都可以看到那些耸入云霄的希尔顿大饭店。康拉德·希尔顿所创立的国际希尔顿旅馆有限公司，现在在全球已经拥有200多家旅馆，资产总额达数十亿美元。每天接待各国旅客数十万计，年利润数亿美元，雄居全世界各国旅馆榜首。

　　然而，也许没有人会想到，当年希尔顿涉足旅馆业，手头只有5000美元。就是这个手中拿着5000美元的康拉德·希尔顿，成了现在旅馆业的龙头老大。

　　"你必须怀有梦想。"这位载誉天下、威名远播的"旅馆大王"在晚年的自传中，揭开了自己成功的奥秘："我认为，完成大事业的先导是伟大的梦想。""我所说的梦想和空想是截然不同的。空想是白日做梦，永远难以实现。也不是人们所说的神的启示。我所说的梦想是指人人可及，以热诚、精力、期望作为后盾，一种具有想象力的思考。"

第三章 强烈的赚钱欲望

就是因为一直怀抱着成功的梦想，康拉德·希尔顿在它们的激励下，白手起家，坚定不移，一步一步地攀上事业的巅峰，最终创立了全球性的旅馆业王国。

在某种程度上说，希尔顿能够怀抱梦想是受到自己父亲的影响。希尔顿的父亲格斯·希尔顿10岁那年随全家从挪威移民到美国的衣阿华州，他长大后，在道奇堡市当了一名职员。但他从小就有很大的梦想，渴望成功，因此并不满足于现状，而是将目标指向了拥有无限机遇的西部地区。于是格斯·希尔顿凭着自身巨大的勇气、主动热情的态度和开创新事业的精神，仅靠一点积蓄在偏远的西部跑起了买卖。希尔顿的母亲玛丽·希尔顿是一位具有坚定信仰的人，她说服了自己的富商父亲，在格斯闯荡西部3年后离开了自己的家，跟随新婚的丈夫来到西部的边陲小镇——新墨西哥州圣·安东尼奥镇。

1887年圣诞节那一天，在这个荒凉小镇一座堆满杂货的土坯房里，玛丽·希尔顿生下了他们的第二个孩子——康拉德·希尔顿。

但是圣诞老人似乎并没有给希尔顿和他的家庭带来什么特别的好运气。希尔顿的父亲起早贪黑，整天东奔西跑，为养家糊口、积攒家业而疯狂地工作。母亲则担负起繁重的家务，为了将自己的8个子女抚养成人，白发早早地爬上了她的额头。小希尔顿很小就知道和自己的兄弟姐妹一起在学校放假期间帮家里站柜台，或是推着货物沿街兜售。就这样，在全家人的辛勤劳作下，商店的生意变得越来越红火，希尔顿的父亲还收购了一家小煤矿。1904年，年仅17岁的希尔顿在父母的支持下，开始独立经商。家中生活逐渐富裕起来。

然而，就如同任何一个想要成功的人几乎都会遇到很多的考验一样。1907年美国发生了经济恐慌，一夜之间，使财富刚刚萌芽的希尔顿一家陷入了生活的困境。生活重新变得入不敷出，家中只剩下一间堆满货物的五金商店。为了摆脱日益深重的危机，他们要尽快把货物处理掉，以腾空房子开办"家庭式旅馆"。父亲当总管，母亲做饭菜，希尔顿和弟弟卡尔则责无旁贷地担负起揽客的任务。日子虽然不好过，这种经历却为希尔顿日后经营旅馆提供了很好的锻炼机会。

经济危机下的希尔顿家的旅馆总是处于摇摇欲坠的状态，惨淡经营的同时，随时面临着破产的危险。对于年轻气盛的希尔顿来说，开旅馆并不是他最初的理想。他的第一个伟大梦想是开一家银行，当一位风度翩翩的银行家，坐在银行大厦经理办公室的转椅上，处理大笔大笔的金融业务。

就在这个梦想不断成长的过程中，希尔顿总是充满自信地告诉自己的父母，他要做一位银行家，要在里奥格兰河流域建三四家银行。并且给他们描画美好的

缔造富豪
DIZAOFUHAO

蓝图：首先从故乡开始，第一家银行就命名为新墨西哥州圣·安东尼奥银行。1913年9月，他终于将这项计划付诸实施了。他东奔西跑，马不停蹄地准备着开银行需要的资金，好不容易筹集到自组银行所需的3万美元资金。可事情并不是一帆风顺的，就在第一次股东会议上，希尔顿遭到了排挤，一个敌视他的70多岁的老头子被推为董事长。希尔顿没有放弃，在父亲的帮助下，一年后希尔顿反败为胜，重选了一位董事长，他自己也当上了副董事长。这家圣·安东尼奥银行在希尔顿的经营下，业务取得很大的进展，两年后银行资金已达到13.5万美元。

不过，好事总是多磨的。1917年，美国卷入了第一次世界大战，希尔顿也应征入伍。这场没在预料之中的战争中断了希尔顿银行家的美梦，同时也改变了他的未来。两年后，希尔顿的父亲遇车祸身亡，希尔顿退伍回家。

子承父业，希尔顿干起了父亲留下的小本买卖——一家经营惨淡的小旅馆。这个时候希尔顿心中做银行家的梦想还没有完全泯灭，并且不断地在心中泛起。但这时希尔顿已经没有了银行，他手头只剩下5000美元的积蓄，梦想又怎么成真呢？

"我如何才能重整旗鼓？"希尔顿迷茫地向母亲请教。

不得不说这是一位坚强而有远见的母亲，她的话影响了自己儿子的一辈子。她说："康尼！你必须找到你自己的定位。与你父亲一起创业的老友曾经说过：'要放大船，必须先找到水深的地方。'"

希尔顿幡然醒悟，带着自己的梦想，只身闯进了因发现石油而富饶的得克萨斯州，那里云集着大批来发石油财的冒险家们。

那时候的得州似乎遍地都是黄金。钻油的工人穿着皮靴，穿着金光闪闪的裤子。那样子就好像不久的将来，他们都将成为百万富翁一样。希尔顿马不停蹄地连续跑了两个城镇，询问了十几家银行，得到的回答却是一样的——不卖。希尔顿碰了一鼻子的灰，也吃了两次闭门羹，却没有放弃，而是继续鼓足干劲儿地来到第三个城镇——锡斯科。

幸运的是，锡斯科这片热情的土地对希尔顿敞开了怀抱。希尔顿一走下火车，便走进当地第一家银行。一问，得到了让自己心花怒放的答案——银行正待出售。卖主当时不住在那儿，经过打听希尔顿知道了卖主的要价——7.5万美元。希尔顿一阵狂喜：价格公道！他立即给卖主发了一份电报，表示愿意以现在的价格将这家银行买下来。

没过多久，卖主的回电就来了，但是内容很让人扫兴：卖主将价钱涨到了8万

第三章　强烈的赚钱欲望

美元，而且不讨价还价。希尔顿顿时气得火冒三丈，当即决定彻底打消当银行家的念头。希尔顿后来回忆说："就是这封回电，彻底改变了我一生的命运。"

在走了霉运之后，希尔顿余怒未消地走到马路对面的一家名为"莫布利"的旅馆准备投宿。谁知旅馆门厅里的人群就像沙丁鱼似的争着往柜台挤，他好不容易挤到柜台前，服务员却把登记簿"啪"地一声合起来，看也不看希尔顿一眼地说："客满了！"

接着，一个板着脸的先生走出来清理客厅，驱赶人群。他毫不客气地对希尔顿说："请离开客厅，8小时后再来碰运气，看有没有腾空的床位，我们这里每天24小时做三轮生意。"希尔顿憋了一肚子气，听这人这么一说，马上问："你是这家旅馆的老板吗？"对方仿佛看见一根救命稻草，诉起苦来："是的。我就是陷在这里不能自拔了。根本赚不到什么钱，哪比得上抽资金到油田赚得多。""你的意思是，"希尔顿压抑住自己的狂跳的心，故意慢条斯理地问，"这家旅馆准备出售？""任何能出5万美元现金的人，今晚就可以拥有这儿的一切，包括我的床。"看来旅店老板下定了卖店的决心。

3个小时的时间里，希尔顿仔细翻阅了莫布利旅馆账簿，心中有了谱。经过一番讨价还价，卖主最终同意以4万美元将旅馆卖给希尔顿。希尔顿立即四处筹借现金，最终在双方约定的一星期期限截止前几分钟将钱全部送到了旅馆老板手中，希尔顿成了这家旅馆的新主人。他不久就给自己的母亲打了电报报喜："新世界已经找到，锡斯科可谓水深港阔，第一艘大船已在此下水。"

就在希尔顿接手的当天晚上，莫布利旅馆全部客满，甚至连希尔顿的床也让给客人住下了，希尔顿只好睡在办公室里。夜里，希尔顿做了一个梦，梦见得克萨斯州镶嵌着一连串的希尔顿饭店的招牌。不过，希尔顿明白，要使梦想成真必须付出艰苦的努力，天下没有白吃的午餐。但是，毕竟这位未来的"旅馆大王"已成功地掀开了他发迹史的第一页。

虽然希尔顿曾在自己家的"家庭式旅馆"中做过揽客的活计，真正使他悟出经营旅馆业务的诀窍，并且爱上这一行，却是在他当上莫布利旅馆老板之后。

莫布利是个不大的小旅馆，往往因为客人太多而没有办法安排。希尔顿经过不断地思考和摸索，对这个小旅馆进行了有效地改造。他把餐厅隔成一个一个的小房间，这样就增加了20多个床位；又把大厅的一角弄成一个小杂货铺。这种改造给旅馆增加了一笔相当可观的收入。希尔顿也因为这次修改悟出了他的第一个诀窍，即"装箱技巧"。就是把有限的空间巧妙地加以利用，使原本的旅馆土地面积和空间产生出最大的效益。他后来又将这个称之为"探索黄金"原则,也就是要使旅馆的每一尺地方都生产出"金子"来。

接着,希尔顿又引进了他在军队中训练出的团队精神,即荣誉感加上奖励,把旅馆的效益好坏和每一名员工联系起来,并直接和员工的经济效益相衔接,从而大大激发了员工的工作热情。团队精神也就是希尔顿经营旅馆业的第二个准则。

在这样的整改下,莫布利旅馆的营业额日新月异。很快,希尔顿就与人合伙买下了华斯堡的梅尔巴旅馆、达拉斯的华尔道夫旅馆。希尔顿的旅馆事业开始正式踏上征程。

在相继购买了几家二手的旅馆之后,希尔顿逐渐产生了厌倦。他内心萌发出一个更伟大的梦想,要建造一个属于自己的新旅馆。他对母亲说:"我要大刀阔斧地干一场。第一件事,我要集资100万美元,盖一座名为希尔顿的新旅馆。"

当时希尔顿手头只有10万美元,单独盖一座投资100万美元的新旅馆简直不啻于登天!但希尔顿决定冒这个风险,他看中了达拉斯市中心的一块地,经过谈判以每年租金3.1万美元、租期99年的约定,租下了这块地产;接着又以这块地产作抵押筹集贷款。1925年8月4日,"达拉斯希尔顿大饭店"终于落成,当天举行了隆重的揭幕典礼。在此之后不久,希尔顿就和玛莉在圣三一教堂,举行了简单的结婚仪式。

随着家庭生活的美满和事业的不断发展,希尔顿又开始了新的梦想之旅。1926年的一天,玛莉见希尔顿在看报时发愣,就问他怎么了。希尔顿指着报纸上一大堆的地名说:"我要在这些地方都建起旅馆,一年建一家。"果然,到了1928年圣诞节,也就是希尔顿41岁生日那一天,希尔顿的梦想实现了——他所指的报纸上的那些地方,全都竖起了希尔顿旅馆的大招牌。并且大大超过了原来设想的一年一家旅馆的实现速度。除达拉斯外,在阿比林、韦科、马林、普莱恩维尤、圣安吉诺和拉伯克都相继建起了希尔顿饭店。

希尔顿的梦继续壮大着。他成立了希尔顿饭店公司,把所有的连锁店统一起来。他决心向更广阔的世界扩展。而作为这项计划的第一步,就是在西部大城市埃尔帕索建造一座希尔顿大饭店。1929年秋天的一天,希尔顿宣布在埃尔帕索城中心"拓荒者广场"建造一家耗资175万美元的大饭店。

此时雄心勃勃的希尔顿怎么也不会想到,这个决定给他带来了一场空前的大灾难。

第三章　强烈的赚钱欲望

历史回溯到美国的上世纪30年代，我们看到的是满目疮痍和经济凋敝的景象。纽约的股票市场全面崩溃，整个美国顿时陷入大萧条的暮霭之中。经济的不景气很快就使整个美国东部陷入瘫痪状态，一些人经受不住这样的打击，纷纷跳楼自杀。这场经济危机像瘟疫一般向南部袭来，正处于事业巅峰的希尔顿也感到自己正不断坠向深渊。

尽管如此，埃尔帕索的希尔顿大饭店还是在1930年11月5日岿然屹立起来。可以想象这是多么艰难的事情，又需要顶着多么大的压力！大饭店揭幕那天，来自整个得州和新墨西哥州的观众比旅馆一年的宾客居住人数还要多。当人们看到华丽的套房、直达云霄的19层大厦和300多间以印第安人和西班牙人以及拓荒者的传统风格布置起来的房间时，几乎没有人不惊讶，没有人不叹为观止。

然而毕竟当时是处于经济危机的恐慌之下，盛大的开幕典礼一过，无情的打击便接踵而来，感觉更像是一场华丽的梦。在这样的经济萧条时期，人们没有兴致出游，商店的货物也基本无人问津，失业的人一天比一天多。美国大部分旅馆都难逃破产倒闭噩运，尽管希尔顿善于经营，使他的8家旅馆保全了5家，却也同样陷入了资金周转不灵的困境。但是希尔顿的梦还没有破灭，他没有放弃，他不断鼓励员工发扬集体合作精神，共渡难关。督促每一个人竭力节省每一项开支，比如停止房间电话的使用，这样每台就能省下15美分；关闭一些房间可以避免浪费电力和暖气等。

然而这样的努力依然挡不住业绩的下滑，收益在不断下降，而地租、贷款利息和各种税收却样样不能少。在这艰难的日子里，希尔顿常常用冷毛巾敷头，以减轻头疼的折磨。

一天下午，希尔顿正坐在达拉斯的办公室里发愁，忽然抬头看到母亲站到了自己面前。希尔顿有点沮丧地对母亲说："也许我选错了职业，我去学造摇篮或棺材可能都比这个强！"这位坚强而有远见的母亲以她所特有的气质——一种不屈不挠的拓荒精神，缓缓而坚定地说："现在有人跳楼，有人沉沦，也有人向上帝祷告。康尼，你千万不要泄气，一切都会过去的。"母亲的话重新点燃了希尔顿慢慢冷却的梦想，信心和希望又充满了希尔顿的胸膛。当律师私下与希尔顿商量要他宣告破产时，他坚决拒绝了。

希尔顿又开始充满激情和活力的四处奔波了，他从这个城市跑到那个城市，能借的钱都借了，运气却仍然不佳。1931年是希尔顿一生中最悲惨的一年。希尔顿在迫不得已的情况下，只得拿几家希尔顿饭店作抵押充债款。那时候，希尔顿

缔造富豪
DIZAOFUHAO

几乎一无所有，甚至连家人和同僚们的安身之处也都操在别人手中。后来希尔顿曾这样描述1931年的经历："也许高山摇摇欲坠，但我依然满怀希望，因为这是美国，我不愿放弃自己的梦想。"

1932年底，美国的经济在胡佛的统治和领导下，依然没有起色。希尔顿的事业重新回到了原点，这使他一筹莫展。不过在希尔顿心中，仍然怀揣着梦想，而且这时候他又有了一个努力的方向，他认为虽然只是一线希望，但仍值得一试。他回到埃尔帕索的希尔顿大饭店，准备以此作为新的起点。之后几个月的生活简直是一场梦魇，希尔顿跑遍得州，希望能筹到30万美元以使事业起死回生。

就在希尔顿濒临绝望的时候，奇迹发生了。7位仍然对希尔顿充满信心的亲友掏出了5000美元，其中有6位是亲自把支票送来给他的。有一张支票上签的名字是"玛丽·希尔顿"，那是自己的母亲！为了助儿子一臂之力，这位伟大的母亲倾其所有。要知道，在1933年的美国的秋天，5000美元绝对称得上是一个比较天文的数字。这样一来，在第二天，希尔顿就把筹到的钱款送到了债主手里，一度落入他人名下的埃尔帕索希尔顿大饭店重又物归原主了。

之后，希尔顿又筹借到5.5万美元。他孤注一掷，投资石油。他知道，如果成功，数字会马上翻番；但如果失败，他将再一次一无所有。希尔顿把剩下的8角8分钱装进口袋，在借据上签了字。上帝怜惜这个一直不放弃梦想的人，在以后的3年时间里，这个油矿为希尔顿还清了所有的欠款。希尔顿绝处逢生，最终闯出了一条路。

同时，力挽狂澜的罗斯福总统给美国垂死的肌体中心注入了鲜血，新政给美国经济注入了一支强心剂。当"全国复兴法案"颁布之后，希尔顿感到自己的脚跟已经站稳了，可以再向前跨一步了，去继续实现自己的梦想。

到了1936年，希尔顿拥有的旅馆又恢复到了8家。1937年夏天，希尔顿来到旧金山，看上了一家名为"德雷克爵士"的旅馆。这家旅馆高22层，有450个房间，还有一个价值30万美元的豪华夜总会。而且这家旅馆的老板正急于将旅馆出手，希尔顿不失时机地筹集资金，在1938年1月将"德雷克爵士"饭店买了下来。1939年，他又买下了长堤的"布雷克尔斯饭店"。这几次成功的收购，虽然壮大了事业，却没有使希尔顿满足，反而更加激发了他的梦想。

他的梦想是得到世界上最大的饭店——芝加哥的史蒂文斯大饭店。为此，他在1939年年底特地去调查了一下这家饭店。知道了这家旅馆拥有3000个带卫生间的客房，宴会厅一次可以接待8000位来宾，饭店里还有小医院，可以作急救手术。尽管当时它的拥有者完全没有售出的意向，希尔顿却一直暗中关注着旅馆的动向。1945年，机会终于来了，希尔顿与史蒂文斯饭店老板经过3次讨价还价，最终以150万美元买下了这家饭店。不久，他又以1940万美元的巨款买下了芝加哥另外一家最豪华的饭店——帕尔默饭店。

这时候的希尔顿仍然感到不满足，他又把自己的目标瞄准了纽约，瞄准了被誉为"世界旅馆皇后"的华尔道夫大饭店。这家饭店位于纽约巴克塔尼大街上，有43层高，2000多个房间。曾接待过世界上许多国家的国王、王子、皇后、政府首脑和百万富豪，堪称世界上最豪华、最著名的饭店。早在1931年的时候，希尔顿第一次在报刊上看到这座刚刚落成的大饭店的照片时，就已经为之倾倒了。希尔顿将这张照片剪下来收藏着，在照片下面写上了"饭店中的佼佼者"几个字。当时的希尔顿虽然正处于极度困难的境地，但始终将这张照片揣在皮包里或压在办公桌的玻璃板底下。这是希尔顿梦寐以求的理想之物，他发誓一定要将这个旅馆弄到手。经过前后18年的努力，希尔顿最终如愿以偿。在1949年10月12日那天，这家饭店属于希尔顿所有了。庆祝晚宴之后，希尔顿站在华尔道夫饭店的天井里，仰望耸入云霄的大厦，沉浸在忘我的境地中。抚今忆昔，使希尔顿彻夜未眠，竟然不知不觉地站到了天明。后来希尔顿提起这件事，总是感慨地说："收买'华尔道夫'，是我生命中的一个转折点。"

1954年10月，希尔顿又用1.1亿美元的巨资买下了有"世界旅馆皇帝"美称的"斯塔特拉旅馆系列"，这是一个拥有10家一流饭店的连锁旅馆。希尔顿的这笔交易，是旅馆业历史上最大的一次兼并，也是当时世界上耗资最大的一宗不动产买卖。

希尔顿实现了自己独霸旅馆业的美梦，成了名副其实的美国旅馆业大王。这时，他的目光已经超出了美国，放眼在了世界旅馆事业。他成立了国际希尔顿旅馆有限公司，将旅馆王国扩展到了世界各地。在伊斯坦布尔、马德里、波多黎各、哈瓦那、柏林、蒙特利尔、开罗、伦敦、东京、罗马、雅典、曼谷、香港……一座座希尔顿饭店巍然耸立。"希尔顿"已遍布全球，除了南极之外，几乎各地都有。希尔顿的事业跃上了新的巅峰，他成了当之无愧的世界旅馆之王。

到了晚年，希尔顿仍然马不停蹄地为实现自己的梦想奔忙着。1979年，这位92岁的旅馆大王病逝于美国加州圣摩尼卡。他所创建的"希尔顿旅馆帝国"，则由他的次子巴伦·希尔顿继承和进一步地发展。

▲ 缔造富豪
  DIZAOFUHAO

贫困是一种疾病 它需要欲望来治疗

贫困，如果严格说来它是一种病症，一种社会综合症，而一切卑贱的生活思想和犯罪作恶，都是源于贫困。贫困的生活境遇是不受任何人欢迎的，这是放之四海而皆准的道理。许多事实证明：世界上一切产业，只要人们坚持勇敢地去努力，就会获得成功，贫困的环境也会因此被打破。世界上任何一个贫困的人，只要从黑暗和沮丧的环境中回过头来，向着光明和乐观前进，并且下定决心和贫困作斗争。那么可以负责任的说，在不长的时间里，贫困就会消失了。但是，问题的关键是没有人肯做这样的努力，结果，贫困的人依然贫困着，并且怀抱着对富人的仇恨和妒忌。

如果归咎这些人的贫困，只能是一种原因，那就是懒惰。懒惰的人还有一种不得不指正的缺点，那就是浪费。浪费和懒惰一样，会使人陷入贫困。而且懒惰的人，通常都是大手大脚花钱的人，浪费的人一定懒惰。

不过贫困也不是没有克星，人类有几种特性，是和贫困水火不容的，那就是欲望和野心。当然，其实它们表达的基本是一个意思。有许多人，他们虽然处于贫困的境地，并且遭遇了许多患难和不幸。但因为他们对于金钱有着强烈的欲望和野心，并且怀揣着成功的希望，贫困最终被他们克服了。

如果一个人已经打定主意要弃绝贫困，除了要将衣着打扮上和态度上的贫困污点一扫而光以外，还要表现出自己的爆发力，那种不达目的誓不罢休的爆发力。这里面包含着对于金钱的强烈的占有心，当然不是指使别人去偷去抢。这是一种梦想，一种对于金钱的梦想。世上的一切都不能动摇这个梦想，这样自然会增强要摆脱贫困的欲望，发挥其力量，获得惊人的成就。

安东尼·大卫·帕克斯这位非洲裔的美国网络富翁，面对贫困的时候，就是用对于金钱强烈的欲望来治愈自己的贫困的。

第三章 强烈的赚钱欲望

安东尼·大卫·帕克斯14岁的时候，找到了他的第一份工作——在麦当劳打扫地板。为了得到这份来之不易的工作，他谎报了自己的年龄，在差三个月才满15岁的时候，告诉老板说自己已经15岁了。到了上高中的时候，他到马林县的圆桌比萨店打工。对于他来说，拥有金钱的感觉简直太美妙了，这种感觉同样是非常重要的。因此在工作的时候，他总是全神贯注，一点儿也不偷懒。

而且，在帕克斯身上，还有一种非常可贵的精神，就是有抱负。他常常鼓励自己，不管做什么工作，都要努力往上爬。正是因为这种抱负，使得他能一直全身心地投入到工作中去。他对于工作付出的努力经常是别人的两倍，任何时候需要他，他都能二话不说地投入到工作中去。他甚至可以牺牲和朋友的约会，也可以放弃出去玩的机会，因为他的周末和假期一般都是在工作中度过的。

众所周知，在国外有些国家，对于肤色是非常敏感的。只要是不同肤色的人出现在自己的国家或者是试图寻找工作，都会毫不奇怪的吃到闭门羹。对于这个问题，帕克斯从来没有抱怨过自己的肤色。虽然他知道可能因为这个原因使得自己的工作找起来会有些吃力，但帕克斯从来不在这个事情上面浪费时间和精力，他觉得这是没意义的事情。帕克斯总是为自己设定好目标，然后开始努力给自己充电，朝这个方向努力前行。

也正是因为这种永不停歇的创富欲望使帕克斯在经历了找工作的种种挫折之后，依然对变富，对工作抱有十二分的热情和活力。在积累了一些资本之后，帕克斯决定自己开一家咨询公司，专门针对餐饮业，他的两个朋友是他公司的合伙人。直到现在，这家公司还在继续经营着。后来，在建立了自己的咨询公司后，他和他的两个朋友又开了自己的餐馆。有一句话用来形容帕克斯当时的状态非常贴切，那就是他不在餐馆，就在咨询公司。因为帕克斯工作非常卖力，经常是白天黑夜都在餐馆忙活。而且，这两个地方轮流转。帕克斯说现在自己创业，应该比自己被别人雇佣的时候更加的用心工作。

就这样，时间流转，转眼就是7年。在7年的时间里，帕克斯7年如一日地不停忙碌着。结果他们最终拥有了五家全方位服务的餐馆，一艘豪华大游艇，食品专卖店和餐饮咨询公司。而在7年后，帕克斯离开这家公司到了另一家公司。原因是这家公司已经发展到了顶点，他的发展机会已经不能再前进一步了。而帕克斯希望自己可以找到更好的发挥舞台，能开拓新的领域，所以选择离开。

一个人如果甘于贫困，觉得每天伴随在身边的贫困是非常正常的现象，从来没有想过要改变；或者说曾经想过要改变，但仅仅因为遇到一点小挫折就放弃了，久而久之，潜伏在身体里的力量就会失去效用，那么就极有可能一生都不能

▲ 缔造富豪
▲ DIZAOFUHAO

脱离贫困的境地。只有像帕克斯那样，认识到金钱的魅力，并且怀抱着挣钱的激情和活力。用欲望驱逐贫困，积极努力地实现自己的创富欲望，才能真的踏上拥抱财富的征程。

不想当将军的士兵不是好士兵

成功创富的道路是由目标铺成的。没有野心的人是为有野心的人完成使命的。没有目标的人是为有目标的人完成目标的。

有大目标的人能赚到大钱，有小目标的人赚小钱，没有目标的人就只能永远为衣食发愁。生活在这个社会上就要明白，要赚钱，必须要有赚钱的野心。而野心是什么？野心就是目标，就是理想，就是企图，就是赚钱的源动力！任何一个跻身富豪榜的人，都有一个共同点，那就是有野心。

有野心才能有动力、有办法、有行动。赚钱的野心越大越好，没有野心，财富可能永远都不会光临。天下没有不赚钱的行业，没有不赚钱的方法和不赚钱的人。

"人穷烧香，志短算命。"要赚钱，就一定要有目标和野心。我国古代有句话叫不想当将军的士兵不是好士兵，讲的就是这个意思。如果现在的生活让你饿不死，但是也富不了，生活可以过下去，那你会怎么想，是继续这样的日子还是将它颠覆，过一种更有品味和更高追求的日子。我们讲到的麦当劳兄弟两个，年纪轻轻就不想继续奋斗了，所以他们的财富不会继续增长。这个时候胸怀挣大钱的野心，对于很多人来说是非常重要的。

巴拉昂是法国媒体大亨，他从推销装饰肖像画起家，不到10年就跻身于法国50大富翁之列。

在1998年，巴拉昂临终前曾在遗嘱上写过这样一段话："我曾是一个穷人，却是以一个富人的身份走进天堂的。我不想把我成为富人的秘诀带进天堂，现在秘诀锁在中央银行的一个保险箱内。如果谁能通过回答：'穷人最缺少的是什么？'而猜中我的秘诀，他将能够得到我的贺礼100万法郎。"

缔造富豪

遗嘱刊登出来以后，很多人寄来了他们的答案。绝大部分人认为，穷人最缺少的当之无愧的是金钱，穷人还能缺少什么？当然是钱了，有了钱，穷人就不再是穷人了。另一部分人认为，穷人最缺少的是机会。一些人之所以像现在这样穷，就是因为没遇到好时机。股票疯涨前没有买进，股票疯涨后没有抛出。总之，穷人都穷在背时走霉运上。还有一部分人认为，穷人最缺少的是技能。现在能迅速致富的人都是有一技之长的人，一些人之所以成了穷人，就是因为本身学无所长。另外还有一些人认为，穷人最缺少的是帮助和关爱。每个党派在上台以前，都会给失业者许下大量的许诺，然而上台后真正爱他们的又有几个？除了上面说到的那些之外，还有下面这些答案，比如：穷人最缺少的是漂亮，是皮尔·卡丹外套，是《科西嘉人报》，是总统的职位，是沙托鲁城生产的铜夜壶等等。总之呢，答案是五花八门，应有尽有。

但在巴拉昂逝世周年纪念日那天，律师和代理人打开了那只保险箱。尽管他们在这一年的时间内收到了48561封来信，但只有一位叫蒂勒的9岁小姑娘猜对了巴拉昂的秘诀：穷人最缺少的是成为富人的"野心"。这才是正确答案！

巴拉昂的谜底和蒂勒的回答见报后，引起不小的震动。这种震动甚至越出法国，波及英美。在这件事后，很多人承认，野心是永恒的特效药，是所有奇迹的萌芽点。某些人之所以贫穷，就是因为他们有一种无可救药的弱点，那就是缺乏野心。

是的，每个人的潜能其实并没有太大的区别，这个结论同样适用于比尔·盖茨，这个坐在世界巅峰的人。他和我们也没有什么大的区别，区别大的地方在于他比我们更早的明白了这些我们现在才弄懂的道理。每个人都有140亿个脑细胞，只要有野心，善于磨炼自己，任何人都能够获得商业上的成功。

所以在奋斗的过程中，不妨为自己设定一些高的目标。如果你想成为一个亿万富翁，那你可能会成为一个千万富翁；如果你想成为一个千万富翁，那你可能会成为一个百万富翁；如果你想成为一个百万富翁，那你撑死了，也就是一个拿工资的温饱族。

那么，从现在开始，就开始"做梦"吧，当一个野心家！如果你在不会受到失败、挫折、困难的情况下请你设定赚钱的大目标：终生目标、10年目标、5年目标、3年目标以及年度目标、月度目标。然后制定具体计划，开始果敢的行动，在过程中不断的调整、修正、坚持！野心会决定你的目标，决定你的行为，决定你的方法，决定你的结果！

强烈的欲望是财富的源泉

巴拉昂解答了那些现在还在穷着的人的疑问：我为什么到现在还穷着？原因就是因为你的观念不对，那就是没有富人渴望成功的野心。敢于树立致富的野心，培养致富欲望，并为之不懈奋斗，这样，你就一定能够成功。

鲜花、掌声、成功、喜悦，是每一个人追求的梦想。站在高高的人生巅峰，傲视群雄，是何等的荣耀和自豪。

可以说，任何一个已经成功的人生来就有对财富控制和拥有的野心，这就像是他们的一块胎记，一辈子烙刻在身上。也许有人会说，这样的人是不是钻到了钱眼儿里了？这有什么问题，只要你的野心不违反法律和法规，你完全可以自由的去培养。更何况，那些已经成功的富豪在正常情况下是不会为了追求财富而不择手段的。战争有战争的法则，游戏也有游戏的规则，违反规则最终可能一无所获。对能实现他们野心的东西，哪怕是在其他任何人看来是无用的，他们也从来不会放弃。只要这个他们认定的东西能够为自己增加信心、能力和实力，他们就会在实践中将它用好、用足。强大的野心，可以充分调动一个人的主观能动性。特别是在一个人小的时候，就有可能充分挖掘他的潜力和天赋，还能增进他为人处事的积极性。

许多人可能也想过赚钱，也想过过上飞黄腾达的日子，但只是一般地想想或者偶尔地想想。在这些人眼里，财富的作用只要能使他们衣食无忧就可以了。他们最高的境界也不过是拥有豪华的轿车与别墅，拥有漂亮的妻子，能出入各种高级的消费场所。让别人知道他不是一个一般的人，让其他人对他充满敬意和羡慕，就心满意足了。

而更多的普通人只是在自己需要钱，而别人又不可能给自己钱的时候，才

缔造富豪
DIZAOFUHAO

想到去赚钱。不到万不得已时，他们对金钱没有太大的欲望。他们总是以各种困难做为理由，甚至以知天命做为理论依据来安慰自己，给自己不求进取，只求保住现状的做法找到借口。或者只是偶尔想一些那种站在世人顶端的感觉，要知道这不会有任何效果。因为这样的偶尔想想是没有任何价值的，就好像你面对一个十分口渴的人，却每隔半小时才让他喝一口水一样。这样不会让他解渴，反而会越来越渴。要知道只有强烈的致富欲望才可能成为巨大的致富动力。现代社会，最大的危机是没有危机感，最大的陷阱是满足。英国人力培训专家吉尔伯特说："真正危险的事，是没人跟你谈危险。"人要学会用望远镜看世界，而不是用近视眼看世界。顺境时要想着为自己找个退路，逆境时要懂得为自己找出路。

约瑟夫·墨菲曾经说过："想得到财富，必要先将财富的观念送入潜意识，不论何时何地，你心中首先要相信你拥有很多财富。"而据考证，世界上所有的大富豪，在其没有成为富豪之前，都非常渴望富有而憎恨贫穷，成为大富豪是他们矢志不渝的目标。

相信每一个人都渴望自己能够过上幸福的生活，而这个幸福生活的基础在很多人眼中就是能够衣食无忧。也许有的人会反驳，一对贫困的夫妻同样可以拥有幸福的生活。但是这样的贫困夫妻究竟有几对是非常享受贫穷的生活，在贫困中安度一生的呢？应该是少数吧？尤其是在现代。所谓贫贱夫妻百事哀，讲的不就是这个道理吗？我们甚至可以这样说，一个处于绝对贫困之中的人是没有任何幸福可言的。既然幸福的生活是人人都追求的，那为什么不来试一下这个能绝对赚钱的方法呢？强烈的、持续的致富欲望，能激发出更多的赚钱的灵感。

其实道理很好理解，在还是学生的时候，就一直听老师说，只有那些不懈努力和想要成功的学生，才可能考出好的成绩。而那些考上清华、北大的学生，正是因为心中存有这样的信念，才最终成功地走进了名校的大门。上学和挣钱是一个道理，心中充满了挣钱欲望的人，会不停地给自己寻找挣钱的契机。他们会竭尽全力地完善自我，寻找一切机会发展自己的事业。也正是因为有了野心，才能有一个好的心态和好的习惯去实事求是、踏踏实实地做事情，不会因为偶尔的挫折怀疑自己的能力。强大的野心，可以逼着人调动一切聪明和才智去认识问题和解决问题。只要你有了野心，你将会制造出超出常人的计划和目标。如果能全身心投入，就能实现你的目标，使自己达到超出常人的境地。而这样的全身心投入最终会给你带来丰厚的回报。在拥有财富方面，一般人从来都是被动的而不是主动的，所以他们拥有财富的数目也只能是有限的。请记住：充满欲望，也可以说

第三章 强烈的赚钱欲望

是充满野心，是获得财富的第一定律。

公元前209年，在陈胜吴广领导了农民起义后，刘邦和项羽率领的两支军队羽翼逐渐丰满起来。公元前207年，项羽的起义军与秦将章邯率领的秦军主力部队在巨鹿展开大战；项羽不畏强敌，引兵渡漳水。渡河以后，项羽命令全军："皆沉船，破釜甑，烧庐舍，持三日粮，以示士卒必死，无一还心。"结果，正是因为这样破釜沉舟的决心，使得项羽在巨鹿一战大破秦军，项兵威震诸侯。想要迈进致富之门，也必须抱着破釜沉舟、永不回头的决心，还要有股永不服输、不屈不挠的精神才行。

激发成功欲望

曾经有一个故事，一个年轻人想寻求成功之道。他听说某隐秘之处住着一位智者懂得什么是成功之道，而且有许多人在这位智者的调教之下，已经踏上了成功的征程。所以年轻人很想去寻访这位传说中的智者，向他请教成功之道。年轻人跋山涉水、翻山越岭，费尽千辛万苦，最终找到了智者。

年轻人问智者："您可不可以告诉我具备什么样的条件才能成功，或者教我如何做才能到达成功的彼岸呢？"

智者："你确实想成功吗？那就跟着我走吧。"

智者说完之后，没理会年轻人的反应，就径自朝海边走去。这年轻人为了追求成功之道，自然是紧紧尾随在智者身后。他们一直走着，走着，一直走进海里面也没有停。越往前走水越深，眼看着水已经淹到胸部了，再走下去就要没顶了。突然间，智者将年轻人的头用力地压入水下，年轻人奋力挣扎，急于跃出水面。可是智者一点也不松手，约莫过了一分钟，智者才把手松开。

年轻人深深地吸了一口气，大声咆哮道："老家伙，你想淹死我呀？"

智者不慌不忙地说："如果你渴望成功的意志能像你刚才想要呼吸那样强烈的话，你就已经踏上成功之路了。"

故事虽然很简短，但是道理深刻。只要你拥有成功的欲望，不断强化这个欲望，终有一天你会敲开成功的大门的。

生活中，很多人也许都明白这个道理，最终却没有付诸实践，或者说随机的将它丢弃了，这就导致梦想还没有开花就已经凋谢了。

人生好比爬山。在你第一眼向上望的时候，也许因为看不到山顶，会觉得很绝望。但是大胆的人同时会有一种冲动，一种立刻向上爬的冲动，如果退缩的话你不会选择爬山这个项目。不过，要强调的一点是，如果你只将自己的想法停留在想象中，而不是一步一步的去攀登，那最终也到不了山顶。难道你愿意只在想象中，体验已经到达顶峰的感觉？

当然，如果你已经开始爬了，但却毫无章法，完全没有策略可言，稀里糊涂的乱爬一气，估计即使你最终到达山顶，也是在别人已经成功下山之后了。别人都已经将风景看够了你才爬上去，那还有什么意义吗？这就需要我们讲究方法和策略，时刻注意自己的脚下。怎么跨过这块大石头，怎么涉过浅溪，又该如何避免从悬崖峭壁边掉下去。

卡耐基曾经说过，欲望是开拓命运的力量，有了强烈的欲望，就容易成功。那些已经站在世界巅峰的人就是因为对金钱充满了欲望，才会不断的取得一个又一个的成功。如果你将世界上前十位富豪放到一起，将他们的成功经验总结一下，就会发现一条相同的经验，那就是强烈的成功欲望。而如果说梦想是奔向成功的火箭，那么欲望就是奔向成功的燃料。欲望越强烈，所产生的动能就会越强烈，也就越能克服困难，获得成功。因此，想要成功就要激发强烈的欲望。

要激发成功欲望就要做到这样几步：

1. 了解追求成功的真正动机

马斯洛曾把来自外部的种种刺激与自身内部产生的欲望机制分成五个层次，称为人生需求的五个层次：生理需求、心理需求、归属感、被尊重和自我实现。生理需求具体是指吃饱、穿暖，这是人类最基本的需求。心理需求则是包括了爱和被爱、安全感等心理层次的满足。归属感是希望属于某个团体、家庭、公司。被尊重则是希望拥有某种职称、地位、受人肯定、敬重。自我实现是最高层次，追求自我的成就满足。

在上述需求、欲望中，属于内心深处的，称为深层需求、欲望。这一点人人都是一样的。因为是深层的需求、欲望，本人往往不会清楚地意识到它的存在。也就是说，它是一颗埋在心灵深处的种子。

问一下自己，究竟是想要满足哪一个阶段，这样做起事来就会比较有章法。

2. 转化心中的愿望成为强烈的欲望

愿望只是静态的，通常表现为我们所说的"我希望成功，希望非常富有，希望很有威望，希望很有成就……"而欲望则是动态的，表现为"我要获得成功，我要创造财富，我要获得地位，我要获得成就……"有句话说得好，没有行动，

缔造富豪
DIZAOFUHAO

梦想只是一张破败的帆，而行动这个风才是使帆鼓起来的动力。因此不要只一味地怀有梦想，而要付诸行动，真正的去追求你渴望获得的成功。愿望如果没有转化为强烈的欲望，也就没有办法拥有足够的动能，推动你走到成功的终点。通向成功的道路总是充满了荆棘和挑战，困难和障碍重重，如果没有强烈的欲望，很可能就会半途而废，使愿望变成空泛的愿望而已。

3. 不断强化成功的欲望强度，发挥最大的冲劲

在第2步的时候我们说了，如果没有强烈的愿望，就会一事无成。但是即使拥有强烈的欲望，也要记得不断给自己加油充电，这样才能保障你在前进的过程中以饱满的热情向终点冲刺。因为，即使是再高性能的车，也是要不断加油的。

而且，不断增强追求的成功欲望，还会产生令人惊讶的结果。因为它会产生不可思议的力量，化不可能为可能。想要强化欲望的强度，就要朝两个方向努力。

第一个就是，想象你已经实现了自己的愿望，或是已经体验了梦想成真的滋味。这种滋味会在你心中留下强烈的印象，让你不断回味。而越是这样，你就越渴望成功，越能驱策着你去追求成功。第二种方式就是，记住失败曾经带给你的羞辱，你一天没有到达成功的彼岸，就一天无法消除心中失败的痛苦。

古代打仗的时候，只有那些张满了弓的箭射出去的才远，也才最有力度。不断强化你的成功欲望强度，让自己随时像一把利箭在张满弓的弦上发射出去，满怀冲劲，锐不可当。欲望是开拓命运的力量，激发成功的欲望就是点燃心中储存的燃料，让它爆发出惊人的力量，向成功的目标直冲而去。

金庸先生的小说里曾经有一个人物，叫做独孤求败，不管他是杜撰出来的也好，是真实存在的也罢，他告诉我们的道理都是深刻的。一个人没有对手，他前进起来就会很慢。很多运动员，尤其是长跑运动员，他们在自己前进的过程中，都会有既定的目标。正是因为这样不懈努力，才使得他们最终成为奥运会冠军。所以在你前进的过程中，应该为自己找一个目标。也许比尔·盖茨说起来有些遥远，但也不是没有可能的。只要你努力去做，正像耐克广告说的一样：一切皆有可能。在平常的日子里，可以和那些已经拥有财富的人多接触，如果没有这样的机会，可以多找一些他们的故事来读，也是很值得一试的方法。

总而言之，欲望能不断趋使你行动起来，从而实现自己的愿望。成功的人之所以奋斗不懈，就是因为有强烈的欲望在背后支撑着。因此当别人停止的时候，

第三章　强烈的赚钱欲望

他还在前进着；当别人前进起来的时候，他已经大步奔跑了。激发成功的欲望，让自己拥有持续不断的动能，"忍人所不能为"，克服一切困难，最终必将到达成功的目的地。

你只拥有了强烈的成功欲望，是不够的。你还需要将欲望转变为财富，这就需要你做到下面这6步：

1. 变富有很多种，有百万富翁也有亿万富翁。而亿万富翁也有很多种，有比尔·盖茨那个级别的，也有轻量级的。你心中一定要有一个明确的目标，明确你真正所祈求的财富的数量。仅对自己说"我要拥有很多很多钱"是不够的，数目一定要明确。也就是说要有一个明确的计划。

2. 为了达到你自己明确的目标，你要确定自己有决心付出什么样的代价。对于自己的承受能力有一个底线，确定自己在面对那些突发事件时可以从容面对。

3. 确定一个具体的日期，决定自己什么时候才可以实现这些目标，以达到期望的财富数量。有的人在今天说我要拥有100万，但是不告诉自己日期。这样就很容易导致这个日子不断地向后延伸，直到垂垂老矣也没有实现。

4. 拟定一个实现你成功目标的明确计划，不论你是否已经做好准备都要立即开始将这个计划付诸行动。很多人迟迟没有开始，也许会说我还没有准备好。那你什么时候才能准备好，你没有给自己一个期限，立即开始吧，因为你已经决定要做一个富豪了。

5. 将你要得到的财富的数量目标，达到目标的时间以及你愿意为这个目标所付出的代价，还有如何取得这些财富的行动计划等，都简明扼要地写下来。并写一份督促自己不断行动的誓词类的声明。

6. 每天把这份声明大声读两遍。一遍在早晨起床后，一遍在晚上入睡前。在读这份声明的时候，你要像自己已经拥有了这笔财富一样。

▲ 缔造富豪
　DIZAOFUHAO

没有邪恶的欲望，只有扭曲的人性

欲望像一只看不见的手，赋予我们以强烈追求成功的激情与力量。它是创造力的源头，同时也是破坏力的源头。

情欲，既可以是正常的欲望，也可以变为贪欲。柏拉图把情欲比作剽悍的马，驾驭得当可以驰骋四方，驾驭不当则会闯大祸。但试图铲除它，却是非常愚蠢的，这就好比为避免摔跤而不走路。其他任何欲望都是一样的，过度膨胀自己的欲望，都会在心里造就诸多无法填满的沟壑，使人变成"饥民"。它会使人心理不平衡，心灵上空虚和不快活。欲望脱离了生活的需要，就会变成一只脱缰的野马，控制不了它，人就会变成物欲的奴隶。

巴尔扎克的《欧也妮·葛朗台》这本书相信很多人看过，而对其中的守财奴一定会念念不忘，他实在太深入人心了。

在巴尔扎克笔下的老葛朗台眼中，金钱是至高无上的，没有钱就什么都完了。他对金钱的渴望和占有欲几乎达到了病态的程度：他会在半夜里把自己一个人关在密室中，爱抚、把玩、欣赏他的金币，然后放进桶里，紧紧地箍好。

对金钱的贪得无厌使老葛朗台看起来就是个十足的吝啬鬼，他是金钱的奴隶，他冷酷无情，尽管拥有万贯家财，可他依旧住在阴暗、破烂的老房子之中，每天亲自分发家人的食物、蜡烛。为了金钱，他不择手段，甚至丧失了人的基本情感，丝毫不念及父女之情和夫妻之爱。在他获悉女儿欧也妮把积蓄都给了夏尔之后，暴跳如雷，竟把她软禁了起来，没有火取暖，只以面包和清水度日。当葛朗台的妻子因此大病不起时，他首先想到的是请医生要破费钱财。只是在听说妻子死后女儿有权和他分享遗产时，他才立即转变态度，与母女俩讲和了。过了七十六岁的葛朗台在看到女儿把玩她自己的定情之物——金梳妆匣时，竟"身子

第三章　强烈的赚钱欲望

一纵，扑上梳妆匣，好似一头老虎扑上一个睡着的婴儿"。当欧也妮声明匣子是情人寄存的，是神圣不可侵犯的，想扑过去抢回时，葛朗台竟"使劲一推，欧也妮便倒在母亲床上。"后来，葛朗台因为抢夺女儿的梳妆匣把太太气晕死过去又使他从癫狂的漩涡中跳出来。因为葛朗台意识到一点，如果为一只梳妆匣气死太太，那女儿按律将继承家庭财产的一半，这就等于要了他的命。狡诈的葛朗台不可能这么"愚蠢"的因小失大，于是他百般讨好自己的女儿。甚至常在她面前哆嗦，装模作样，以亲情为诱饵，骗女儿放弃对亡母财产的继承权。但葛朗台毕竟是拜金狂，在他弥留之际，竟几小时一直在用眼睛盯着金子，脸上的表情仿佛进了极乐世界。当神甫把镀金的十字架送到他唇边，让他亲吻基督的圣像，为他做临终法事时，葛朗台做了一个骇人的姿势——想把金十字架抓到手里。

葛朗台给女儿欧也妮留下了一句遗言："把一切照顾得好好的！到那边来向我交账。"而"那边"无疑就是指天国了。葛朗台的一生为我们诠释了什么叫贪婪和守财奴。从他身上，我们也明白，对金钱的某些不正确的欲望是会泯灭人性的。

中国是一个讲究传统礼教的国家。在这种传统的影响下，很多人一直认为满足自身需要的欲望是邪恶的。人们认为食色之欲是可耻的，认为野心勃勃的人太专横，有不轨的企图。但这是人们把欲望与人性混为一谈的错误结果。事实上没有邪恶的欲望，只有扭曲的人性。葛朗台的种种所为不过就是因为他将自己的欲望与人性混为一谈的错误结果罢了。

贪与不贪的界限在哪里？对于这个问题我是这样理解的：一个人如果以金钱本身或者它带来的奢侈生活为人生的主要目标，他就是一个被贪欲控制了的人。相反，不贪的人只是把金钱当作提高生活质量的手段。或者，在这个要求被满足以后，把金钱当作实现更高人生理想的手段。

贪欲首先就是痛苦的源泉。正如爱比克泰特所说的："导致痛苦的不是贫穷，而是贪欲。"生活中体验到的苦乐取决于所求与所得的比例，与所得多少无关。以钱和奢侈为人生目标，钱多了终究是可以更多的，生活奢侈了终究是可以更奢侈的，但是争逐和烦恼将永无宁日。

其次，贪欲才是不折不扣的万恶之源。在错误的贪欲的驱使下，为官必贪，有权在手就会拼命纳敛财富；为商必奸，有利可图就会不惜草菅人命。这种错误的贪欲会使人目无法纪，心中无良知。现在社会上出现的那些触目惊心的事情就是因为这些人对金钱抱着错误的贪婪和欲望，结果真的变成了守财奴，最终变成了众矢之的。

　　这种错误的贪欲不会使人进步，想法更会使人堕落。我们在前面强调的对金钱要有着强烈的欲望，这样的人在进步的时候，一般会对工作充满了热情和活力，对于工作更加拼命，不会萎靡度日。而在获得金钱之后，会珍惜这些来之不易的钱财，绝对不会随意挥霍。那些怀抱着错误欲望的人就不同了，他们在攫取金钱的时候不但不仁不义，在得到金钱之后也总是纵欲无度。他们得到金钱的目的就是享受，赤裸裸的享受，他们对享乐的唯一理解就是放纵肉欲。太多的金钱被用来在放纵上玩花样，找刺激，结果必然是生活糜烂，禽兽不如。这样的人已经被金钱腐蚀了精神和灵魂，失去了做人的尊严。

　　有句话说得好，叫做钱财乃身外之物，生不带来死不带去。我们承认金钱对人的吸引力，但是必须做金钱的主人。戒除对金钱的占有欲，抱着一种不占有的态度。真正的把钱看作身外之物，不管是已经到手了还是没有到手的，都要和它们拉开距离，保持随时可以放弃它们的态度。只有这样，才能在金钱面前保持自由的心态，做一个真正的自由人。古希腊哲学家彼翁在谈到一个富有的守财奴时说："他并没有得到财富，而是财富得到了他。"一旦这样，那就是非常可悲的事情了，结果也许就如同葛朗台一样可悲了。

　　满足欲望是一切生物的本能，不应该感到羞愧，这是非常正常的。但我们不能否认一点，那就是满足欲望的手段与方式必须正当合理。一个渴望获得政治地位，有野心的人，如果他通过自身的努力、奋斗来获取金钱；一个渴求富有，对金钱充满欲望的人，他通过自己的劳动，在不侵害别人利益的情况下获取金钱，都是可以接受，并且应该发扬光大的。如果欲望是通过不正当的手段来获得满足的，那结果必然会是邪恶的，而人性也会被扭曲。

　　松下幸之助曾说过这样一段话："古时圣贤提倡禁欲，其目的固然是想使人类有更好的生活，而不在于否定生命。但我认为，接受这项教诲，往往扭曲了人类应有的形象，以至于误认为欲望是非常肮脏的，是邪恶的根源，而予以百般压迫。所以，才使得原来应该美好的人生变得十分痛苦。但必须注意的是：此本体由于是善恶以上的东西，根据人们用法之不同，可能使其成为善，也可能使其成为恶。"卢梭也曾说过：任何一种欲念，只要你能控制它，它就是好的；如果你让它役使你，它就成为坏的欲念了。

　　欲望本身没有任何善恶之分，它只是一种力量。之所以成为恶，是因为被某些人错误地理解错误地使用了。能给人带来不幸的东西，是变异的寡欲与贪欲，

第三章　强烈的赚钱欲望

它们是无知的表现。正确使用欲望，它不会使人变得"寡欲"，当然也不会导向"贪欲"。马卡连柯在说："人类欲望的本身并没有贪欲。如果一个人从烟雾迷漫的城市里来到一个松树林里，吸到新鲜的空气，非常高兴，谁也不会说他消耗氧气是过于贪婪。贪婪是从一个人的需要和另一个人的需要发生冲突开始的，是由于必须用武力、狡诈、盗窃，从邻人手中把快乐和满足夺过来而产生的。"同样，寡欲也不是人生来要"养心"的一种意向。印度的苦行僧不拘泥于善恶，为了舍弃自身的一切欲望而苦行，但他们悲惨的境地却让人望而却步。

想生活的快乐，就必须摆脱物欲的羁绊，合理地运用欲望，懂得知足。当我们懂得知足时，一切贪婪和苦闷就会自动消退。当然，这不是要我们清心寡欲，寡欲与贪欲会使人殊途同归地陷入不幸。我们对欲望的选择，要依靠正确的精神指导，正确地反映客观现实，达到自身内在的满足感。这样我们就成功了，也满足了。如果说梦想是成功的蓝图，目标是成功的方向，那么欲望就是成功的燃料。欲望像是添加在汽车中的汽油，如果你想到达目的地，就必须加满油，这样才能鼓足马力，直冲到底。

第四章 ◎ 敢于冒险

冒险的步骤通常会有成功的结局。

——显克微支

缔造富豪
DIZAOFUHAO

财富与冒险成正比

财富对于很多人来说是梦寐以求的,它吸引着我们不断地向它冲刺。当然,有的人面对着悬崖峭壁似的危险,吓得掉头走开;也有的人却像是雄狮一般,奋力前行,最终坐到了财富的顶端。

要知道任何一个财富的取得,都是无数个冒险奠定的旅途。

很多人会抱怨自己的生活平庸、无聊,自身变得卑微而绝望。也许正是因为你的生活本身缺少一个重要的作料——冒险。

提到冒险有的人可能会说,如果不冒险,我现在的生活还能继续过下去。虽然不能大富大贵,但至少饿不死。一旦冒险,也许连现在的生活都得不到了。然而,事实证明,那些敢于冒险的人,最终收获的都比失去的要多得多。

在20世纪初的美国,我想没有人不知道约翰·摩根。众所周知,纽约是世界金融中心,华尔街更是纽约金融界的晴雨表,而华尔街的真正大佬就是约翰·摩根。他麾下的摩根财团大肆收购铁路,控制了美国当年大批工矿企业,把全美企业资本的四分之一收入囊中。约翰·摩根不但用金融资本控制了美国许多重要部门,还利用他庞大的资本对外国放债。经济上依赖他的不仅有墨西哥、阿根廷这样的国家,甚至连英、法这样的老牌资本主义国家在关键时刻也不得不向摩根求援。摩根的强大由此可见一斑。

摩根的富有也许家喻户晓,但也许没有几个人知道,摩根财富由来的重要原因之一,就是敢于冒险。

1837年4月17日,摩根出生在美国康涅狄格州小城的一个富有家庭。他的祖父和父亲都是成功的商人,也许正是因为生长在这样的家庭,摩根从小就富有冒险和投机精神。

第四章 敢于冒险

1857年，刚刚大学毕业的摩根旅行来到新奥尔良。当他穿过充满巴黎浪漫气息的法国街头来到嘈杂的码头时，突然有人拍了拍他的肩膀，问他想不想买咖啡。那人自称是往来于巴西和美国之间的咖啡货船船长，受人委托从巴西运来了一船咖啡。谁知美国的买主破了产，无奈之下只好自己销售。为了能尽快将咖啡卖出去，他愿意半价出售。

摩根看了货，仔细考虑了一下，决定买下这些咖啡。当他带着咖啡样品到新奥尔良推销时，人们都劝他要谨慎行事：价钱听起来虽然让人心动，但船舱内的咖啡是否与样品一致就很难说了。摩根却不这么认为，他觉得这位船长是个可信的人，他也相信自己的判断力。于是，他毅然决然地买下了咖啡——当然，对于还没有多少钱的摩根来说，付款还是要请父亲帮忙的，而老摩根也毫不犹豫地支持了儿子的行动。

摩根的运气很好，船舱内全是好咖啡。不但如此，就在摩根买下这批货不久，巴西咖啡因为天气原因减产，使得咖啡价格一下猛涨了2~3倍，摩根大赚了一笔！

这时的摩根只有二十多岁，他的第一次冒险成功了。

时间很快流转到1862年，彼时美国的南北战争已经爆发了。林肯总统颁布了"第一号命令"，实行全军总动员，并下令陆海军展开全面进击。

摩根与华尔街一位投资经纪人的儿子克查姆商量出了一个绝妙计划。这天，克查姆来访，并带来了惊人的消息，他的父亲在华盛顿打听到，最近一段时期北方军队的伤亡惨重。

听到这里，摩根心里泛起了小小的涟漪。他敏感地意识到这是一个机会，一个绝好的赚钱的机会。他兴冲冲地对克查姆说："如果有人大量买进黄金，汇到伦敦去，就会使金价狂涨的！"

克查姆听了摩根的话，仔细考虑了一下，觉得非常有道理，于是二人精心策划起来："让伦敦匹保提和自己的商行以共同付款的方式，先秘密买下500万美元的黄金。一半先汇往伦敦，另一半留下来，届时再将北军战败的消息传播出去……到那时，我们就可以将留下来的那一半抛出去！"

两人立即行动起来。他们先秘密买下500万美元的黄金，到手之后，将其中一半汇往伦敦，另一半留下。然后故意将往伦敦汇黄金之事泄露出去。果然有很多人中了他们的圈套，引起华尔街一片恐慌。黄金价格不断上涨，甚至连伦敦的金价也被带动得节节上扬。摩根和克查姆因此大赚了一笔。

缔造富豪

"高风险，高回报"，在商界中，有风险才会有回报。只有敢于承担风险，才能得到无尽的回报。

而尝到甜头的摩根愈发意识到，抓住机会，冒险就是财富。

摩根的事业因此逐渐壮大，在坚守国内市场的同时，他坚持两手抓两手都要硬，并没有放弃在国外的投资。在开始向铁路进军之前，他就组建起了"联合募购组织"，与父亲一起购买了5000万美元的法国国债。

1898年，美西战争爆发，摩根敏锐地感觉到，国际投资时代已经到来了。他时刻关注着外面的信息，并且思索着如何到美属菲律宾、中南美、日本及中国投资的问题。

在美西战争之前就已经有消息透露：墨西哥政府由于无力偿还西班牙政府的旧债，已经到了破产的边缘。在一只脚已经踏入深渊的情况下，墨西哥政府不得不死马当作活马医，继续发行公债。计划将达到1.1亿美元，以新债偿旧债，渡过眼前的难关。

一般情况下，绝大部分人不会在这种情况下冒险去认购墨西哥政府发行的公债，毕竟那是一个看起来随时可能破产的政府。然而摩根却不这样认为，如果在这个处境困难的时候向墨西哥政府伸出援手，既可以要求较多的实惠，又能为以后的继续接触打下良好基础。越是没人敢做的事情，就越会有丰厚的利润，况且墨西哥的政局相对来说还是稳定的。

事实最终证明，摩根的决定是正确的。这次成功，不仅华尔街、庞德街，就连法兰克福和巴黎的商人们都佩服摩根头脑敏捷，判断准确，认准之后就敢于冒险去做。而自己无论是在眼光还是在魄力上都和摩根相差很多。

当人们还在交口称赞摩根的墨西哥行动时，他已经开始在阿根廷以救世主的形象出现了。当时，经过1864到1870年与巴拉圭的战争后，阿根廷元气大伤。到了19世纪90年代，就陷入了严重的经济危机中。摩根看到了阿根廷的发展潜力，便毅然购买了7500万美元的阿根廷政府公债。这在当时堪称又一个大冒险。

在这之后，身陷殖民地战争以及与德国展开军备竞赛的英国，财政陷入了极端困难的境地，因此不得不向摩根求援。摩根痛快地答应了，先后认购了价值高达1.8亿美元的政府公债。

就是这些大的冒险，使得摩根的财富一点一点的变大。可以毫不夸张地说，到了20世纪初期，摩根已经成为了世界债主。

从1861年创立摩根商行，经过了半个世纪的努力，摩根创建了一个庞大的

第四章　敢于冒险

财富帝国。摩根家族包括银行家信托公司、保证信托公司、第一国家银行，总资产高达34亿美元。摩根同盟总资本约48亿美元，由国家城市银行、契约国家银行组成。

也许对于很多人来说，摩根的身份是那么高不可攀，毕竟他的财富是那么让人望而却步。但是如果你仔细思考，就会发现，其实摩根所有财富的得来，都要归功于摩根的冒险家精神。这种冒险不是盲目的冒进，而是在仔细分析研究的前提下，得出的正确结论，每一步都走得非常准。

在我们现在看来，摩根就是一个勇士，他是那么富有激情和战斗力。他不断得到上帝的垂青，正是因为上帝喜欢这样敢想敢做的人。

缔造富豪
DIZAOFUHAO

有冒险才有成功

我们可能都听说过这个说法：富豪胃口大。实际上这些富豪不是胃口大，而是胆量大。古语有云，撑死胆大的饿死胆小的，指的就是一个人的一生中如果没有足够的胆量去挑战未来，那想大富大贵是基本不可能的了。

发明家威廉·利尔是公认的天之骄子，他的一生充满了传奇色彩。他是航空界和电子界最伟大的发明家，同时也是拥有亿万家产的实业巨子。他的财富的由来是经过不断发明和无休止的尝试得来的，当然，必不可少的一点就是他的无所畏惧的冒险精神。

利尔虽然只受过小学教育，但他从小就对机器有一种特殊的兴趣，非常喜欢摆弄，也喜欢拆开来研究它们。在他上学的时候，学习并不出众，还经常利用上课时间溜出去，骑着自行车闲逛。如果看见路边有汽车抛锚，他就会凑上去帮忙。大部分汽车故障可能会出在电气系统上，经常是配电盘上炭刷子坏了。一旦遇到这种情况，他就会从口袋里掏出一支从旧电池上拆下来的炭芯，锯下一小截，给人家换上。

小学毕业后，因为家境不富裕，利尔决定不再继续读书。他到一家汽车修理行找了一个周薪6美元的工作。没多久，他又跑去芝加哥飞机场给机械工做帮手。这份工作没有报酬，但他有兴趣，还有机会坐飞机。然而，在第一次跟飞时，就遭遇了危险：飞机出了故障，把利尔摔了个头破血流，结果留下一脸疤痕。

后来，利尔经过努力，最终取得了不小的成功，他的事业也基本走上了正轨。到20世纪50年代末，利尔的企业已成为美国生产航空电子仪器的主要厂家之一。尽管利尔已经相当富有，但金钱在他看来并不重要，重要的是他要找到属于自己的那片更大的天空。

第四章 敢于冒险

1960年初，利尔到欧洲去推销自己的产品，并打算在那里投资建厂。一个非常偶然的机会，他听说一种瑞士设计的代号为P-16的小型喷射式飞机因两次试飞失败，研制计划被放弃了。利尔听说后，就决定接手继续干。

首先利尔把负责飞机设计的工程师们聘请过来，跟他们一起探讨修改方案。但利尔的计划遭到自己公司董事们的一致反对，他们觉得利尔简直就是在冒险。争执不下后，利尔决定单干，于是转让了自己在公司里的全部股份，将私人财产1100万美元全都投入到喷射机的研究中去了。即使这样，钱也不够，又因为他没有制造过飞机，银行也不敢贷款给他。无奈之下利尔只好以家族名义向私人借贷，甚至典卖了自己的飞机，这样才最终凑足了需要的钱。

按照常规，飞机制造厂在制造第一架原型飞机时，都是手工制造。在完成试飞、证明没有什么不妥前，是不可能进行大规模生产的。威廉·利尔对此却充满了自信，他一反常规，在建立了飞机制造厂后，就把所有的生产机器和工具都准备好了。并在没得到联邦民航局批准营业执照前投入了生产。1963年10月，第一架喷射机制造出来了，然而在试飞时，因操作失误，飞机不幸坠毁了。

民航局认为是飞机性能出了问题，利尔却坚持认为是操作失误，双方为此相持不下。如果没有第二架飞机及时生产出来，这件事可能会一直说不清楚。幸亏利尔早就为此做了准备，第二次试飞时取得了成功。联邦民航局这才无话可说，批准利尔投入生产。

这是利尔一生中最大的一次冒险，因为一旦失败，后果可能不堪设想。正如他自己所说的："这样的做法，不是对极了，就是错极了。幸运的是，我是对极了！"他之所以敢下这样大的赌注，一是因为自信，二是想争取时间。因为他的钱大部分是借来的，时间拖得越久，对他越不利。好在他成功了，而这成功在开始的时候就已经是他的囊中之物了。

有句话说：不打无准备之仗。利尔的冒险在别人看来可能太过冒失，但在他看来却信心十足。他在开始试飞之前就已经做好了充足的准备，所以他的在别人眼中的冒险其实是有准备的试飞。

我们所谓的富豪的冒险并不是无原则、无准备的莽撞冒进，而是绝对有准备的冒险。他们赌的是身家性命，所以不会轻易打无准备之仗的。

▲ 缔造富豪
▲ DIZAOFUHAO

冒险还需要野心和胆识

说起默多克，他的知名度绝对不亚于美国总统克林顿或是摇滚歌星麦当娜。他是当之无愧的世界传播业的头号大老板，其资产估计不下120亿美元。

默多克出生在澳大利亚墨尔本的一个农场，他是4个孩子中唯一的一个男孩。在默多克上学的时候，他父亲已经成了一个主办《先驱报》等四家报纸的有成就的报人。但父亲在默多克还没有足够成熟的时候就去世了，他的产业过早地交给了默多克。

等默多克返回澳大利亚，竟出乎意料地发现父亲的几家报纸在财政上已经陷于了困境。他说服母亲，保住了两份报纸。之后他到伦敦参加了培训，回来后担任了《新闻报》和《星期日邮报》的出版人，那年他刚满22岁。

后来默多克开始疯狂的工作，即使弄得满身油污也不在乎，最终击垮阿德莱德最大的竞争对手，取得了成功。阿德莱德的成功使默多克增强了信心，他随后决心扩大影响。他听说珀斯市的《星期日时报》经营不善，正面临倒闭，便决定兼并它。结果，默多克筹措了40万美元兼并了这家报纸。经过努力，默多克使《星期日时报》脱胎换骨，该报发行量迅速增加，企业很快扭亏为盈。

年轻的默多克迈出了事业成功的第一步，他已经组成了阿德莱德和珀斯两市的小小报业集团。然而默多克对此并不满足，他摩拳擦掌准备向首都悉尼乱糟糟的报业界宣战，他还想挤入激烈竞争的电视业。经过一番激烈的较量，默多克最终获胜。

不过，这些成功都没有让默多克觉得应该停下脚步了，他还要挑战悉尼报业的三个强有力的巨头——费尔法克斯、帕克和诺顿家族。因为他们控制着悉尼

第四章　敢于冒险

的报业市场。主要的报纸有费尔法克斯控制的《先驱早报》、《太阳晚报》,帕克公司的《每日电讯报》和《星期日电讯报》,诺顿控制的《镜报》。《镜报》因为经营不善,最终被默多克买得。买到《镜报》后,默多克将它的地位不断巩固,并将触角伸到了全国——他要办一张全国性的报纸。但当时的情况并不容乐观,因为澳大利亚的全国意识还比较差,著名的悉尼歌剧院还没竣工,大都市的表皮下还透着无所不在的小市镇乡土气。要想在这种情况下办一份全国性的报纸,在很多人眼里只能是在做梦。因为梦谁都可以做,想轻松实现却不可能。

默多克却并不这么认为。他断定这样一份报纸一定会成功,尽管在别人看来这样的计划只能在梦里实现,他的举动太过冒险,但默多克认定的事一定会做下去。为此他不惜卷入政治,想尽各种办法,最终《澳大利亚人报》诞生了。

然而这张报纸并没有盈利,最起码在开始的15年里是这样的。不光不盈利,还十分赔钱。默多克却将他的疯狂和冒险坚持了下来,直到15年后,报纸才开始盈利。

到1973年,默多克已拥有8家报纸、11家杂志,以及几家电视台、广播电台、印刷公司、纸张公司和航运公司,分布在英国、澳大利亚和新西兰。

在妻子生下第三个孩子后,默多克把他们带到了美国。他们在纽约伊曼纽尔寺院附近买了一幢二层楼公寓。搬到纽约,对默多克来说是事业上的冒险。因为19世纪70年代初期,美国报业进入一个大动荡时期,罢工不断,生产成本暴涨,许多报纸纷纷倒闭。在默多克登场时,已经几乎没有什么报纸可买了。

然而,此时对于默多克来说,美国市场绝对是急于打开的绝好的市场,对此他势在必得。尽管当时的局势在很多人看来其实就是在发疯,不过默多克并不担心这么多,为了打开美国市场,他花2000万美元买下哈特—汉克斯报系的3份报纸。

随后默多克又创办了一份周报《国民之星》,这花了他1200万美元。一年之后,该报的发行量却不到100万份,前景非常黯淡。很多人劝默多克赶紧脱手,包括他的财务顾问。默多克对于众多的劝说只是摇摇头,他暗地里咬咬牙,发誓不撞南墙不回头。为了吸引读者注意,默多克将"国民"二字从报头上抠了下来,只剩下个"星"字,还增加了一个专栏——"占星术与咨询",可这并没有起到什么好的作用。

这时候默多克仍然没有灰心,他把他的一名记者伊恩从澳大利亚调来,让他把《星》从黑白报纸变成彩色杂志。之后经过两年的发展,《星》的发行量稳步

缔造富豪
DIZAOFUHAO

上升，至关重要的广告收益源源不断地流入默多克的腰包。

《星》的旗开得胜让默多克信心倍增，他的胆量逐渐大起来，他想搜寻一份可购买的较大的日报。趁着美国报业女王希夫的《纽约邮报》赔钱之际将报纸买了过来，之后增加了田径和体育方面的报道，以及有关侦破吸毒贩毒及其他犯罪行为的新闻，结果发行量翻了一番。

不久默多克又买下了《纽约杂志》、《乡村之声》和《新西部》三家杂志。《纽约杂志》的发行量达到了42万份，它的资产不断膨胀，还给默多克带来了4400万美元的广告收益。到这时，默多克的帝国已分为澳大利亚、英国和美国三个相对独立又互相联系的领地。司令部设在澳大利亚，经营指挥中心在纽约，总旗号是纽约有限公司，它包括约50家报纸、两家出版社、若干商业性印刷厂和采矿公司，以及5家电视台的部分股权。此时的默多克已经是当之无愧的报业大富豪。

纵览默多克的成功历程，可以发现，胆识和野心是默多克成功的关键。如果从一开始默多克就满足于自己已经取得的在澳大利亚的成就，那还会有现在的成就吗？如果在人人觉得他进军美国市场，买下《国民之星》是绝对的冒险举动的时候，他停下脚步，按部就班的经营已有的报纸，那又会怎样？默多克不断兼并其他报纸，就是因为他骨子里有着势不可当的胆识和野心。任何一个想要成就大事业的人，最不可缺少的就是这份胆识和野心。

对于野心这个词，很多人会觉得非常贬义。但你想，如果没有野心，你就会安于现状，就会不思进取，那你还怎么成功？只有有了野心，你才会不惧怕前进路上的人和风险，才敢于去冒险，因为有强大的精神力量在支撑你。我们甚至可以说，就是这些别人眼中不屑的野心在支撑着富豪们不断地冒险，不断地奋进，最终取得了一个又一个大的成就。

第四章　敢于冒险

拒绝冒险，终将被淘汰

鲁迅先生曾经说过一句话，叫做"世上本没有路，走的人多了也就成了路。"任何一个领域第一个吃螃蟹的人，所得到的多是那些后继者的数倍甚至数十倍。而那些第一个吃螃蟹的人，也就是传说中的敢于冒险的人。

还记得前段时间看过的一个小故事。日本三洋电机的创始人井植岁男，成功地把企业越办越好后。某天，他家的园艺师傅对他说："社长先生，您现在的事业越做越大，而我却像树上的蝉，没有什么大的出息，您教我一点创业的秘诀吧。"

井植点点头答应了，并且说这个园艺师傅手艺不错，决定和他合作种树苗。种植地点是井植岁男工厂旁的空地，面积大概有两万坪。随后，他问园艺师傅树苗多少钱能买到。

园艺师傅说："40元。"

井植说："好！就以一坪种两棵计算，扣除走道，树苗的成本是100万元。3年后，1棵可卖多少钱呢？"得到答案是3000元。

井植又说："100万元的树苗成本与肥料费由我支付，以后3年的时间内，由你负责除草和施肥。3年后，我们收入的600多万元的利润每人一半。"

听到这里，园艺师傅却拒绝了："哦？我可不敢做那么大的生意！"

最后，园艺师傅还是继续在井植家种树苗，按月领取工资，大好的致富良机就这样白白失去了。

这是个典型的胆小者与财富无缘的故事，要想赚大钱，没有胆量是不可能成功的。一个没有胆识的人，即使有再好的机会，他也不敢去掌握与尝试；即使他不会失败，最终大的成功也不属于他。

缔造富豪

如果你要问什么样的人最适合创业？答案就是——赌徒。

对这个答案你也许会一脸鄙夷地说，怎么可能？但创业本身就是一项冒险活动，赌徒往往是最有胆量并且敢下注的人。他们想赢也敢输，所以，他们最适合创业。而且科学研究发现，赌徒的心理承受能力远远强于普通人数倍。而创业，这个行走在风口浪尖的职业同样非常需要强大的心理承受能力。

在众多创业者创业的过程中，都曾有过"惊险一跳"的经历。跳得好，功成名就，实现事业的大跨步，从此和默默无闻彻底说拜拜；跳得不好，就只能是"凤凰涅槃"的下场了。说白了，成功不过就是一个合适的产品，加上一个天性敢赌的领导，再加上一些合适的营销手段。

其实不光财富，任何一个成功，都是敢想敢做敢冒险的结果。那些拒绝冒险和成长的人，终将被生命的潮流淘汰。

在某些特殊时期，不论是在朝代更替的时候，还是长在红旗下的新时代，我们都曾有一段时间，不敢冒险。有一句话很形象，叫做"枪打出头鸟"，那是因为整个社会还没有形成宽容失败的文化氛围。如果冒险成功了，就会遭人嫉妒，而失败了则会遭人耻笑，这是不容我们忽视的现实。

太多的人认为，凡事三思而后行，谋定而后动才是立身之本。但你知道吗？无论你策划得多么周密，多么天衣无缝，也不能保证风险不会不期而至，毕竟任何事都处在变数之中。

在现实生活中，很多人对危险怀有恐惧心理。他们抱着回避的态度，宁愿冷眼旁观，也不愿近前一步，这是由人们特有的趋利避害的生存本能造成的。在很多人眼中，多一事不如少一事，明哲保身才是上策。这些消极保守地对待现实的做法，注定会让这些人一辈子生活在不温不火的生活状态下，不会开拓出一片新的生活天地。在遥远的原始社会，我们的祖先穿着树叶做成的衣服，一群人在一起追赶野兽，就是因为这样的冒险，才有了今天的我们。而在这悠久的人类发展史中，没有冒险我们的生活不会像今天这样发达。历史的铁证表明：一个人如果没有冒险精神，就永远不会成为名人，因为他缺乏摧毁前进道路上横挡在眼前的绊脚石所应具备的勇气；一个民族如果没有冒险精神，它就永远不会陡然崛起，因为畏首畏尾和故步自封就决定了它不能阔步向前。诺贝尔的成功实际上就是欧洲人冒险精神的成功，也是众多欧洲良好心态的缩影。纵观人类漫长的文明史，哪一步不是人类战胜困难超越自我的冒险史。如果哥白尼没有藐视罗马教廷的无理淫威，日心学说就不可能改变人类对宇宙的认识，更不会从根本上动摇欧洲中

第四章 敢于冒险

世纪宗教神学的理论基础；如果项羽没有破釜沉舟，怎么可能唤起士兵们强烈的求生本能和战胜敌人的决心，又怎么可能在史册以及兵书上留下让人津津乐道的典故和良策；如果身为军事统帅的拿破仑不在法国国内、国外形势严峻的情况下，毅然丢下自己的军队秘密回国，他的雾月政变就不可能获得成功，他也不可能登上独裁者的宝座，从而影响整个世界文明；如果莱特兄弟不冒着生命危险让自己制造的飞机向天空滑出第一步，人类的飞天梦至少还要推迟好些年……任何一个发明家的成就都是一次伴随着血与汗的冒险历程。我们甚至可以说，人类现代文明的得来，就是建立在无数的冒险之上的结果。创造和社会变革，皆始于冒险。冒险行为不仅彰显着一种令人敬畏的精神面貌，还常常给人带来一次次大的惊喜，甚至创造出一个个教人赞叹的人间奇迹。

撑死胆大的，饿死胆小的，这是人人都知道的一句话。做什么事都过分小心的人，是成不了大器的。在人生旅途中不敢为事业冒险，就绝不会有丰硕的成果。

走在众人前列的富豪们，他们今天的事业成就也是经过无数次冒险得来的结果。竞争是与风险同在的，只要有竞争，就会有胜负成败。有的人也许智商很高，对未知的风险因素都计算得清清楚楚，因此不敢冒一点儿险，结果聪明反被聪明误，因为他们只把注意力放在减少自己的损失上，也正因此最终错失了求胜的良机。

其实，困难和风险一样是欺软怕硬的，你强它就弱，你弱它就强。需要我们牢记的一点是，最困苦的时候，没有时间去流泪；最危机的时候，没有时间去犹豫。优柔寡断就意味着失败和死亡。

人生在世，风险无时不在。只有乐于迎战风险的人，才能战胜风险，夺取成功。贪恋蜷缩在温室中和保护伞下，并非明智的选择。不要妄想处于一个没有风险的世界，那只能是海外奇谈。俗语说："冒险越大，荣耀越多。"

胆量是冒险的必备条件

皮埃尔·杜邦是世界著名化工帝国杜邦公司的创始人。1800年元旦的早晨,杜邦的曾祖父带领着全家13口人,搭乘"美国鹰号"帆船,横渡大西洋来到梦想中的美国。在这里,杜邦展现出非凡的商业才能。他总是在寻找着别人没有关注、或者不敢关注的领域,一点一点累积着自己的财富。正是这种敢为天下先的冒险精神,成就了"杜邦"的百年辉煌,也成就了他个人的财富。

人类社会要进步,就需要不断的征服,需要闯劲,需要冒险,需要胆识。成功是可以用胆量缔造的,有一种胆量是可以穿透梦想的。杜邦的奋斗史,就恰恰完美地诠释了"只有勇敢的冒险才能得到成功"这个真理。

杜邦出生于1870年,他自幼聪明好学,以优异的成绩毕业于麻省理工学院。毕业后9年的时间里,他一直致力于化学研究,因此获得了两项无烟火药专利。而杜邦家族几代人就是靠开设火药工厂和化学工厂,在动荡不安的世界局势和美国国内局势下,发了战争财。

在杜邦32岁那年,他的堂叔犹仁总裁死于肺炎。由于犹仁死得非常突然,没来得及留下遗嘱,使得家族内乱成了一锅粥。大家在家族会议上吵得很凶,但一直没有谈出什么结果。最后,董事会决定卖掉公司。到了最后表决的时候,主持人亨利上校建议将公司按2000万美元抵押给家族的某个人,这个人按银行的利息付给各位股东钱。因为如果把公司全部家当卖掉的话,会值1200万美元,而把钱存到银行,利息却低得可怜。听到这个想法后,大家纷纷表示同意。可是,这个时候谁愿意做这个冤大头呢?亨利上校胸有成竹地说,有人愿意这么做。对,那就是杜邦,这样一来,这个别人眼中的"冤大头"就成了公司的总裁。

杜邦当上总裁以后,就开始了一个大胆的收购计划——收购雷伯诺化学公司

第四章 敢于冒险

和东方火药公司。至此，杜邦公司在庞大的火药市场上，已经拥有了75%的占有率。并且单就黄色火药的占有率来说，杜邦公司已占有了100%。可是杜邦没有满足，他试图将黑火药的占有率提到100%。这次大胆尝试却给杜邦惹来了麻烦——一场官司。不过，官司并没有让杜邦退缩，反而更增强了他的胆量和创建一番事业的雄心。他派自己的法律顾问乔治去游说新上台的总统。预言在不远的将来，欧洲一定会发生战争，并且保证只有杜邦公司获得独家制造火药的权力，国家和安全才会有保障！

为此，新总统举办了听证会。杜邦大胆说出自己对欧洲战事的分析。参加听证会的陆海军司令、政府各部首脑和各大学教授听了杜邦的发言后，一致认同他的观点。最终，杜邦获得了最终制造火药的权利。

果然不出杜邦的预料，在听证会后不久，欧洲就爆发了第一次世界大战。杜邦公司的火药一下子变得供不应求。为了扩大生产规模，杜邦向华尔街大阔佬摩根贷款1400万美元。贷款之前，杜邦反复分析了自己的具体情况：年息是6%，而且要拿公司股票做抵押，到时候如果还不起贷款，公司就要落入摩根的手中。但杜邦大胆地分析，美国迟早会介入欧洲战争，届时对火药的需求将会猛增。到那时，杜邦公司将会取得巨大的利润。在这样的结论下，杜邦用贷款创办了5个火药工厂，其中田纳西州的工厂是世界上最大的无烟火药工厂。

1917年4月，杜邦的预见得到了印证，美国果然加入了正进行得如火如荼的战争中。政府对军用物资的采购数量急剧增加，其中首推烈性炸药。在这一年，杜邦公司的火药产量比1914年增加了54倍。在整个战争期间，杜邦公司为协约国提供了所用炸药的40%。除了火药，杜邦公司还生产毒气、爆炸装置、烟幕筒等。与此同时，还提供了国内非军事性工程所用炸药的一半。

战争给杜邦家族带来滚滚财源，他们在战争中共收获10多亿美元的毛利，纯利润达几亿美元。虽然杜邦家族因此被诅咒为"战争贩子"，但杜邦公司也正因此从战前的一个三流上市公司跃居美国最大的企业集团。而到此时，庞大的杜邦帝国已经成形了。

同时，在第一次世界大战的推动下，由于美国保持中立，因而交战双方都向美国企业订货。除了火药，参战各国还大量采购军用汽车和卡车，美国国内汽车需求量直线上升。由于迅猛地扩充发展，使得美国通用汽车公司资金周转不灵，职员的薪水都发不出来了。老板杜朗向银行贷款，但华尔街各银行都在摩根的控制下，没有他的指示，没人敢轻易贷款给杜朗，通用公司眼看着就要走投无路了。

▲ 缔造富豪
DIZAOFUHAO

祸不单行，美国对德国宣战后，政府将钢铁列入战争物资范围，规定对钢铁征收战争特别税。制造汽车离不开钢铁，这使得通用汽车公司雪上加霜，股票狂跌。杜邦看准了时机，一下子买进了2500万美元的通用汽车公司股，杜邦也因此坐上了通用汽车公司董事长的宝座，杜邦握有通用汽车公司23%的股票。至此杜邦的事业又上了一个新的台阶。

一个真正的企业家和领导者，或者说管理者，不仅要有经营管理的才能，更要有不可或缺的胆量。在日趋激烈的商业竞争中，如果没有勇气和胆量，即使作出正确的预见，也不会使自己的事业得到大的发展，因为机会是稍纵即逝的。正如杜邦第6任总裁埃尔所言："即使看到前面的东西，如果不敢迈出去，也会得不到。"的确，杜邦正是凭借自己的胆量利用战争取得了商业上的胜利，创造了历史的奇迹，缔造了自己的财富帝国。

第四章　敢于冒险

危机之中打捞财富

  前几年曾有这样一篇报道，美国纽约的一位妇女因服用了强生公司生产的泰诺胶囊导致死亡。经化验，得出的结论是该胶囊中含有巨毒氰化物。这一事件在全世界掀起了轩然大波。对于强生来说这是一次几乎可以置公司于死地的事件。

  但中毒事件过后三个月，泰诺的新广告在电视上再次亮相。这是为期一年挽救泰诺的反击战的开始。与许多人的预测结果相反，泰诺在一年内又重新占领了原有市场份额的80%。强生承受了5000万美元的损失和5680万美元的广告额外支出，但确保了泰诺的继续前进。当然这要归功于当时强生的CEO——吉姆·博克。

  1976年，吉姆·博克开始担任强生公司的CEO。在他的努力和领导下，强生公司的增长率持续升高。它甚至超过了佳洁士牙膏，成为世界保健与美容产品的第一品牌。而公司生产的止痛胶囊泰诺，则是博克70年代中期个人奋斗的产物。1982年初，强生的年销售额合计超过50亿美元，拥有将近150家公司。强生现在已经变成一台营销发电站，以产品的推陈出新和甘冒风险而闻名，而这种干劲正是吉姆·博克商业模式的体现。

  就在一切看起来非常完美的时候，却出现了晴天霹雳。

  1982年9月30日的上午阳光明媚，博克正与公司总裁大卫·克莱尔开会。突然，高级经理闯进来上气不接下气地报告说：库克县的法医人员报告有三人死于服用氰化物封结的泰诺胶囊。更多坏消息很快传来，因为芝加哥还有四人同样处于垂危状态。

  那个早上消息传来之后，博克迅速投入行动。他的第一步就是任命一个他信任的经理担任危机负责人。他选择了48岁的戴维·科林斯。在最开始的一段时间里，博克回忆说："没有比这更伤神的事了。"成百上千的电话打进他们的总接线台——恐慌的消费者、药师和医生、毒药中心，还不断有耸人听闻的假消息传来。

随着事件的发展，博克感觉自己的第一要务就是避免更多死亡事件的发生。直觉告诉他要全部召回已经销售的泰诺胶囊。3100万瓶药的召回不光在物流上是个问题，一亿美元的零售价值对强生公司来说也是不小的经济损失。尽管这样，博克还是做好了召回的准备。解决了泰诺对生命的直接威胁之后，博克又开始为泰诺的生存和公司的健康状况而战。博克给受害家属写了吊唁信，同时召开下一步行动会议。危机气氛笼罩着整个强生总部大楼。

最后，博克否决了永远停止生产泰诺的决定，他决心要为泰诺的生存而战。

博克接下来的第一步就是要接受消费者对泰诺的态度。随着成千上万召回的泰诺胶囊被烧成灰烬，几乎所有的人都猜测这个牌子要永远死去了。

但博克不这样认为，他要重建产品信心。这要经过三个步骤：首先，麦克奈尔分支机构为泰诺研制了一种可防止乱摆弄的药瓶，而且很快成为柜台药品和许多食物、化妆品、维生素的标准包装设计。其次，强生进行了一次大规模的促销活动，向购买此款包装泰诺的人提供优惠券。最后，在危机过后一个月，博克给强生二千多人的销售大军开了一次战前动员会。命令他们走出强生，说服医生和药师向他们的病人和消费者再次推荐泰诺。

1983年1月3日，中毒事件过后三个月，泰诺的新广告首次在电视上亮相。博克的反击成功了！接下来的一两年，博克又几次被拖进像泰诺中毒这样的麻烦事中。但在博克的领导下，强生公司采取了一系列切实可行的措施，非但没有使公司陷入绝境，反而提升了公司在消费者心目中的形象，使面临的危机转变为潜在的商机。

其实，世界上任何危机都孕育着商机，而且危机愈重商机愈大，这是一条颠扑不破的商业真经。作为商人，只有敢于从危机中寻找生存的契机，敢于在危机中冒险才能得以生存。

马来西亚华商黄汉良的几次发展也都是把握了在别人看来是危机的时机。危机就是契机，此话在黄汉良的经商生涯中得到极好的验证。

黄汉良给人的感觉极为稳重、厚道。多年的经商生涯及社团生涯，让他人情练达，世事洞明，但依然保留着赤子的热情。无论是经商还是社团工作，他都带着十二分的热情去经营。

黄汉良出生在马来西亚古晋，是第五代华人。小时候黄汉良的家境很一般，

第四章 敢于冒险

他是在长辈督促着好好读书的鼓励下长大的。也正是因为这种良好家教的熏陶，黄汉良从小学业颇佳，从马来西亚读到新加坡，在新加坡学院攻读经济专业。

1973年大学毕业时，他看到当时马来西亚沙捞越地区局势动荡不安，就决定留在新加坡，并且在一家纺织面料公司找到了一份工作。后来他被外派去印尼雅加达，从事纺织及百货的贸易。也就是从那个时候开始，黄汉良开始对贸易感兴趣，而这段经历也为他积累了非常丰富的经验。

5年后，他回到马来西亚。这个时候的黄汉良已经不满足于继续为别人打工，他要为自己创业，便投资数万马币，在吉隆坡成立了华丰行纺织品公司。他请了一帮朋友来帮自己打理公司，继续从事老本行——纺织品贸易。

生意逐渐走上正轨，黄汉良又萌生了一个念头：与中国做生意。在黄汉良的学生时代就非常的渴望能来中国看一看，因为一直没有机会，这件事也就被搁浅了，心中的那份向往却一直没有熄灭。然而，当时的中国各方面都还不发达，很多人对中国抱着犹豫的态度，不敢轻易尝试与中国做生意，黄汉良却义无反顾。

1983年，黄汉良经过重重难关，终于来到中国广州。那时的中国虽然经济尚不发达，却处处蕴含着巨大的潜力。黄汉良心中涌动着一股很强烈的兴奋：中国的商机肯定特别多，一定会有很好的发展前景。

而且，对于黄汉良来说，在中国发展有很大的优势，语言完全没有问题，也有很好的人脉。

很快，黄汉良开始寻找通往中国的渠道。通过广交会，他找到了货源，开始和中国纺织品进出口公司做起纺织方面的贸易，这成了他事业发展的一个很好的契机。这之后，他的生意蒸蒸日上。

1984年，港币贬值40%，很多商人损失非常惨重。而对黄汉良来说，却是一个难得的发展机会。因为他用港币交易，货价很便宜，利润好，而且他跟各个口岸关系也好，能持续得到原料的供应。那一年，在别人都或多或少有损失的情况下，黄汉良赚到了不少钱。他曾经笑着说过一句话："几乎每次遇到金融风暴，我都获利不少。"

这一年，当别的同行因为损失停滞不前的时候，他大胆进货，反而比平时赚得更多。对此，他有自己的经验总结："人家不做、市道不景气的时候，其实亦是做生意的好时机，简单地说危机就是契机。"简单的几句话，道理却十分深刻。

1983年，他经过香港的时候，香港房地产正好不景气，抛房很厉害。当时黄汉良也没有多少钱，就用信用卡定了几套房，90万港币一套。之所以这样做是相信市道终会好转。果然，1993年，房价大涨，黄汉良买的那几套房子涨到了500万一套，卖出去后大大地赚了一笔。黄汉良很喜欢买股票，不是因为喜欢炒股，而是想借此来验证自己的投资眼光。买房子也是这样，就是想考验一下自己的眼光而已。

随着马来西亚经济的不断发展，制成品逐渐取代了很多面料，单纯的面料生意开始势微。黄汉良也开始转行开设服装集团，生产服装。他们尽量发展成品，出口南美洲。

一般人以为公司越大越强大，多年的经营，却让黄汉良感受到不能做大公司，必须分散经营，这样才能最大限度地降低风险，毕竟船小好调头。

1987年金融危机，很多人收手，他却放手去做。那时他公司实力壮大了很多，敢于投入，也因此得到更大的发展。

1993年，黄汉良敏感地感觉到中国西部有非常大的市场潜力，便和五个朋友在香港成立了公司，到中国西部地区投资。

当时的中国西部在很多外商眼里，也许就是荒凉的代名词。地广人稀的环境，根本找不到经济的开发点。黄汉良却看到了中国西部巨大的发展潜力，他知道这块广阔的土地下深埋着众多的商机。黄汉良说："当时外商到东南部沿海投资的多，竞争激烈，西部投资相对较少，也正是因为这样，西部市场才显得比较特殊。"

黄汉良和朋友投资数亿元在中国西部昆明成立五杰国际学校。学校从2001年开始投入使用，现在已经有学生500多名，有些已经毕业去国外求学了。

黄汉良的另一个得意之作是在贵州兴建商业大厦。商业大厦投资2亿，如今市值3亿元，住宅95%卖出去了，商场年租达到1100多万元。

其实，这个项目的成立也是经过百般周折的，前后历时10年。最令黄汉良头疼的是，以前的一个中方合作者不诚实，挪用了5000万的资金，一年后他才发现。虽然这名合作者最终坐牢了，带给他的损失却非常大。

在谈到自己的成功经验时，黄汉良曾说自己是因为不怕输才有了今天的成绩，而在别人看来的危机时刻，他总是勇敢地出击。这样他就获得了众多的机会，也因此收获了很多的财富。

经商是一条充满危机的道路，危机中孕育着商机。对于一个经商的人来说，要想使自己的事业在商界中有立足之地，就要懂得从危机中寻找商机。黄汉良告诉我们的正是这样一个真理。没有不存在商机的市场，只有不能发现商机的企业。对企业而言，商机和危机可能只有一线之隔，关键在于能否发现以及如何把握。

第四章　敢于冒险

精准的判断力不可或缺

❝要坚持不懈，要有激情，还要有成功的决心，我喜欢赢，不想输！"——阿诺德·科派尔森这样说过。

任何一个领域都会有佼佼者，电影这个领域也是一样，而阿诺德·科派尔森绝对堪称这个领域的佼佼者。他的身价和名气，都是这个领域的翘楚，财富更是不用说。

单纯的说这个名字，也许你会觉得陌生。但如果说起这些电影，你应该不会陌生：《野战排》、《亡命天涯》、《七宗罪》、《超完美谋杀案》、《魔鬼代言人》，这些都是科派尔森的成功之作。

科派尔森之所以能够成功，就是因为他有两大法宝：敢于冒险的气魄以及精准的判断力。而事实上，精准的判断力算得上是冒险的一大先决条件了。

让科派尔森在好莱坞扬名立万的电影《野战排》就是一次成功的冒险。当年，这个越战老兵写的剧本在圈内流传了很久都无人问津。科派尔森偶然看到了剧本，他回忆说自己看完剧本后眼泪都流下来了。妻子问他怎么了的时候，他激动地说这是他从来没有读过的最好的剧本。当时自己甚至产生了幻觉，觉得自己已经站在领奖台上，真的已经获得了奥斯卡奖。读完之后，科派尔森便下定决心要进行拍摄，并且决定由作者本人担任导演。这个大胆的冒险行为最终成就了一部优秀电影，也成就了一位著名导演。他就是后来大名鼎鼎的奥立佛斯通——写作剧本的那位越战老兵。

阿诺德·科派尔森的工作是做制片人，是名副其实的幕后工作者。他会到处寻找项目，每周要看50到100个剧本，有时候可能会少一点。但是很多剧本并不是很好，这个工作对科派尔森来说往往要花费很多的时间，而它却是所有工作的关键。因为只有找到一个好的剧本，才可能决定去投拍这个电影，才会去找导演和演员不停的看剧本。如果剧本不好，却非要去拍，那结果只能是失败。即使一个剧本不是百分之百的好，也要有百分之八十的满意度，才能下定决心拍摄。然后再去雇佣一个作家，和他一起工作。等剧本完成，就开始雇佣导演。由科派尔森去和电影厂商谈判，付给编剧和导演报酬。等这一切搞定之后，科派尔森就要组建剧组，搭建场景，去剪辑房，交片子，找作曲，为电影配乐，精心挑选音乐。等一切都完成了，还要带着演员进行全球的推广旅行。

《野战排》在菲律宾全程拍摄，拍摄的过程也充满冒险情节。菲律宾属于热带气候，在菲律宾的丛林中有很多大蜘蛛，黄颜色的，还有蛇，眼镜王蛇。曾有一个工作人员被蝮蛇咬了，那是一种致命的毒蛇，幸好医生及时给他注射了药物，他才没事。就是在这样的环境下，科派尔森他们每天要工作16到18个小时。

《野战排》上映后好评如潮，不但轻松地收回了投资，在全世界的票房收入更是突破了3亿美元，并且获得了当年的奥斯卡奖。

在阿诺德·科派尔森拍摄电影的过程中，对于演员的发掘也是非常厉害的。这也就是我们所说的精准的判断力的另一种表现形式。电影属于立体形象的传播媒介，演员的表演非常重要，他对于影片的是否成功起着很关键的作用。在科派尔森以往的影片拍摄中，曾经和很多大腕明星合作过，并且都取得了不错的票房成绩。

除了这些已经扬名立万的影坛大腕，科派尔森也十分善于发掘年轻演员的潜力，并且有本事让他们在自己制作的电影中大放异彩。科派尔森的冒险精神和独到的判断力，曾经造就了基努里维斯、布拉德皮特、格温妮斯·帕特罗。

布拉德皮特在出演《七宗罪》以前，在《末路狂花》和《大河恋》中都是单纯英俊的小生形象。《七宗罪》却使他蜕变为一个忧虑、正直、愤怒的成熟男人。科派尔森的独具慧眼推动了皮特的成熟。

当时，布拉德皮特到科派尔森的办公室去，一头的金色长发披在肩膀上。当科派尔森看到皮特的时候，还是啊了一声，因为皮特看起来是如此惹眼。当时科派尔森就决定要用皮特出演这个电影，而事实证明他的决定又是正确的。

科派尔森的慧眼在格温妮斯·帕特罗身上也得到了很好的印证。在开始的时候，格温妮斯·帕特罗并不想拍《完美谋杀》，她只想拍一些大制片商的影片。科派尔森特意从加州飞到纽约，他们在一起吃了两三个小时的饭，最后科派尔森说服格温妮斯·帕特罗来参演这部影片。也正是由于这部影片，使格温妮斯·帕

第四章 敢于冒险

特罗成为了一位巨星。

　　做任何事情都不可能没有风险，承载着无数梦想的电影业更是如此。勇敢的冒险精神，敏锐的判断力，执着，坚定和智慧，这些都是使科派尔森成功的因素。

缔造富豪
DIZAOFUHAO

判断力+果敢行动=成功

你是否总担心自己失败？你是否总会给自己找出很多合理化的理由，来使自己不去冒险？你是否总觉得困难十分强大，于是一次次将看起来很有意义的事情推给了别人，当在别人成功的时候你又开始后悔，后悔当初不应该……如果事情总是这样循环往复，最后你将很遗憾地一事无成。

这个世界上没有多少人愿意去冒风险，因为风险常常是失败的导火索。但是风险和利润的大小是成正比的，巨大的风险能带来巨大的效益。任何事情都会有风险，完成任何一种工作都不可能有百分之百的把握。风险可能会导致你失败，但如果你能就此化险为夷，那你获得的回报将远远高于不冒风险做事所取得的回报。这个世界正是因为有一个个敢于吃螃蟹的人，才会有那么多的伟人、著名科学家、企业家和诺贝尔奖获得者。

风险就如同一个险滩，渡过了这个险滩，就会风平浪静，得到的就是胜利的喜悦。

要想获得更多的财富，就要勇敢的行动起来，不要怕冒险。当然，你也不能盲目冒险，事物之间的科学规律一定要讲究，预测事情发展的未来，这样才能降低风险率，减少失败。也就是说，要将精准的判断力和冒险行动结合起来，这样你成功的几率才会更大。

30年前，一个年轻人离开故乡，决定去闯一番事业。他动身的第一站是去拜访本族德高望重的族长，请求他的指点。

当时老族长正在练字，听说本族有位后生要自己出去闯荡，就写了3个字送给他：不要怕。然后抬起头，望着这位年轻人说："孩子，人生的秘诀只有6个字，我先告诉你3个，供你半生受用。"

第四章　敢于冒险

　　30年后，这个年轻人人到中年，有了一些成就，但也添了很多伤心事。归程漫漫，他回到了家乡，第一件事就是去拜访那位族长。到了族长家，才知道老族长几年前已经去世。家人取出老族长留下的信封给他，才想起30年前他在这里只听到人生的一半秘诀。拆开信封，里面赫然写着3个大字：不要悔！

　　做过就不要后悔，这个世界上没有卖后悔药的。

　　一位伟人曾经说过：关键时刻的孤注一掷是非常必要的。

　　香港首富李嘉诚在房地产萧条的时候，曾冒着风险当机立断购进了大量的地皮和有关建筑材料及设备，几年之后获利颇丰。

　　当机立断的行动才能提前锁定你想要的成功，否则只能让成功白白溜走。

　　希腊的超级船王奥纳西斯就是一个懂得果敢行动的人。1922年，奥纳西斯第一次进入希腊的时候，还只是个身无分文的难民。为了活下去，他只好到一条旧货船上打工。趁着货船停靠阿根廷首都港的机会，他开溜了，因为他想闯出自己的一片天。

　　在阿根廷，奥纳西斯找到了一份电焊工的工作，每天工作16小时以上，还经常加班。为了积累创业资金，奥纳西斯将自己的生活开销降到了最低限度。几年后，终于有了一定的积蓄，这时却爆发了人类历史上最严重的经济危机，这将人们的投资信心打击为零。这个时候奥纳西斯却决定将自己的全部财力都投入到当时风险最大的海上运输业。

　　这时候海上运输的情况一点儿不容乐观，经济萧条使得这个行业异常没有活力。1931年，海运量只有1928年的三分之一。世界上许多造船公司都因此削减了产量，加拿大的国营铁路公司也被迫廉价出售它的资产。其中价值200万的6艘货船，当时只卖到2万美元！尽管这样，仍然没有人敢将自己的钱投到这个上面。奥纳西斯却觉得机不可失，便昼夜兼程地赶到加拿大，倾其所有买下了这6艘船。

　　当时人们的反应是奥纳西斯疯了，然而，他的孤注一掷却成功了。随着第二次世界大战的爆发，海运业变得空前旺盛，这6艘船成了奥纳西斯活动的金矿，他一下子成了希腊航运业的巨头。

　　垒球安打很容易做到，盗垒却不是人人可为的。什么事都小心翼翼的人当然不会闯出什么大祸，但一个创业者如果老是讲求安全第一，那他的公司就不太可能快速成长。如果当年奥纳西斯没有孤注一掷的将自己的钱都投资在航运业，没有"斗胆"去买加拿大的那6艘船，那今天的航运业巨头还会是奥纳西斯吗？假如现在你已经有了自己的事业，就更要勇于去冒经过深思熟虑的风险，如果你总是

缔造富豪

让竞争对手去冒险，你只是跟在竞争者的脚步后面，那你的公司将永远是二流公司，永远无法成为业界的真正领导者。

"世界娱乐界之王"弗罗曼当年掌握着世界上几十个大剧院的命运，使几千个演员得以人尽其才，无论他是美国的、英国的还是法国的，他是戏剧界无可争议的拿破仑。弗罗曼之所以能有这样的成绩也是因为自己有着精准的判断力，并且能够果断的行动起来。戏剧《孙南多》在波士顿公演时失败了。当时三大著名的剧院经理都不敢接这部戏，他们并不看好这部已经失败了的戏剧，觉得它翻身的机会并不大。然而，1889年弗罗曼却把它买了过来。当时，弗罗曼戏剧界里的一位颇有名望的朋友说他的行为简直是发疯，这样做无疑是把钱往水里扔，但弗罗曼有自己的判断，并且最终用结果说服了别人——演出取得了非常巨大的成功。弗罗曼买下这个剧本，并不是一种鲁莽的赌博，而是立足于自己12年的戏剧经验所锻造的良好判断力。

良好的判断力与敢作敢为的冒险精神的完美结合成就了弗罗曼的伟大成绩。我们总在强调冒险，殊不知冒险一定要有这样精准的判断。毕竟，没有脑子的人想要成功是非常困难的。判断力是一种重要的思考能力，它能使你根据事实、数据、发现以及感觉来权衡形势、评估计划、方案和建议的价值。虽然良好的判断力与聪明才智有很大的关系，聪明人的判断力却不一定就是最佳的。美国电机工程奇才斯坦因米奇是个卓越的科学家，他晚上回家却经常迷路。马克·吐温是个文学巨擘，而他也曾宣告过破产。他们之所以能够成功就是受惠于自己良好的判断力。

准确的判断力和大胆的冒险之心，对于那些想要成功的人来说，二者缺一不可。如果弗罗曼当年只有冒险精神，却没有良好的判断力，看不出那个剧本巨大的成功潜力，就只能是莽夫的行为，而与鲁莽相伴相生的总是败多胜少。如果他只做出了良好的判断力，却不愿意去冒险，更不愿承担失败的风险，那他的成功最终也只能局限于大脑中的构想罢了。

太平洋汽船公司的总经理海涅斯曾经跟一个朋友讲过这样一件事：几年前他去一个大公司总经理的办公室里谈生意。谈论过程中，这位总经理的一个助理研究员给他送来了一个研究报告。这个报告是在这个总经理的示意下做的。海涅斯说自己从来没有见过那么好的调研报告，简直是令人叫绝的奇迹。这个助理研究员把一个复杂的问题，分析得异常精确。并且设计出了许多种方案，并预计了每一种方案可能产生的结果。整个的情况看起来就像玻璃一样清晰透明。

第四章　敢于冒险

　　总经理看出了海涅斯的惊讶,告诉他说这位研究员的脑筋是自己的好几倍,他几乎能分析任何一个问题并能提出非常不错的解决办法。而且人也很不错,训练有素,人际关系也好,却永远只能做自己的助理。

　　总经理的话让海涅斯更加惊讶,就问为什么这么说。

　　总经理说因为这位研究员不能决断。他可以分析事情有几个方案,并且预测可能的结果。但让他自己决定走哪条路,他却办不到。

　　有非常不错的判断力很好,你已经拥有了一个成功的先决条件,而且这个条件非常关键。但不能勇敢的去实行,又有什么用呢?一个人能看出6条不同可能的路,却对其中任何一条都没有信心走下去,又凭什么成功呢?

　　任何事情你觉得十拿九稳的时候,如果勇敢地实践也可能得到收益,但是这部分收益却很少。这就好比一块大蛋糕,本来你可以自己一个人吃,机会十拿九稳的时候已经是大蛋糕被分成了好多小块的时候,你拿到的只是其中一块。

　　沃纳梅克说:"想要等到资本积蓄够了才去做生意的人,肯定做不出什么大生意。"贸然地想只身游过安大略湖的人,和老是想等到湖水结冰后才从上面走过去的人是一样愚蠢的。聪明人会设法找一只小船摆渡过去,或是想其他更实际的方法到达彼岸。关键在于他能够针对问题做出相应的行动,当然这种行动是建立在能获得成功这一判断之上的。

　　在事业上能够取得很大成功的人,大都是能够将精准的判断力和勇敢行动结合起来的人。然而在很多时候,这种精准的判断力最初只表现为新奇的想法。

　　日本的清酒与中国江南的黄酒很相似,都是深受欢迎的普及型大众米酒,但日本的米酒在明治之前是比较浑浊的。很多人想了各种办法,都找不出使酒变清亮的法子。那时候,在大孤有一个名叫鸿池善右卫门的小商人,以制作和经营米酒为生。一天,他与仆人发生了口角,这个仆人怀恨在心,便伺机报复自己的老板。仆人在夜里将炉灰倒入盛满米酒的桶内,想让这批米酒变成废品,让主人吃亏。干完这个小勾当,这个卑劣的仆人便逃之夭夭了。

　　第二天早晨,善右卫门到酒厂巡查,发现了一个从未有过的现象,原来浑浊的米酒竟然变得清亮了。善右卫门又仔细看了一下,发现桶底有一层炉灰。他敏锐地感觉到这炉灰可能具有过滤浊酒的作用,他就想在这方面能否做出什么突破来呢?他没有坐等自己的灵感溜掉,而是立即着手进行试验、研究。经过无数次改进之后,终于找到了使浊酒变成清酒的办法,制成了后来畅销日本的清酒。

　　生活中,人们每天都有新奇的想法和念头闪现,绝大多数人却只是把它当成一个念头而已。即使他们知道这些念头中潜藏着巨大的商机,也很少采取行动。因为他们想到了太多的困难和不利后果,结果这些好念头最终只停留在了想想这个阶段。财富的成功获取者与穷困一生的人之间,往往也只是差那么一点点——一个是把新奇的念头紧紧抓住了,而另一个是把它轻易放过去了。

有人可能觉得为什么那些成功的人只要一个闪念就成功了,而有些人苦苦地希望成功,也做出了很多努力,最终还是一事无成。上帝太不公平了,对有些人那么青睐,而对另一些人却如此刻薄。

事实真的是这样的吗?未必吧!长期以来,米酒的浑浊就一直是身为酒商的善右卫门的心事,他曾经想过很多办法,也做过很多尝试,一心一意希望这米酒能变得清澈起来。虽然他也是一个闪念就促成了成功,但是这个成功却是建立在无数的、长期思索的想法上的。他的灵感乍现,是一颗热烈跳动的心换来的丰厚收获。

"一念之间"之所以能获得成功,就是因为在此之前,已经经过了千锤百炼。历史上因为一个闪念成功的例子不止日本清酒诞生这一个。

商业奇才,身家达数亿英镑的超级女富翁安妮塔·罗蒂克做化妆品生意之前,是个喜欢冒险的嬉皮士。她曾经尝试过许多职业,也做过不少生意,但都失败了。一天,她在与男友聊天的时候突然产生了一个神奇的念头,而她是那种想到就去做的人。于是,她按照那个念头去做了,结果,她成功了。

这个念头就是:为什么我不像那些卖杂货和蔬菜的一样,用重量或容量的计算方式来卖化妆品?为什么我不能卖一小瓶面霜或乳液……为什么不将化妆品的大部分成本花在包装上,以此来吸引消费者呢?

之后她开始按照自己的想法运作。然而,就在安妮塔费尽心机,用贷款得来的钱将小店开张的一切准备就绪时,一位律师受两家殡仪馆的委托将安妮塔告上了法庭。她要么不开业,要么改掉店名,原因是她的"美容小店"这种花哨的店名,势必会影响殡仪馆庄严的气氛而破坏业主的生意。

百般无奈之中,安妮塔又有了新的念头。她打了个匿名电话给布利顿的《观察晚报》,声称她知道一个非常吸引读者的新闻:黑手党经营的殡仪馆正在恐吓一个手无缚鸡之力的可怜女人——安妮塔·罗蒂克。这个女人事实上只是想在丈夫外出探险的时候开一家美容小店维持自己的生计而已。

结果《观察晚报》在显著位置报道了这个新闻,不少仗义正直的人们来美容小店安慰安妮塔。这不但让安妮塔解决了问题,还让她的美容小店尚未开张

第四章　敢于冒险

就已经名声大振。安妮塔尝到了不花钱就收到良好效益的广告的绝美滋味。在她日后的经营中，直至她的美容小店成为大型跨国企业，她都没有在广告宣传上花一分钱。

开业之初的热闹之后，有一段时间生意变得非常清淡，一周的收入只相当于开始时一天的收入。安妮塔苦思冥想，又有了出人意料的好念头。凉风习习的早晨，当市民们去肯辛顿公园的时候，总会发现一个奇怪的现象：一个披着卷曲散发的古怪女人沿着街道或草坪喷洒草莓香水，清新的香气随着晨雾四处飘散。人们驻足观看，忍不住发问：这个古怪女人是谁？她当然就是安妮塔。这个古怪女人，带着她的古怪草莓香水瓶，又一次上了布利顿《观察晚报》。她说她要营造一条通往美容小店的馨香之路，让人们闻香而来。她的生意因此重新兴旺了起来。

美容小店的一切都给人们一种与众不同的感觉：别致的包装，用装药水的瓶子装化妆品，标签是手写的——最开始是因为负担不起印刷费用，这个独特风格却在之后被保持了下去。她的产品没有说明书，只以海报的形式贴在店里，这成为了日后美容小店经营的显著风格。店里甚至有一段时间摆上了艺术品、书籍之类的东西出售。这一切使安妮塔的美容小店生意兴隆，不到半年时间，她在别人的投资下，就又开了第二间美容小店。很快，她开了第三间、第四间同样风格的小店……1978年，她的第一家境外连锁店在比利时的布鲁塞尔开张营业了。

……

无数事实告诉我们，那些让人羡慕的富豪的成功，就是因为本身有着精准的判断力，并且懂得为自己的判断力涂上成功的色彩，那就是果敢的行动起来。而他们的判断力也多半是源于自己的观察和敏感的市场嗅觉，能够看到商机，并且抓住商机。这就是他们成功的秘诀。

冒险不等于冒进

有这样一个故事：一个人问一个哲学家，什么叫冒险，而什么又叫冒进。哲学家就开始举例子说明了，比如有一个山洞，山洞里有一桶金子，你进去把金子拿了出来。假如那个山洞是个狼洞，你的行为就是冒险；假如那个山洞是个老虎洞，你的行为就是冒进。听完这些，这个人表示自己懂了。哲学家又说，假如那个山洞里只是一捆劈柴，那么，即使那是一个狗洞，你的行为也是冒进。

这个故事有什么寓意？它说明了冒险是这样一种东西：你经过自身的努力有可能得到，而且值得你得到。但那些你通过自身的努力，得到的东西不值得你得到，那就是冒进，任何努力都没有价值。

任何创业都需要胆量，需要冒险。冒险精神是创业家精神的一个重要组成部分，我们在前面也说了很多，没有冒险就会错失很多成功的机会。但创业终究不是赌博，创业家的冒险，迥异于冒进。

创业者一定要分清冒险与冒进的关系，要分清什么是勇敢，什么是无知。无知的冒进只会使事情变得越来越糟，使你的行为变得毫无意义，并且惹人耻笑。

我们鼓励冒险，却决不是在提倡蛮干。对于成功者而言，冒风险的前提是明了胜算的大小。作出冒险的决策之前，不要问自己能够赢多少，要问自己究竟能输得起多少。一点儿把握都没有就盲目冒险，人的胆量虽然大，但赌注下得越多，损失也就越大，离成功也会越来越远。

不过，一味地盲目等待就等于放弃成功机会。不要以为成功的机会已被别人抢光了，只要你学会适度冒险，善于思考，成功就不仅仅是你梦中的事！

要想在社会立足，必须学会如何正确地看待风险，学会如何理智地去冒险。

第四章　敢于冒险

不能因为害怕被树叶砸到头，就永远躲在家里不出来。

你若失去了财产——你只失去了一点儿；

你若失去了荣誉——你只丢掉了许多；

你若失去了勇敢——你就丧失了一切！

成功的路上记住：

1. 做别人不愿做的事情。
2. 做别人不敢做的事情。
3. 做别人做不到的事情。

第五章 ◎ 浑然天成的自信

要有自信,然后全力以赴——假如具有这种观念,任何事情十之八九都能成功。

——威尔逊

▲ 缔造富豪
　▲ DIZAOFUHAO

信心是创业者成功的入场券

　　美国《时代周刊》评论曾经说过这样一段话，"在21世纪，改变你命运的只有你自己，别期盼有人会来帮助你。从现在开始，学习、改变、创业是通往新世界的唯一道路"。创业的过程，是一个发现和捕捉机会，并由此创造出新颖的产品，提升服务，实现其潜在价值的过程。创业能否成功，与创业者的素质关系极大。

　　"你创业了吗？"这句当年美国硅谷人见面时的问候语，如今已经变成更多人的常用语。

　　创业就意味着冒险和付出，同时也意味着失败和挫折。盖茨苦熬了十七年才有了今天的成就，十几年的时间里这个亿万富翁每年的休息日只有几天，其余的时间全部在波诡云谲的商海中拼命厮杀。在经历了最初的创业冲动和付出之后，越来越多的创业者走向了成熟和冷静，对创业和成功有了更深的体会和理解。当然盖茨的创业经历无疑是最好的教材。

　　盖茨与微软，一个人、一家公司，从最初收购的DOS，模仿了苹果界面的视窗、几个办公软件、紧随网景的浏览器，随后打败了性能上超过Windows的IBM OS/2，最终成了今天的"王者"。这些软件虽然在设计出现的时候都不是技术最优的，但是微软和盖茨最终取得了胜利，并且占据了最大的市场份额。

　　盖茨的父亲老盖茨在谈及儿子最令他骄傲的地方时，谈到的第一点就是：盖茨是个非常自信的人。虽然老盖茨还诉说了盖茨的其他优点，比如说明白事理、洞察力强、工作拼命，而且有很好的判断力以及幽默等特点。老盖茨却把盖茨的自信放在了第一位，不能不令人相信，正是因为有了这样的自信，盖茨才取得了今天的成绩。

　　由创业带来微软的飞速发展，中间也经历了许许多多的挫折。但盖茨是自信的，再加上他的聪明，他的善于审时度势、抓住机会、果断决策，才有了今天我们看到的微软帝国。盖茨有个很大的长处，就是一旦他想到做什么事，就肯定有把握给自己找出一条路来。

盖茨凭着自己独到的眼光，坚信个人电脑的触角将进入未来每一个家庭中。也相信结合微处理器与软件将会大大改写过去以大型电脑为主的生态。更能在个人电脑革命的初期就掌握稍纵即逝的创业机会，其后又一直保持正确的企业方向，锲而不舍，再加上过人的生意头脑，终于成为全球首富与资讯业最具影响力的人士。

当盖茨离家到哈佛攻读学位的时候就曾发誓要在25岁之前成为百万富翁，这种自信是当时一般的年青人所不具备的。事实证明盖茨也确实做到了，等到他30岁的时候，他已经成了一名家财亿万的富翁。而且还在此基础上继续前进，连续十多年稳居世界富豪榜的首位。我们由此可知，有把握的信念确实能够发挥无比的威力。

盖茨自信的由来也是有原因的，他在数学和电脑编程方面的天才让他在这个领域充满了信心。从最初的为阿尔塔计算机编写BASIC程序开始，盖茨就对自己的计算机水平和创业能力充满了自信。在短短的八个星期里，盖茨和艾伦竭尽自己所能，终于写出了一套程式语言，造成一连串的改变，扩大了电脑的世界，也因此使得个人电脑问世。

盖茨和艾伦完成这个几乎不可能完成的任务后，这一惊人的创举也在电脑爱好者中激起了波澜——因为此前从来没有人完成过类似的事情。

正如数千年来，人类便一直认为要四分钟内跑完一英里是件非常不可能的事。但当1954年罗杰·班尼斯特凭借极为强烈的信念，打破了这个信念障碍后，随后的一年里竟然有三十七个人进榜，而在这之后的一年里更高达三百人之多。这也印证了美国作家爱默生的话"自信是成功的第一秘诀。"

当然，不得不提的一点是，最初的盖茨也并不是在任何方面都表现的十分自信。盖茨在六年级的时候个头很小、生性腼腆，完全是一副十分需要保护的样子，还被父母送去看过心理医生。有一次他竟然为了邀请一个女孩去参加学校的舞会而整整愁了两个星期，最后还是被那个女孩拒绝了。直到进入大学，盖茨仍然属于那种不善交际的家伙，腼腆又拘谨，不喜欢抛头露面。盖茨的改变，应该归功于鲍尔默，正是在鲍尔默的带动和强迫之下，盖茨才参加了更多的社交活动。

鲍尔默曾多次劝说盖茨参加"卡雷"男子俱乐部。在首次参加俱乐部活动的仪式上，鲍尔默让盖茨穿上礼服，并蒙上他的眼睛，将他带到学校的自助餐厅。

缔造富豪
DIZAOFUHAO

鲍尔默强迫盖茨向在场的其他人谈计算机方面的事。这些锻炼为盖茨日后的商业谈判积累了一定的经验。不过后来当他的企业滚动发展到足够大的地步时，盖茨最终还是把这个管理的重担交给了鲍尔默。

后来，随着微软事业的不断壮大，盖茨对软件行业的自信心也越来越强。在公共场合，人们经常能够看到盖茨那堪比蒙娜丽莎的笑脸。无论什么时候，无论是在面对微软将被"一分为二"的时候，还是面对美国在线时代华纳和雅虎逼迫的时候，亦或是面对liunx等众多新秀要重新瓜分市场的时候，盖茨都是这样一副笑脸。这张笑脸代表的是盖茨的自信，也是对对手施加精神压力的武器，更是微软的一块金字招牌……

在美国《华尔街杂志》的一篇有关企业家的文章中得出结论：成功的企业家都具有能感染他人的强烈自信。创造者和创新者都是对自己"深信不疑的"。他们相信自己，相信自己的决定。对失败的担心往往使其他类型的人们感到气馁，但创造者和创新者对自己的想法充满信心，对失败的担心决不可能吓倒他们。我们甚至可以这样说，强烈的自信或许比其他任何品质都更能充当通向重大成就和极大快乐的门户。

正如"微软"一位高层人士所说的，"微软"自1992年就已经开拓了中国市场。尽管也曾遭遇过一些失败，但盖茨对中国软件业发展的信心和中国软件市场的看好始终不变。也正是因为盖茨对软件行业和市场有着充分的信心，他才能在事业上充满无限的激情，也因此多次穿梭于美中两国。有了这样的激情，盖茨才能说服别人拿出激情的工作，而他的目标是让所有的电脑都用上微软公司的软件，这需要所有人都要一直充满激情的工作。

创业者的激情也是说服员工加入创业者公司最重要的法宝和利器。毕竟，对于员工来说，加入一个创业者的公司基本上就意味着两点：工资更低，工时更长。对此盖茨说服员工的重要武器就是：在一个创业公司里工作，员工会有更多的快乐，同时优秀的员工还会拥有值得期待的股票期权。

盖茨就是这样一个充满自信的乐观主义者，他有着令人敬畏的自尊。他为了实现自己的信念而孤独地走在前无古人的路上。他从容不迫地对待所有的灾祸和不幸，不让盛衰沉浮损害自己的眼力，也不让它们改变自己的目的。创业"游戏"是他一心向往的游戏，而游戏在他看来就是娱乐。盖茨以他积极的心态充满活力地不断创业和创新，防卫和守业跟他的行动方式是不合拍的，他只是进攻和创业。

事实上，人的意志可以发挥出无限的力量，也同样可以把梦想变为现实。要

第五章　浑然天成的自信

对自己有信心，对未来有信心，要坚信成败并不是命中注定的事，而是要靠自己的努力，更要坚信自己能战胜一切困难。世界上没有永远的冬天，更没有永远的失败；在艰难和不幸的日子里，要保持斗志、信心和忍耐，最终，成功是会不期而至的。

要坚持瓦伦达心态

有一种说法叫"瓦伦达心态",指的是专心致志于做事而不去管这件事的意义、不患得患失的心态。这种说法源于瓦伦达,他是美国一个著名的高空走钢索表演者,他曾经有过很多次成功的演出,给众多观众带来过视觉上的惊险盛宴。据他妻子说,以前每次成功的表演,都是因为他只想着走钢索这件事,从来不去管这件事可能带来的一切后果。但是后来在一次重大的表演中,他不幸失足身亡。他的妻子事后说,她已经预料到这次演出可能出问题了。因为在这次表演还没有开始的时候,瓦伦达就总是不停地说:这次太重要了,不能失败。这和他以前任何一次表演都不一样,他已经失掉了往日的镇定和从容,失掉了往日的自信,最终只能迎来这样的结局。

瓦伦达之所以失败是因为他已经失掉了自己往日拥有的瓦伦达心态,他已经忘记了自己原来是非常自信的了。凡事只要行动起来就会有一个主要的好处,就很容易到达"瓦伦达心态"。因为人一旦进入行动状态后,就来不及再想别的。逼上梁山的人往往能背水一战,这样子一条路走到黑,反而容易成功。

但丁有一句话,世人皆知,那就是:"走自己的路,让人们去说吧。"这其实和瓦伦达心态非常的相似,能说这句话的人要么是对待自己的事业非常自信的,要么内心是淡定从容的。而那些人之所以内心淡定从容也是因为他们对自己的一切是有自信的。无论是走在地狱还是天堂,向着目标,心无旁骛地前进,这是每一个成功人士必备的素质。

在我们小的时候,几乎都写过类似的作文:我的理想。大家的理想不尽相同,但是几乎都是要做杰出的人,要有精彩的人生。因为这些理想是那么宏大:做伟人,成为世界首富,策划许多有创意的事。

第五章　浑然天成的自信

但是后来呢？等你长大以后呢？当你长大到足可以去实现自己的理想的时候，四面八方的压力就一拥而至了。你耳边会不断萦绕着别人对你理想的议论："别做白日梦了"，你的想法"不切实际、愚蠢、幼稚可笑"，"必须有天大的运气或者贵人相助才能成功"。

在这些议论的连番轰炸之下，你会怎么做？事实证明，很多人要么完全放弃，要么半途而废。当然，也有人坚持，但是那是少数。不是事情绝对不可能成功，而是太多的消极意见使人们丧失了成功的自信。只有那些意志坚定的相信自己可以成功的人才能冲破这些消极意见，最终走向成功，而且是接连不断的成功。

有一次，住在田纳西曼菲斯的克莱伦斯·桑德到当时新兴的快餐店去吃饭，他看到这里生意这么兴隆，人们排着长龙来这里吃饭。吃饭的时候，一个灵感撞上了他的脑袋：能不能在杂货店里也创新一下，采用这种让顾客随意挑选自己包装的形式呢？

随后他就把自己的这个念头说给了老板听，没想到却遭到了老板的大声呵斥："收回你这个愚蠢的主意吧，怎么能让顾客自己选择，自己包装呢？"

也许有的人在听了这样的呵斥后，会灰心丧气，毕竟当时的克莱伦斯·桑德只是个平凡的小伙计。然而他没有，他坚信这样的方式一定可以给顾客营造一种更轻松、更自在的购货环境。

桑德最终辞去了公司的工作，自己开了一家小杂货铺，并且引进了他想到的全新的经营理念。很快，他的小店就吸引了许多的顾客，逐渐的门庭若市，生意兴隆了起来。后来，他又接二连三地开了很多家分店，也取得了巨大的成功。这就是当今风靡全球的超市的先驱。

假如克莱伦斯·桑德在开始的时候就听从了老板的话，将自己的"新鲜"念头扼杀在萌芽状态，结果会是怎么样？好在历史没有假如，克莱伦斯·桑德听从了内心的旨意，自信地认为自己可以做到更好，最终也取得了成功。

也许我们不能说拥有自信就可以成功，因为决定成功与否的因素非常多。但是我们可以完全肯定地说，自信是成功的一半。不抱着这样的观念，成功是不会光顾你的。

在历史上，曾经有很多名垂青史的人，在很小的时候或者是在事业开始的时候几乎受到了近乎残忍的判定。

贝多芬学拉小提琴的时候，技术并不高明。他宁可拉他自己作的曲子，也不

缔造富豪

肯做任何技巧上的改善。他的老师给他的评价是他绝不是个当作曲家的料。但是后来贝多芬的成就，有目共睹。

歌剧演员卡罗素美妙的歌声享誉全球。当初他的父母希望他做的却是工程师，而他的老师则说卡罗素的那副嗓子是不能用来唱歌的。

达尔文当年决定放弃行医的时候，遭到父亲严厉地斥责："你为什么放着正经事不干，整天只管打猎、捉狗、捉耗子什么的？"而达尔文也透露，他在很小的时候，几乎所有的老师和长辈都觉得他资质平庸，是与聪明沾不上边的。但是后来，达尔文发表的《进化论》，享誉世界。

爱因斯坦4岁的时候才会说话，7岁才能认字。老师给他的评语是："反应迟钝，不合群，满脑袋不切实际的幻想。"他还曾有过退学的遭遇。然而，后来的爱因斯坦的成就，有人不曾听闻吗？

罗丹的父亲曾抱怨自己有个白痴儿子。在众人眼中，他几乎是个彻底的前途无"亮"的学生，艺术学院曾经考了3次也没考进去。他的叔叔曾绝望地评价他说：孺子不可教也。

……

曾经有一位著名的演说家，在一次讨论会上，面对着会议室里200多人，没有继续往日的高谈阔论，而是拿出一张20美元的钞票，问大家谁要这20美元？大家争先恐后地表示要。演说家说自己决定把这张钞票送给在座的某一位，前提是要允许他做一些事。演说家将钞票揉成一团，问谁要，仍然有人高举着手。后来演说家将钞票扔到地上，又踏上一只脚，并且用脚碾它。尔后他拾起钞票，钞票已变得又脏又皱。继续问谁要，还是有人高举着双手。演说家后来总结说，无论自己怎么对待那张钞票，还是会有人回答说要。原因就是因为这张钞票没有贬值，它依旧是原来的20美元。其实在我们人生的路上，会遭遇很多的逆境和挫折，甚至被这些碾得粉身碎骨。但其实我们还是我们，价值没有减一分一毫。我们在上帝眼中无论是肮脏还是洁净，衣着齐整还是不齐整，我们依然是无价之宝。

如果上面那些几乎妇孺皆知的伟人们，没有坚信自己的路能走下去，自信地认为自己能够成功，而是被别人的不好的评论所左右，那么，他们今天也许和众多的人一样默默无闻。每一块石头都是不同的，之所以要坚持走自己的路，完全是因为我们每个人都是世界上独一无二的——永远要坚信这一点。

第五章 浑然天成的自信

自信，然后才有一切

杰克·韦尔奇曾经说过，有自信，然后才有一切。然而，现实生活中总是有人不敢继续走自己的路，关键就在于缺乏自信。有很多例子可以证明，自信对于成败来说有着非常关键的作用。

尼克松作为美国20世纪70年代的总统，就曾经败给过自信。而这次因为缺乏自信的失败，使他付出了沉重的代价——他毁掉了自己的政治前程。

1972年，尼克松竞选连任。在尼克松第一个任期内的政绩美国民众是有目共睹的，他成功结束了美国在越南的战争，改善了与苏联和中国的关系。所以对于他的这次竞选，大多数政治评论家都预测尼克松将以绝对的优势获得胜利。

然而，尼克松本人却并不这样认为，过去几次失败让他觉得自己的胜算非常的渺茫。失败给他造成严重的心理阴影，致使他没有办法不担心这次关乎自己政治生涯的竞选。我们知道在潜意识这个东西的驱使下，人会作出很多与一般状态下大相径庭的事儿。尼克松的担心最终也使他鬼使神差地做出了令他终生后悔的蠢事——他指派手下的人潜入竞选对手总部的水门饭店，在对手的办公室里安装了窃听器。在事发之后，他又连连阻止调查，推卸责任，在选举胜利后不久便被迫自动辞职。我们不得不慨叹，原本稳操胜券的尼克松，就是因为缺乏自信才导致了这样的惨败。这就是当年震惊世人的"水门事件"，尼克松也因此成为美国历史上第一个自动离职的总统。

其实无论做任何事，只要你坚信自己可以，就一定会成功。尽管我们会遇到艰难和挫折，成功依然在原来的位置等着我们啊。任何时候都要相信，你——可以做到！

小泽征尔是世界著名的交响乐指挥家。在一次世界优秀指挥家大赛的决赛

缔造富豪
DIZAOFUHAO

中,他按照评委会给的乐谱指挥演奏,结果敏锐地发现了不和谐的声音。开始他以为是乐队演奏出了错误,就停下来重新演奏,但还是发现了那不和谐的声音,这时候他就肯定是乐谱有问题。当他提出这个问题的时候,在场的作曲家和评委会的权威人士都坚持说乐谱绝对没有问题,是小泽征尔错了。面对一大批在世界上赫赫有名的音乐大师和权威人士,小泽征尔思考再三,最后还是斩钉截铁地大声说:"不!一定是乐谱错了!"他话音刚落,评委席上的评委们立即站起身来,对他报以热烈的掌声,祝贺他大赛夺魁。

他事后才知道,这原来是评委们精心设计的"圈套",以此来检验指挥家在发现乐谱错误并遭到权威人士"否定"的情况下,能否坚持自己的正确主张。前两位参加决赛的指挥家虽然也发现了乐谱的错误,但没有在权威人士的否定下坚持自己的主张,而是随声附和,最后被淘汰了。小泽征尔就是因为充满自信地反抗才摘取了世界指挥家大赛的桂冠。

这是两个截然不同的例子,尼克松本来胜券在握,因为不自信最终败走麦城。而小泽征尔却因为自信,最终获得了殊荣也赢得了财富。

也许有人会说,我前面有不可逾越的鸿沟,要我怎么成功呢?我不能成功才是正常的,我要是成功了就是超人了。

但是你问过自己吗?是什么导致的自己不能成功?真的是眼前的困难吗?还是自己没有自信?前段时间看过一则新闻,讲的是一群被困在矿井中的工人,与外界断绝了一切联系,其中只有一个人有一块手表,可以知道时间。他们在井下一分一秒地捱着,由这个戴手表的人每十分钟给大家报一次时。最终只有这位爱戴手表的人牺牲了,其他人却只是受了轻伤。为什么会这样呢?就是因为这位戴手表的人在给大家报时的时候,不是每十分钟报一次,而是每过半个小时当十分钟报一次,这样是为了坚定大家继续活下去的信念。但他自己却因为知道确切的时间而丧失了活下去的信念,最终牺牲了。如果你坚信自己可以成功的脱险,可以顺利地渡过危险,就会爆发出战胜一切的力量。在别人看来已经注定要失败的时候,成功地站起来。这就是为什么那些世人敬仰的富豪能屡屡成功,并且拥有那么多让人羡慕的财富的原因。

如果不信的话,你也可以试一下,也许你也可以成功地把一把斧头卖给美国总统。

2001年5月20日,美国一位名叫乔治·赫伯特的推销员,成功地把一把斧子推销给了小布什总统。这在大家看来也许是不可能的,毕竟美国总统不是一般

第五章　浑然天成的自信

人。但是，乔治·赫伯特做到了，他也因此得到了布鲁金斯学会颁发给他的一只刻有"最伟大的推销员"的金靴子。而这也是暨1975年该学会的一名学员成功地将一台微型录音机卖给尼克松后，又一学员跨过了如此高的门槛。

布鲁金斯学会以培养世界上最杰出的推销员著称于世，它创建于1927年。这个学会有一个传统，就是在每期学员毕业的时候，都需要做一道最能体现学员推销员能力的实习题。在克林顿当政期间，这个学会出的题目是：请把一条三角裤推销给现任总统。但是8年的时间里，有无数个学员为此绞尽脑汁，最后都无功而返。在克林顿卸任以后，布鲁金斯学会把题目变成了：请将一把斧子推销给小布什总统。

很多学员还没有尝试就宣布放弃了，因为八年前的失败和教训还在眼前，时时提醒着大家不要忘记。个别学员甚至很肯定地认为，这道毕业实习题会和克林顿当政时候一样没有结果。因为小布什总统现在什么都不缺，就算是缺什么东西，也用不着他亲自购买。再退一万步说，即使他去亲自购买了，也不一定能正好赶上你推销的时候。

然而，乔治·赫伯特却出人意料地做到了，并且没有花多少时间。他在讲述自己是怎么做到的时候是这样说的：我觉得，把斧子推销给小布什总统是完全可能的。因为小布什总统在得克萨斯州有一座农场，那里长着许多树。基于此，我给总统先生写了一封信。信上说，有一次，我有幸参观了您的农场，发现那里长着许多矢菊树。有些现在已经死掉了，木质已开始变得松软。我想，您现在一定需要一把小斧头。但从您现在的体质来看，这种小斧头显然不适合您用，您需要的是一把不甚锋利的老斧头，现在我这正好有一把这样的斧头，它是我祖父留给我的，非常适合砍伐枯树。如果您有兴趣的话，请按这封信所留的信箱，给予回复……最后我就收到了总统先生给我汇来的15美元。

乔治·赫伯特成功后，布鲁金斯学会在颁发给他金靴子的时候表彰道：金靴子奖已经设置了26年。26年的时间内，布鲁金斯学会培养了数以万计的推销员，也造就了数以百计的百万富翁。但这只金靴子之所以没有授予给他们中的任何一个人，就是因为我们一直在寻找这样一个人——这个人从不因为有人说某一目标没有办法实现而放弃，也从不因为某件事情难以办到而失去自信。

乔治·赫伯特的故事在世界各大网站公布之后，人们纷纷搜索布鲁金斯学会的网站，由此发现了这样一句格言。相信这也是众多布鲁金斯学员成功的经验总结：不是因为有些事情难以做到，我们才失去自信，而是因为我们失去了自信，

▲ 缔造富豪
▲ DIZAOFUHAO

有些事情才显得难以做到。

　　事情一直都是这样，它摆在那里，等待我们去摘取成功的硕果。如果你相信自己可以，就一定可以。这并不是有些人眼中的唯心，而是绝对的真理。不是也有人觉得推销给总统东西是难如登天的事情吗？乔治·赫伯特不是一样做到了吗？困难是弹簧，你强它就弱，你弱它就强。不是困难大到你无法征服，而是你内心的想法无形之中将困难放大了，大到将你的自信挤压到所剩无几。而困难正是趁这样的机会，占据了你的内心，使得你最终败下阵来。争取财富的路程已经变得异常艰辛，因为有那么多的人都想着拥有财富。这个时候你更要坚定自己的信念，因为只有这样，你才能在风云变幻的商场永远占有一席之地，最终拥抱财富。

第五章　浑然天成的自信

反对意见无效

　　如果你告诉一些处境与你相似的朋友：总有一天我会成为某家大公司的副总裁，试想一下会出现什么样的情况？你的朋友一定认为你在开玩笑吧，即使有人相信你真的能成功，他也可能会说："傻小子，你以为你是谁啊？别做白日梦了！"可能背地里他们说的话会更难听。为什么会有这样的猜测？就是因为现实生活中我们几乎都是这样评价那些敢于表白理想的人。

　　如果你有勇气将自己的想法重复给某家大公司的总裁听，你觉得他会有什么样的反应？有一样我们是可以确定的，就是他绝不会大声地嘲笑你。他会专注地听，然后问："很好，小伙子，你真有这个意思吗？"大人物绝不会嘲笑一个人的理想，因为他们深刻了解这份自信的可贵。

　　再比如，当你告诉你那些平凡的朋友，你计划买一辆百万美元的汽车时，他们也多半会嘲笑你，因为他们认为那是不可能实现的事。但是如果你告诉那些已经拥有百万美元汽车的人你的理想，他们就会觉得这并不稀奇。因为他们知道这是非常可能的事儿，而他们已经成功实现了这个梦想。

　　加州大学经济学家伊渥·韦奇曾经说过："即使你已经有了主见，但如果有10个朋友看法和你相反，你就很难不动摇"。这也就是被称为"韦奇定理"的著名论断。

　　这个论断很好地说明了一个问题，那就是很多人在面对反对意见的时候，根本就不能坚持自己的信念，他们的内心是很容易就被征服的，因为他们的自信本来就少得可怜。

　　如果你仔细观察就会发现，那些认为你某种宏大的理想不能实现并因此嘲笑你的人，大都是些没有成就的平庸之人，信他们的话就是自掘坟墓。如果你坚信

缔造富豪

他们的话，那你最终可能连尝试的勇气都会失去，更不要说成功了。

这个世界有很多消极的人，他们总在别人成功的路上扮演拦路虎的角色。更让人无语的是，他们消极的思想很多时候会感染很多人。事实上，消极的人不一定就是坏人，他们往往有非常善良的品性，只不过就是缺乏工作的热情和勇气。不过这些人的缺点也很明显，就是他们见不得别人比自己好。看到别人上进他们就会妒忌他，他们希望这些人和自己一样平庸。所以，如果你身边真的有这样的朋友的话，就一定要小心了，因为即使是一个世界冠军，也可能会死在一只小小的苍蝇手里。

1965年9月7日，世界台球冠军争夺赛在美国纽约如火如荼地进行着。路易斯·福克斯的得分一路遥遥领先，只要再得几分他就是绝对的冠军了。就在这个时候，他发现一只苍蝇落在了主球上，他挥手将苍蝇赶走了。但这只苍蝇非常的讨厌，当路易斯·福克斯俯身击球的时候，那只苍蝇又难缠地飞回到主球上。路易斯·福克斯在观众的笑声中再一次起身赶走了苍蝇，这只讨厌的苍蝇同时也破坏了他的情绪。而且更糟糕的是，苍蝇好像也觉察到了路易斯·福克斯的坏情绪。当路易斯·福克斯一回到球台，苍蝇就又飞回到主球上来，这只在观众看来如此好玩的苍蝇引得他们哈哈大笑。路易斯·福克斯的情绪坏到了极点，最终失去理智，他愤怒地用球杆击打那只讨厌的苍蝇。球杆碰到了主球，裁判判路易斯·福克斯击球，他因此失去了一轮机会。这之后，路易斯·福克斯方寸大乱，连连失利，他的对手约翰·迪瑞却愈战愈勇，赶上并且超过了他，最后成为冠军。第二天早上，人们在河里发现了路易斯·福克斯的尸体，他投河自杀了！

原本那么有希望成为世界冠军的人居然被一只小小的苍蝇击倒了！这绝对称得上是一件不幸的事情吧？事实上，我们都知道，如果福克斯采取另一种做法，继续击他的球，不要理苍蝇。当他的主球飞速奔向既定目标的时候，苍蝇还站得住吗？它肯定知趣地不撵自走，飞得无影无踪了。

真正使福克斯方寸大乱的，不是苍蝇，而是观众的笑声。这些笑声使得他失去了往日的镇定和从容，变得没有了章法。在日常生活中，这样的"苍蝇"并不少见：当你的事业刚刚起步的时候，或当你领导的一项改革计划被实践证明是有益的、你准备大力推进的时候，人群之中都会有很多刺耳的闲言碎语传出来……有人听到这样的闲言碎语就停下了自己的脚步，改变了自己的方向，把精力转到对付闲言碎语上来。这些人的心态和做法跟路易斯·福克斯又有什么两样呢？最终的结果你觉得可能会是非常圆满的吗？

第五章 浑然天成的自信

如果你是一个想要成功的人，想要最终拥抱财富的人，那就告诉自己：当"苍蝇"落到你的"主球"上的时候，不要理它，专心致志地击你的球吧！坚定自己的信念，相信自己，那无论多少只"苍蝇"飞过来，你也不会被分神的。而当你的主球飞速奔向既定目标的时候，那只苍蝇自然而然就会飞走了。

当年一个年薪12万美元的年轻经理曾经讲过一个关于他自己的故事：在他被任命为发展部主任的时候，公司只给了他两个人。而且当时公司也没有下达具体任务，指导他们怎么做。他们经过无数次的市场调查和分析研究后，看准了一项前景非常可观的项目。但在后来具体操作的过程中，接踵而至的困难和别人的闲言碎语几乎打垮了这个经理，让他萌生了放弃的念头。就在他马上要放弃的时候，他想起董事长给他的那封信，他告诉过他让他在最困难的时候打开它。这位经理打开了那封信，信上只有一句话：年轻人，如果你这时已经认准了一条路，就要坚定不移地走下去，因为从来没有一条成功的路是别人帮你走出来的。

就是因为这句话，不仅使他渡过了难关，而且让他一直走到了今天，现在他已经成了一个大公司的老总。

如果这个年轻的经理面对那些困难和闲言碎语的时候，没有继续坚持自己的路，而是放弃最初的信念，今天的他就多半会是默默无闻的，而且以后想要成功也不容易，除非他能够改变自己面对困难时的想法，能够战胜自己的心魔。如果你不能战胜自己信心动摇时的心魔，也许最终你真的会一事无成。

30年前，当痴迷面包的巴黎青年波廉从自己父亲手中接下面包房的时候，他就决定不再做什么新口味的面包，而是重新找回几乎已经被人们遗忘了的老口味面包。

在别人的协助下，波廉花了两年的时间，登门求教了10000多个烘焙面包的老师傅。在这期间，他尝了75种从未吃过的面包，同时收集了2000多册有关面包的书籍，悉心阅读。经过这样细致的研究，波廉发现法国面包原本是黑面包，而不是现在人们熟悉的白面包。原先在法国，传统的黑面包一向是普通人家吃的。但二战后，来自外地的白面包因为象征着富有和自由的意义，很快就成了新宠，黑面包也因此而销声匿迹了。有了这一发现，波廉就决定将自己的全部精力投入到烘焙复古味的黑面包上。

实际上，面包师的工作并不特别复杂，也不十分困难，但必须全神贯注。如果稍不留神，面包的味道就会完全不同。在常年的操作中波廉发现，仅3种相同的原料就能做出千种不同口味的面包。水与面粉的混合比例、生产地的气

缔造富豪

候、发酵时间，甚至烤炉设计及燃料来源等都会影响面包的味道。经过数年的烘焙，波廉最终明白——最好的面包应当用砖及黏土制造的烤炉来烘烤，而且燃料一定要用木材。只有这样，送到其他地方再加温时面包才能保持原味。而在以后的日子里，波廉也是坚持这样做的。随着他烘烤面包的手艺越来越精，黑面包吸引的顾客也越来越多。从巴黎到全法国再到世界各地，波廉的黑面包受到了热烈的追捧。

顾客满天下的波廉除了精心烘烤面包，还将他对面包的研究过程以及心得写成了一本书。这本书至今仍是法国各地烹饪学校的必备教科书之一，而波廉正是凭借着不为人所看中的黑面包，成就了自己辉煌的人生。

生活中很多人可能都有这样的渴望，希望自己能够事业有成。然而你的伟大业绩可能总也离不开像科学巨匠、文艺大师、体坛巨星这样的名词，你受周围人群的影响如此之深，以至于你从不把那些卑微的工作放在眼里。你觉得如果从事那样的职业一定会遭人嘲笑，很多时候你宁愿无所事事，也不愿从事诸如烤面包这样"没出息"的工作。原因有很多，可能是你小时候路过专心致志烤面包的波廉身旁时，你的父母曾经指着他教训你："你要是不好好努力，将来就要像他一样烤面包！"你也不止一次地听别人说过类似这样的话，等你长大成人，有了自己的孩子，你可能也会这样教育自己的孩子："再不好好努力，将来就让你去烤面包"。然而，庆幸的是，波廉没有把时间白白的浪费在顾及周围人的流言蜚语上。他一门心思想要好好走自己的路，相信自己的选择是正确的，并且将自己的热情全部投放在自己热爱的事业上。结果，当波廉凭借着被众多人鄙视的黑面包走出一路辉煌的时候，同样渴望辉煌，但是看不起烤面包职业的你，却仍然是两手空空。这个时候为了照顾自己的面子，你可能又会找出各种各样的理由：自己家境贫寒，自己天赋平庸，自己时运不济。但你是否真的问过自己，你曾经真的坚定地走过自己认定的路吗？你真的相信过自己的选择是正确的，并且一直走下去吗？

传说上帝在造人的时候，也顺便为每一个人造就了一条走向成功的路。有许多人死去后找到上帝，埋怨上帝欺骗了他们，因为他们到死也没有找到那条通向成功的路。

上帝不急不恼，面带笑容地对他们说，回首看看吧，你的无数个足迹其实都在成功的路上，只是因为你无数次中途改变了方向，才使你最终偏离了成功的方向。

第五章　浑然天成的自信

那些嘲笑你梦想的人就是可能导致你偏离成功方向的因素，尽量远离他们，不要让他们阻碍你前进的步伐。

▲ 缔造富豪
　DIZAOFUHAO

自信源于专注

　　在人的一生，有很多机会可能成功，但是现实生活中成功的人并不多。对此有人可能会说，我没有这样的机会，现在社会纷繁复杂，根本不知道做哪一行是最挣钱的。相信也有很多人会赞成这种说法，新职业每天都在更新，没人知道究竟哪一行才是最走俏的。不过如果你看一下那些成功的富豪的经历，就会发现这并不是什么难办的事。

　　比尔·盖茨曾经说过："我之所以取得了成功，是因为我一生只选定了一把椅子。"

　　这应该是最好的回答了吧？任何一个人一生的精力都是有限的，如果你能把有限的精力投入到一件事上，产生的价值将是无限的。

　　在各种各样的商战中，其实并没有什么绝对的妙招，也没有类似葵花宝典的东西，可以帮助你对付各种各样的"敌人"。那些已经成功的富豪本身也是凡人，他们能够走到今天，就是因为他们比我们更早的明白了这些道理。这个社会就是这样，谁在竞争中领先一步，谁就能在行动中占有取胜的主动权。

　　很显然，盖茨的成功离不开他的专注精神，比尔·盖茨能成为软件业的霸主，聪明并不是第一位的，是他的专注才成就了他今天的一切。由于他对计算机情有独钟，才能将全部的精力都集中在计算机上。这使得他能及时了解有关计算机的一切，从而能够把握住每一个走向成功的机会。

　　早在1968年秋天，在湖滨中学上学的比尔·盖茨第一次接触计算机。这个神奇的东西很快便深深吸引了他，他疯狂地迷恋上了计算机。很快，八年级学生盖茨便挤进了高年级学生的圈子。他们老师所知道的所有的计算机知识，盖茨一星期的时间就已经超过了。

第五章　浑然天成的自信

在那个计算机刚起步的年代，上机编程简直太昂贵了，尽管它那么奇妙、那么吸引人。但聪明好学的盖茨总在不断寻找甚至创造机会去上机编程序。那个时候，盖茨常与伙伴们一起乘车到湖滨中学附近一家新办的计算机中心公司编写程序。盖茨经常是一直忙到累得无法继续了才回家。他和自己的伙伴们常常是一边吃着从附近食品店买来的面包，一边忙着编程序工作。而在伙伴当中，盖茨是表现最顽强的一个。在家里，他常常为了一个问题的困扰，费尽心机地苦苦思索。在他的房间里，到处都是电传纸和计算机纸，成卷成叠的。

在晚饭后，兴趣高涨的比尔·盖茨经常是假装上床睡觉。等父母睡着之后再偷溜出家门，坐十来分钟的汽车去计算机中心公司继续他的编程工作。偶尔他因为回来得太晚，汽车已经停运了，没办法他只好走路回家。但他却不觉得辛苦，仍然乐此不疲地继续着。

等比尔·盖茨到了哈佛大学，学习计算机的条件就比原先优越得多了。盖茨简直如鱼得水，他以极大的精力投入到了计算机学习中。经常是为了赶一个程序，他一干就是36个小时以上。有时困了，就趴在桌面上睡着了，醒来后继续工作。每当忙完工作，盖茨一回宿舍拉过毯子就能倒头便睡。有时忙得太投入了，以至他在盖着电热毯熟睡时，都还在惦记着计算机的事。在一个凌晨的3点，盖茨开始说梦话，他一遍遍地说："一个句号，一个句号，一个句号，一个句号……"

后来，盖茨的父母要盖茨读研究生院，不让他开公司。盖茨顺从了父母的意愿，攻读了研究生课程，但他感兴趣的仍是开办公司。处在历史即将发生巨变的关键时刻，正像汽车和飞机发展史上曾经历过的那种关键时刻，他们确信计算机工业的触角最终将伸向市场核心力量——广大的人民群众当中。如果这一点可以真正实现的话，就会引发一场意义深远的技术革命。而盖茨和艾伦英雄所见略同，于是他们开始收集资料，最终开办了自己的公司。

在盖茨的生活中，他只重视那些他感兴趣的重要东西，对其他事物几乎一概不管。无论是课程、衣着，还是睡觉、社会交际等。尽管那时家里非常富有，盖茨也总是穿得比别人破。在生活中，他有非常坚强的意志力，能不被欲望左右。盖茨在哈佛求学时，几乎没有追求过任何女子，也没有与任何人有过约会，尽管他有过许多这样的机会。因为，盖茨留意的，绝不是这些方面。

而这些最终使得比尔·盖茨成为这个行业的佼佼者，因为熟知这个行业的一切，就如同看自己家的一个用品，自然会由衷地升起一股自信，帮助他继续以后的征程。这种自信就是靠着这样的专注最终炼成的，没有专注什么都可能得不到。

比尔·盖茨说："如果你没有当场消除干扰的能力，那么你就失去了取得胜利的机会。"事实确实如此，只有专注的继续自己的事业，你才可能真的拥有成功。

有人说，世界上最宝贵的是时间。但在我看来，有一样东西比时间更宝贵，那就是人的精力。如果要我在抓紧时间和集中精力之间选择，我将毫不犹豫的选择后者。为了利用琐碎的时间而搅乱注意力，是一件得不偿失的事情。

美国著名作家卡尔·桑德堡著有六卷本的《林肯传》，并因此获得1940年普利策历史著作奖。桑德堡花了好几年的时间来写作《林肯传》，那时他住在密执安湖边。每天早上，在固定的时刻，他都会出现在湖边的沙滩上，一边低头漫步，一边聚精会神地构思。当地人说他几乎天天如此，并且非常准时，甚至可以用他来对自己的表。有几位邻居决定跟桑德堡开个玩笑，他们便花钱请来一位又高又瘦的演员。一天早上，他们给这个演员戴上长胡子和一顶高帽子，穿上大衣，披上披肩，然后让他朝桑德堡慢慢走去。他们躲在远处，偷偷看着，想知道会发生什么情况。只见两人慢慢走近，又交错而过，桑德堡抬了下头，又低下头去。那演员回来后，这些邻居们就围住了他，问他发生了什么事没有。

演员结结巴巴地说桑德堡什么也没干，只是看了看自己。

邻居们不信："什么也没干？"

演员说："他鞠了个躬。"

"他没说些什么吗？"

演员的眼神有些恐慌。"他说……他说的就这些。"

"他说了什么？"

"他鞠躬后说：'早上好，总统先生。'"

正是因为这样的专注，才使得桑德堡最终写成了那本巨著。

他不仅是一位伟大的传记作家，更是一名著名的诗人。1950年，他因《诗歌全集》再获普利策奖。他之所以能在写小说和人物传记的时候没有过什么混淆，能把《林肯传》和诗歌都写得很好，就是因为他写传记的时候不写诗歌，写诗歌的时候不写传记。换言之，就是因为在干一件事的时候非常的专注。

爱迪生号称"发明大王"，一生做出了1093项发明，涉及光、电、磁、机械、化学、生物等诸多方面，似乎更像一个"通才"。但他的"通"是建立在每

第五章　浑然天成的自信

段时间只专注于一项发明基础上的。如果他想一边研究电灯、一边研究蓄电池、一边研究留声机，那么最后他可能什么发明都搞不出来。

曾经有人问爱迪生："成功的首要要素是什么？"

爱迪生答道："每个人整天都在做事。倘若你早上7点起床，晚上11点睡觉，你做事就整整做了16个小时。其中大部分人一定一直都在做一些事。不同的是，他们做很多很多的事，而我却只做一件。如果你们将这些时间运用在一件事情、一个方向上，一样会取得成功。"

这和比尔·盖茨的回答表达的是同一个意思，专注才能成就自己。因为专注使他们更加了解自己从事的这个领域，也因此变得更加自信。而当他们自信的时候，就已经拥有了成功的一半。

如何变得自信

无论对谁来说，自信都非常重要。一个人要想成就大的事业，最不可缺少的就是自信。富豪如此，普通人更是如此。

如何才能变得自信呢？这恐怕是很多人心中的疑问，这有几个好方法，你不妨一试：

1. 挑前面的位子坐

在生活中你可能有这样的经验，就是无论是在上学、工作还是在各种聚会中，后排的座位总是很快就被人坐满了。这是为什么呢？很好理解，就是因为那些喜欢做后排的人没有自信，他们希望自己在这样的场合"不显眼"。

既然这样，不妨试着让自己坐到前排去，这样对于信心也许是个很好的锻炼。在生活中将这点当做一个规则，不断要求自己尽量往前坐。当然，你坐在前排肯定很显眼，别忘了，一切成功都将是非常显眼的。

2. 练习正视别人

一个人的眼神可以透露出许多信息。在与人交谈的时候，我们都知道正视别人的眼睛是礼貌的做法。当某人与你交谈的时候不正视你，你可能就会有这样的疑问："他是不是有什么不可告人的秘密？他是不是在害怕什么？"

有的时候不正视别人不一定全是有什么东西要隐藏，而是不自信的表现。它通常有这样的深层含义：自卑，觉得不如别人，甚至怕别人。躲避别人的眼神则意味着：有罪恶感，做了或想到什么不希望别人知道的事。如果这时候正视别人，就有可能被人看穿，这些都是非常不好的信息。

所以在以后的生活中，尝试锻炼自己去正视别人，告诉别人：无论任何时候我都不会丢了自己的自信。

3. 把你走路的速度加快25%

当大卫·史华兹还是个少年时，到镇中心去是最大的乐趣。在办完所有的事情坐进汽车后，他的母亲常常会建议他在车里坐一会儿，观察一下过路的行人。

大卫的母亲是位非常绝妙的观察行家。在观察过程中，她常常会问大卫一些问题，诸如："看那个家伙，你认为他正受到什么困扰？"或者"你认为那边的女士要去做什么？"再或者"看看那个人，他似乎有点迷惘。"

在这样的观察中，大卫学到了很多东西。对他来说，这实在是一种乐趣，比看电影便宜，但更有启发性。

大卫在这过程中究竟学到了什么呢？这就是一个人的自信与否。许多心理学家将懒散的姿势、缓慢的步伐和对工作以及对别人的不愉快的感受联系在一起，一个人如果总是脚步异常沉重、拖拖拉拉，那他一定是遭受了打击或被排斥了。在这种不开心每天围绕身边的时候，他是不可能自信的。当然，心理学家也告诉我们，如果你尝试着改变自己的姿势与走路的速度，是可以改变心理状态的。因为身体的动作是心灵活动的结果。

所以在生活中要多暗暗告诫自己：走路要快一点。当你走路走得比别人快的时候，自信也就很容易表现出来了。因为你的步伐已经告诉全世界："我要到一个重要的地方，去做非常重要的事情。更重要的是，我会在15分钟内做好这件事。"

使用这种"走快25％"的技术，抬头挺胸走快一点，时间一长你就会感到自信心在滋长。

4. 练习当众发言

拿破仑·希尔曾经说过，有很多思路敏锐、天资聪颖的人，最终却没有发挥他们的长处参与什么重要的讨论，并不是他们不想参与，而是因为他们缺少自信心。

但凡在会议中沉默寡言的人都有这样的认知："我的意见可能没有什么价值，如果真说出来的话，别人可能会觉得我很愚蠢。何况他们懂的肯定比我多，不能让他们知道我原来这么无知。这太露怯了，所以还是什么都不说的好。"并且还常会对自己许下很模糊的诺言："等下一次再发言吧。"但他们知道，自己在说这句话的时候，就已经否定了下次的发言计划。

这些人可能不知道，他越沉默，心中的自信就会越少。时间长了，沉默成为习惯，就会变得非常不自信。

所以，你要尝试着锻炼自己多发言，遇到事情的时候多从积极的角度来看，尽量发言。不论是参加什么性质的会议，每次都要主动发言，可以是评论，也可以是建议或提问题。而且，不要最后一个发言，要勇于做破冰船，第一个打破沉默。也不要担心你会因此显得很愚蠢。不会的，因为总会有人同意你的见解，更不要在心里打退堂鼓："我怀疑我是否敢说出来。"相信自己一定可以。当然，为了捕捉更好的发言机会，你可以多关注会议主席，认真听他说话，以引起他的注意。万事开头难，有了第一次，你的自信就会建立起来，下次就会更容易发言了。你要知道，多发言是建立信心的"维他命"。

5. 咧嘴大笑

有句话叫"笑"是最好的语言，意思是说它是最好的沟通术。可你知道吗？笑也是医治信心不足的良药。可能有人对此表示怀疑，但当你不开心、情绪不高涨的时候，你尝试着笑一下，看会不会有什么不一样的地方。

真正发自内心的笑不但能治愈自己的不良情绪，还能马上化解别人对你的敌对情绪。只要你的笑是真诚的，对方就无法对你生气。

拿破仑·希尔曾经有过这样的遭遇："有一天，我的车停在十字路口的红灯前。突然听到'砰'的一声，原来是后面那辆车撞到了我车后的保险杠。我从后视镜看到他下车就跟着下来了，然后准备臭骂他一顿。幸运的是，我还没来得及发作，他就走过来，以最诚挚的语调对我说：'朋友，我实在不是有意的。'他的笑容以及真诚的说明把我的敌意融化了。我最后只低声说：'没关系，这种事经常发生。'转眼间，我的敌意变成了友善。"

看到了吧？这就是最好的例子。同样的，当你发自内心的对自己笑的时候，内心的任何不安和顾虑就都消失了，你会瞬间觉得日子的美好又回来了。另外要注意一点，笑就要笑得"大"，半笑不笑是没用的，只有露齿大笑才有功效。

可能你会说，我现在这么难过，怎么笑得出来？

说得很对，但你可以在心里强迫自己说："我要开始笑了。"然后，努力去笑。要学会控制、运用笑的能力。

6. 怯场时，不妨道出真情，即能平静下来

内观法是研究心理学的主要方法之一，这是实验心理学之祖威廉·华特提出

第五章 浑然天成的自信

的观点。这个方法就是很冷静地观察自己内心的情况，然后毫无隐瞒地抖出观察结果。如果能模仿这种方法，把内心深处的每一丝变化都毫不隐瞒地用语言表达出来，那就没有产生烦恼的余力了。

比如说，当你初次到一个陌生的地方，你内心难免会万分恐慌。这个时候你不妨将内心深处的不安情绪，清楚地用语言表达出来："现在我的心忐忑地跳个不停，甚至两眼发黑，舌尖凝固，喉咙干渴得不能说话。"这样一来，不但可以把你内心的紧张驱除殆尽，还能使心情得到意外的平静。

这里还有一个很真实的案例：有一个位居美国第5名的推销员，在他还不熟悉这行工作的时候，竟然独自一人去会见美国的汽车大王了。当时他非常胆怯，在情不自禁的时候竟然说："很惭愧，我刚看见你的时候，害怕得连话也说不出来。"然而，这样一来他几乎所有的恐惧感都被驱除了，所有的不自信也就随之消失了，这就是坦白的效果。

7. 肯定的语气可以消除自卑感

镜子是一个女人最不可缺少的饰品，当女人照镜子的时候，看到自己的形象或者肤色的时候，就可能忍不住产生幸福的感觉。相反地，有些女人也可能被自卑感困扰，因为女人都非常注重自己的形象。然而面对黝黑的皮肤，自信的女人会认为："我的皮肤呈小麦色，几乎可以跟黑发相媲美。"对此，她内心一定是非常欢喜的。缺乏自信的女人却可能因此痛苦不堪，甚至抱怨起来："怎么搞的，我的肤色这么黑？"这种女人看见镜子就会有想把镜子摔破的冲动。由此可见，价值判断的标准是非常主观而含糊的。如果你觉得自己漂亮，那你看起来就是漂亮的；如果你自己都觉得自己讨厌，那你就一定是不受欢迎的。而且，自卑感的由来跟语言有很大的关系。任何有否定意味的语言，对一个人的心理健康都是有百害而无一利的。

《物性论》一书的作者古罗马大诗人卢克莱修，他曾经奉劝天下人要多多称赞肤色黑黝的女人——"你的肤色如同胡桃那样迷人。"如果你再三地称赞对方，那即使这个女人明知自己的肤色是黝黑的，她也不会像原先那么在乎自己的肤色。时间长了，她就会觉得自己是同样迷人的女性。

接着，卢克莱修奉劝我们不妨将"骨瘦如柴"改说为"可爱的羚羊"，把"喋喋不休"改说为"雄辩的才华"。不同的语言可以将相同的事儿完全改变，并且给人带来不一样的心理感受。

总之，运用肯定或否定的措词，可以使同样的一件事儿，出现天壤之别的结果。恰当的措词，是可以称得上是连天才都无法比拟的魔术师的。在任何情况下，只要常使用有价值的措词，就可以将事实完全改变，而自卑感也必然会被驱除掉，从而使自己和别人变得自信起来。

8. 自信培养自信

如果你在缺乏自信的时候，还一直做些没有自信的举动，就会变得愈来愈不自信。

在这时候，你最应该做的是充满自信的举动，还要不断地对自己说我是很有自信的。在态度上也要进行改变，将原来的消极、否定改为积极、肯定。如果一直觉得自己不行，把身边的事儿都抛下不管，那情况就会变得跟你之前认为的一样。

一个大学里有一个学生团体，提倡大学生每年选出一位最美丽、最时尚的大学生，并且举办比赛。有一个工作人员介绍了具体的工作过程：

他(她)们到各大学、大街上去找，只要看到美丽的人，就把小册子拿给他(她)们看，然后邀请他们参加这个比赛。之后从地方到中央，举办一次又一次的淘汰赛。结果大家变得越来越美，甚至连身边的同学都认不出来了。工作人员在最后补充说"也许是因为变得越来越自信了吧！"

这话非常正确！

为什么会这样呢？就是因为你在决定要参加这个比赛的时候，已经对自身进行了肯定。这种肯定的态度使人从内心深处产生了一种自信，这种自信使人看起来很美。

丹麦有句格言："即使好运临门，傻瓜也懂得把它请进门"。如果凡事总是抱着消极、否定的态度，那即使好运来敲你的门，你也会将它忽略了。所以，机会来临的时候，更应该抛弃原先消极、否定的态度。

另外，运气不仅跟外界环境有关系，跟你的内心也有关系。如果你对自己说："今天一整天都不说刻薄话"，也许这件事看起来很不好实现，但只要你下定决心，就一定做得到。如果你在声音中再表现出笑意，那你这一整天就会变得非常亮丽。因为，这样一来人们就会非常想和你聊天、接触，你也会因此变得有精神了。如果一直这样坚持下去，你的人生就会变得每一天都亮丽起来。然而如果你在说话的时候，苦着一张脸或者冷言冷语，不仅会让对方不舒服，你自己也会变得更加不痛快。

因为用言语冲撞对方，其实就是用言语在冲撞自己，你对对方的态度就是对方要回敬你的态度。我们应该像砌水泥一样，一块一块堆砌起我们对人生、对他人积极、肯定的态度。即使不是每个人你都喜欢，也应该做到不对别人表现出你对他的讨厌。时间长了，你自然会变得招人喜欢，你自己也会变得自信起来。

所以，自信是可以培养自信的。一次很小的成功就会给我们带来自信，但切记不要好高骛远。因为大目标如果一下子实现不了，就可能变得完全没有自信了。

9. 做自己能做的事

做自己能做到的事，人就会变得很有自信。在生活过程中，与其不断尝试着做那些看起来伟大、不平凡的行动，还不如踏踏实实地做些自己绝对可以做的事儿。那些一直觉得自己没事儿做的人，是因为他们总是梦想着能一步登天。也正是因为这，他们中的有些人才变得不自信起来。

另外，还要坚持一点：今日事今日毕。今天完全可以轻松完成的工作，为什么非要推到明天呢？一旦留到第二天再完成，很可能会使事情变得异常沉重。心情也会变得很糟，觉得事情让自己"真烦"！那些说从明天起我要戒烟、我要戒酒的人，也往往戒不了。

曾经有一位摄影师，他要去参加一个聚会。在前往聚会的途中，他跟朋友说："我戒酒了。"朋友问他什么时候开始的，摄影师回答道："我刚刚做的决定。"结果，他真的做到了。可能有人遇到这种情况，会说："待这次酒会过后"或者"这次酒会是最后一次"。可这样下去的结果就是永远戒不掉。

在日常生活中，你可以尝试着制作两张卡片，一张写"Go ahead"（做吧），另一张写"待会儿再做"。将这两张卡片随身带着，当自己不太自信的时候，抽出那张写着"Go ahead"的，这样下去就会给自己增添很多的信心了。

在很多时候你都可以尝试着这样去做，尤其是当自己不自信的时候。而且千万记住一定要将那张写着"Go ahead"的卡片抽出来鼓励自己。因为今天关系着明天，今天可以动手做的事千万不要拖到第二天，否则只会将事情变得更加困难。

还要记住一点，在完成一个大目标的时候，可以尝试着将大目标分割成一个个小目标，这样比较容易完成。人在跑马拉松的时候，身体会很疲倦。这个时候不可能在超越每一根电线杆的时候都会有更强的动力。不过，你可以尝试着在跑的过程中设置小的目标，尤其是看起来比较新鲜的。这样每达成一个目标，都会产生新的动力，最后激发出实现终极目标所需要的动力。如果总是在想"这大概很难实现吧"，那在开始的时候就被目标先征服了，还谈什么最终完成啊？而且，这样的人往往会立一个自己根本就实现不了的目标。可见他们的心灵已经扭曲到什么份上了。

有目标是好事，但一个人如果太过追求标新立异的目标，往往很难达到目的。这样一来就很容易变得没有自信，变得总是怀疑自己。所以，实际一点儿未尝不是好事。

第五章　浑然天成的自信

因为专注所以成功

孟子曰:"五百年必有王者兴,其间必有名世者。"释伽死后五百年耶稣诞生,在耶稣死后五百年,另一位伟大的宗教创始人穆罕默德出世了。他从成年起,每年都要带上干粮,到山顶的一个洞穴中独居一个月,沉思宇宙人生的真谛。终于在公元609年,穆罕默德40岁的时候受到真主的启示,创立了伊斯兰教。

当你专心致志的时候,很多眼前纷繁复杂的情况就会拨得云开见月明,就会豁然开朗。

如果你喜欢体育,你就听说过这个牌子。即使你不是个球迷,你也知道这个牌子。因为这个牌子在当今世界上几乎无人不知。它就是——耐克。

现在的耐克,是全世界人最喜欢的牌子之一。在1976年的时候,耐克公司年销售额仅为2800万美元,但1980已经达到了5亿美元,一举超过在美国领先多年的阿迪达斯公司。到1990年,耐克年销售额高达30亿美元,把老对手阿迪达斯远远地抛在了后面,稳坐美国运动鞋的头把交椅。菲尔·耐特也由此被誉为"运动鞋大王"。

但如果细数耐克成功的过往,你就会发现,正是因为曾经专注的做事业,才使得耐特非常的自信,也最终成为运动鞋大王的。

早年在美国尤金市俄勒冈大学三年制的学院里,有一名田径运动教练,名叫比尔·鲍尔曼。他是个事业心极强的人,一心要使自己的运动队超过其他队。在训练比赛中,最令他头痛的是运动员常犯脚病,原因就是运动员的鞋不合脚。他经过反复研究得出结论,如果每个运动员都能有一双适合自己的鞋,底轻支撑又好,摩擦力小且稳定性强,就可以非常有效地减少运动员脚部的伤

▲ 缔造富豪
　DIZAOFUHAO

痛,要想出好成绩就容易多了。于是,鲍尔曼精心设计了几幅运动鞋的图样,并找了好几家公司,想要他们帮助自己做出这样的鞋子,得到的答复却是千篇一律的:"外行怎么能指导内行,我们不想教你如何当教练,你也别想指手画脚地教我们如何制鞋。"

但是这样的拒绝没有使鲍尔曼气馁,他坚持着自己的信念。他请教补鞋匠,拜皮鞋工人为师,当上了鞋匠。他日以继夜,不怕失败,最终掌握了制鞋的手艺。并且在一次运动会上,让他的运动员穿上了由他亲手制作的、外表难看但轻巧舒适的鞋,结果跑出了比以往任何一次比赛都好的名次。

鲍尔曼这种百折不挠的精神以及所取得的成果,使他的一个学生大为感动,这个学生就是菲尔·耐特。他当时是个优秀的赛跑运动员,是斯坦福大学企业管理系的学生。耐特深受鲍尔曼感动,决定与他一起干,同时将此看成一项大有作为的事业,是一项为运动员造福的大好事,应尽快联系厂家生产推广。

遗憾的是,偌大一个美国,竟找不到一家鞋厂愿意跟他们签订合同。后来他们遇到了日本的制鞋商鬼冢虎。这个精明的日本人从设计图样上看到了商机,于是答应跟他们合作,并签订了合同,由美方设计经销,在日本制造。

就这样,耐克公司的前身——蓝绶带公司诞生了。这家小小的公司,由鲍尔曼、耐特等几个人组建。当时资产只有1000美元。一年后,日本方面送来200双运动鞋,公司才正式开始营业。

鲍尔曼和耐特只有一个良好的愿望,那就是为运动员服务,甚至可以不计报酬,不讲条件。最初创业的时候,条件非常艰苦,公司没有固定的办公地点和营业室,在销售产品的时候,住房就是店铺,推销车就是办公室。为了节省租金,他们选在垃圾站附近开了个店面;为了运货及时,他们常常没有时间吃饭;包装费太高,他们就从废品收购站买来旧的包装纸作包装。

尽管这样,他们仍然受到了来自日本方面的打击,那个精明的日本商人鬼冢虎总是想方设法刁难他们。后来在公司业绩达到700万美元之后,又派代表到尤金市,提出由鬼冢虎购买鲍尔曼公司51%的股份,并在5个董事中占两席。如果耐特拒绝这个要求,日本方面就立即停止供货。受尽日商刁难的鲍尔曼和耐特终于忍无可忍,断然拒绝了这一非分要求。凭着自己的设计专利,他们很快找到了合伙人,并且就在这年年底正式改名为耐克公司。

对于新成立的耐克公司来说,前景并不乐观,因为他们面前有着非常强大的敌人。要想在美国运动鞋业占有一席之地,就要战胜美国最大的运动鞋品

第五章 浑然天成的自信

牌——阿迪达斯。而当时的耐克和阿迪达斯比起来，简直是蚂蚁和大象的悬殊差异。

而且，耐特在创业的过程中除了实力上的差距，还要面对来自各方面的质疑：就你能跟大名鼎鼎的阿迪达斯较量吗？简直是以卵击石！在公司屡次遭受日本商人刁难的时候，耐特也曾经痛苦地问过自己，这样的选择是不是正确的。好在，最终耐特还是昂起头来，按照内心的信念，勇敢地走了下去。

较量仍然在继续，尽管耐克公司是那么的渺小——跟阿迪达斯相比的话。而阿迪达斯作为美国最大的制鞋商，也根本就没把耐克这类销量仅几百万的小公司放在眼里，他们依旧生产着老款式的运动鞋。直到20世纪70年代中期，形势逐渐发生了变化，不少运动员喜欢上耐克公司的新款运动鞋。这个时候阿迪达斯等大公司才着了急，千方百计想挤垮崭露头角的耐克公司。

1976年，耐克公司的年收益大约是790万美元，和数十亿美元的阿迪达斯比起来，简直是九牛一毛，但耐克仍然使阿迪达斯感受到它的潜在威胁。这一年的奥运会，商家之间的争斗如火如荼地进行着，体育用品的争斗更是异常激烈。耐克派了9名推销员参加奥运会，阿迪达斯却派了一支300人的强大推销队伍。耐克在广告推销方面花销7.5万美元，阿迪达斯却花了600万到900万美元。财大气粗的阿迪达斯仗着自己的优势，争取了相当大一批金牌获得者试穿他们的运动鞋和运动服。而耐克费了好大劲，才争取到一名有可能拿到冠军的马拉松长跑运动员签约穿耐克鞋参赛。然而情况却在这名运动员进入赛场的前一分钟发生了大逆转，某大公司在这件事上做了手脚，让这名运动员脱下了耐克鞋，换上了别的品牌鞋。当耐特在电视上亲眼目睹这一幕后，气得大吼一声，关掉电视熄掉灯，在黑暗中坐了一整夜。

这夜过后，耐克公司重新燃起奋进的火焰，大步前进着。20世纪70年代末80年代初，体育运动迎来了它的春天，这也是个非常好的发展契机。电视荧屏上铺天盖地的广告，宣传介绍包装精美、不用熨烫的运动服和样式新颖的运动鞋。几乎天天都有的体育比赛实况转播，更使任何人都无法抵挡体育运动的诱惑。即使从来没有参加过体育活动的人也会为之怦然心动的。体育运动的魅力、活力、意志力和胜利的喜悦，促使人人都去选择运动鞋和运动服。

耐特敏锐地察觉到了运动鞋的发展契机。他一方面坚持公司初创时的信念，不断坚定自己的信心，坚持办体育用品公司，而不是办人人趋之若鹜的时装公司。另一方面又采取了产品多样化策略，除了生产运动鞋，还推出了童鞋、非运

缔造富豪
DIZAOFUHAO

动休闲用鞋、旅游鞋、工作鞋和运动服装。正是这一举措，使得耐克公司的销售额当年就猛增了50%，纯利几乎翻了一番。

由此，耐特更加坚定了自己的信心，决定要将鞋一直做下去。他巧妙地迎合了美国人的流行艺术理念，尤其是在做广告上注意到了这一点。广告的魅力就是这样，它既强调体育运动，又具有强烈的煽动性，起着流行时尚的导向作用。耐克公司加强了与体育界颇具影响力的运动员们的合作。但在选择广告代言人上，耐特有自己的想法。他所选的人物都是备受广大青少年崇拜的"好斗型"选手。比如说网球明星麦肯罗，人们经常看到他在网球场上大发脾气，或者是与权威们争吵。还有网球名将阿加西，他留胡子，长发蓬乱，将牛仔裤剪短了当网球裤穿，而这种牛仔网球裤正是耐克公司的特色产品。黑人篮球明星乔丹声名鹊起的时候，迅速成了美国青少年心目中的榜样与英雄，由他参与设计生产的航空乔丹运动鞋，成了耐克公司最畅销的产品。这些偶像明星的加入，都使得耐克公司的产品一下子风靡全国，耐克运动鞋不再仅仅是鞋，而直接成了偶像和社会地位的象征物。耐克鞋店如雨后春笋般在各地涌现。为了赶时髦，不少人甚至不惜驱车50英里去买一双耐克鞋。在1980年的莫斯科奥运会上，耐克鞋更是出尽了风头，不少体育名将借助它赢得了金牌，与4年前的光景形成鲜明的对照。

这个时候再回过头来看原来牛气冲天的阿迪达斯，商店中，标有三条杠标志的阿迪达斯老式的运动鞋和运动衣裤堆积如山，几乎无人问津。而阿迪达斯全力推崇的网球明星埃德博格和格拉夫，也因为过于慢条斯理、规规矩矩，不能体现青少年体育爱好者的叛逆意志，产生不了好的广告效果。阿迪达斯公司在耐克公司凌厉的攻势面前开始节节败退，最终从上世纪80年代起丧失了自己在体育运动用品市场称霸数十年的主宰地位。

而这个时候的耐特，尽管产品走俏全国，但是他没有满足自己的现状，他的目标是更远大的全球市场。所以，他决定发动一场全球性的促销攻势，大大的开拓自己产品在海外的市场。美国、西欧和日本是世界上主要的三大运动鞋市场，耐特试图趁着自己在美国取胜的余威，与竞争对手角逐西欧和日本两大市场，从而进一步巩固自己的领先地位。他坚信，自己此举一定可以全胜而回。

然而，在事情最开始的时候就遇到了阻力。首先，当时整个西方世界经济非常不景气，生产下降，原料价格剧跌，失业的浪潮冲击着每一个工业部门。这样旷日持久的经济衰退，使西欧、北美、日本之间的贸易战愈演愈烈。在这种世界经济背景下要想扩展海外市场，自然是举步维艰。例如，要日本减少或降低关税

第五章 浑然天成的自信

就很难做到。这句话的意思就是说，任何产品都不可能畅通无阻地长驱直入日本市场。日本传统风俗习惯意识非常强烈，这无疑是外国货打入的无形障碍，同时由于国际贸易间的竞争，日本市场的排外性更是非常强烈。这种情形虽然在西欧各国少一点，但贸易保护主义在法国等西欧国家正日益盛行，限制外贸进口的措施也是有增无减。

此外，耐克公司在海外市场遇到的竞争对手也更加强大。除了阿迪达斯，还有在美国运动鞋厂商中排名第二的彪马，以及新布兰斯、康伏西和小马等国际著名公司。这些公司早在耐克公司以前好多年就已经跨出了国门，在海外市场的占有率比耐克要大得多。面对耐克的竞争，他们决不允许自己在海外市场的地位受到耐克的任何冲击。阿迪达斯的一名海外销售经理就曾公开声称："耐克公司必须明白，它在美国取胜的那一套推销策略在西欧市场是绝对行不通的。"然而，这位经理太低估耐克了。面对海外市场，耐克自有他的一套办法。它针对西欧即将出现的跑步热，集中力量打开了西欧高性能跑步鞋的市场，取得了极好的效果。为了加强在欧洲的推销能力，耐克公司还在英国和奥地利设立了配销站。同时利用它在爱尔兰的装配工厂，就近供货给欧洲大陆市场，避开了经济共同体的高关税壁垒。

在日本，耐克公司针对该国门户不容易打开、传统风俗不容易改变，但体育潮流追随美国且比西欧迅捷的特点，和日方建立了联营公司。1981年10月，耐克公司与日本第六大公司岩井公司合资建成耐克日本公司，股权各半，共同生产和销售运动鞋。这样一来，耐克鞋迅速打入了日本低价运动鞋市场。而与此同时，耐克高价运动鞋也通过这家合资公司成功进入了日本市场。

随着耐克公司在海外销售额的增加，耐特的信心倍增，他决定向更加纵深的方向发展。耐特的目标瞄准了韩国和台港，因为那儿的劳动力相对低廉，还可以因此推出自己中等价格的跑步鞋。这之后不久，耐特就在中国大陆合资办厂了，耐克鞋也就自然而然地打入了中国这个世界上最大的鞋类市场。

纵观耐克公司成功的历程，就会发现，这其中更多的是辛苦和汗水。耐特在面对困难挑战的时候，从一个仅仅1000美元的小公司，一点一点的积蓄力量，最终成为现在享誉海外的超级大公司。他也曾有过理想幻灭的时候，也曾经灰心丧气过，但是最终，耐特挺了过来。他对于自己最初的信念满怀信心地继续走下去，任何困难和挫折都不能将他打倒。

而他之所以能对自己的鞋子这么有信心，是因为在人人都争着做服装的时候，耐特没有随波逐流，而是一如既往地做自己的鞋子。不断地翻新花样和款式，不断地出新，唯一不变的是做鞋的初衷。正是这样的专注成就了今天的耐克，也正是因为耐特的信心，成就了今天的耐克公司。

我们可能在生活中都有这样的经验，一个人如果能对自己工作领域内的事情了如指掌的话，那他就是非常自信的。这份自信来自于你掌握的知识，来自于对整个行业的把握。然而要实现这份自信，就需要专注地对待自己所从事的行业，真正钻到这个领域的核心部分，不断地研究它，才能最终热爱它。这是任何一个成就大事的人都应该具备的基本素质。

第六章 ◎ 财富源于节俭

> 谁在平日节衣缩食,在穷困时就容易渡过难关;谁在富足时豪华奢侈,在穷困时就会死于饥寒。
>
> ——萨迪

缔造富豪
DIZAOFUHAO

节俭才能"生"财

中国有句老话,叫做"由俭入奢易,由奢入俭难"。意思一目了然,华丽气派的生活是人人都向往的。之所以让人向往,就是因为它是很多人可望又不可及的。

遍览名人成功的足迹,可以发现,成功在他们身上所散发出的光芒,很大程度上取决于他们自身的节俭。

如果你想挣大钱,没有别的办法,就要先从积攒小钱开始,就要从此时此刻做起。在坚实的土地上迈步,一步一个脚印地向大钱前进。永远铭记一点:不懂得节省小钱的人,大钱也肯定与他无缘。

一个世界巨富曾经说过:"用没底的水桶去汲水,水并不会完全漏空,至少还可以剩下一些;用那些积存滴水一样的方法来存钱,同样有希望可以变成富翁。"这的确是个很好的忠告。

现在有很多人为自己的低收入抱怨,一口断定自己不能成为有钱人。很恐怖的是,一旦有了这种想法,即使这个人以后的收入再多,也永远不可能成为富翁。因为他们根本没把那些小钱放在眼里,更不懂得水滴石穿的道理。

那些已经成为富豪的人正是因为明白聚沙成塔、集腋成裘的道理,才会在小钱上"斤斤计较",最终成为真正意义上的富豪的。而事实确实如此,小钱正是大钱的基石。

现在日本有10000多家麦当劳店,一年的营业总额已经突破40亿美元大关。创造这一辉煌业绩的藤田田,年轻的时候曾有过一段不凡的经历。

1965年,藤田田从日本早稻田大学经济学系毕业,随即就在一家大电器公司找到了一份工作。1971年,他开始创立自己的事业,着手经营麦当劳生意。

第六章　财富源于节俭

当时麦当劳是闻名全球的连锁快餐公司，采用的是特许连锁经营机制。要取得它的特许经营资格需要具备相当的财力和非常特殊的资格的。而藤田田那时候只是一个刚出校门几年、几乎没有家庭资本支持的打工一族，所以对于麦当劳总部所提出的75万美元现款和一家中等规模以上银行信用支持的苛刻条件根本没有能力实现。

但是藤田田没有因此气馁，而是继续不停地想着解决办法。手中只有不到5万美元存款的藤田田，看准了美国连锁快餐文化在日本巨大的发展潜力。这样的分析使得藤田田心潮澎湃，于是他决定不惜一切代价要在日本创立麦当劳事业，随后更加绞尽脑汁地东挪西借起来。然而事与愿违，5个月下来藤田田只借到4万美元。面对这样巨大的资金落差，可能一般人早就心灰意冷准备放弃了。藤田田有对困难说不的勇气和锐气，偏要迎难而上遂其所愿。

在一个风和日丽的春天的早晨，藤田田西装革履、满怀信心地走进了住友银行总裁办公室的大门。

藤田田以极其诚恳的态度，向对方表明了自己的创业计划和求助心愿。在耐心细致地听完他的表述之后，银行总裁说："你先回去吧，让我再考虑考虑。"

藤田田听了总裁的话，心里掠过一丝失望，马上又镇定下来，恳切地对总裁说了一句话："先生，可否让我告诉你我那5万美元存款的来历？"

总裁回答说："可以。"

"那是我这6年来按月存款的收获，"藤田田说，"在6年的时间里，我每月坚持存下工资和奖金，雷打不动，从来没有过间断。这6年的时间里，我曾经无数次面对过度紧张或手痒难耐的尴尬局面，但我都咬紧牙关，克制住欲望挺了过来。即使有时候我会碰到意外事件，需要额外用钱，我也会像平时一样照存不误，甚至不惜厚着脸皮四处告贷，以增加自己的存款。之所以这样做也是没有办法的事，因为在跨出大学门槛的那一天我就立下了宏愿，要以10年为期，存够10万美元。然后自创事业，出人头地，所以我必须这样做。而且我坚信，只有在小事情上挺得住的人才能干成大事情。现在我就有了这样一个很好的机会，我必须抓住它，提早开创自己的事业。"

藤田田一口气讲了10分钟，总裁的神情越来越严肃，并问明白了藤田田存钱那家银行的地址。然后对藤田田说："好吧，年轻人，下午我就会给你答复的。"

送走藤田田以后，这位总裁立即驱车前往藤田田存钱的那家银行，亲自了解藤田田存钱的情况。

柜台小姐了解了银行总裁的来意后，说了这样几句话："哦，是问藤田田先生啊。他可是我接触过的最有毅力、最有礼貌的一个年轻人。6年的时间里，他真正做到了风雨无阻地准时来我这里存钱。老实说，对这么严谨的人我真是佩服得五体投地！"

听了柜台小姐的介绍后，总裁大为动容，立即拨通了藤田田家里的电话，告诉他住友银行愿意毫无条件地支持他创建麦当劳事业。藤田田听后追问了一句："请问，您为什么要决定支持我呢？"

银行总裁在电话那头感慨万端地说道："我今年已经58岁了，再有两年就要退休了。如果单纯从年龄上来说，我的年龄几乎是你的2倍，论收入我可能会是你的30倍。可是，尽管是这样，我现在的存款却还没有你多……我大手大脚惯了。就算是说这一句，我都觉得自愧不如，而对你敬佩有加了。我可以确定，你会非常有出息的。年轻人，好好干吧！"

其实，很多富豪致富的经验并不像世人想的那样神秘。他们只是在面对微小的努力的时候没有放弃，而是坚持了下来，而有的人则总想着大问题而忽略了小事情。

"合抱之木，生于毫末；九层之台，起于累土；千里之行，始于足下"。想要使自己的财富最终变多变大，就要一如既往地在节俭这条路上走下去。因为只有它，才是最终通往成功的捷径。

第六章　财富源于节俭

富不过三代吗？

俗话说，富不过三代。对于中国人来说，这似乎是铁一样的定律。小时候经常听大人这么说，而且在说的时候还是一副你看我说的没错吧的样子。现实生活中确实有很多这样的例子，在不断印证着这句话的真实性。

很多家族的创始人，在自己的创业时代兢兢业业地努力着、节俭着。因为他们知道每一分钱的得来都是不易的，所以他们爱惜自己的财富。到了二代长大成人，如果教育的好的话，他们可能还知道要努力，要节俭才有幸福。否则，最可能有的结局就是在三代的时候富贵生活"戛然而止"，应了那句富不过三代的老话，平白为人们在茶余饭后增加谈资。

但是世界上的事情总是有意外的，这也使得很多事情变得有看头，富不过三代不是在任何家族都适用的。

这个家族就是洛克菲勒家族。洛克菲勒家族从发迹至今已经绵延了6代，仍然没有出现任何颓废和没落的迹象。有人可能会觉得奇怪，为什么这个铁一样的定律不适用于他们呢？如果你了解了这个家族的财富观念和子女们所受的教育就不会再奇怪为什么他们的富有超过了三代。有着世界上最富有的吝啬鬼称号的盖蒂曾经说过：节俭是商业成功的必要条件，商人一定要严格要求自己不浪费，要先赚钱，再考虑花钱。盖蒂曾连续20年保持美国首富地位，一生充满了神秘和矛盾的色彩。由于高超的商战谋略，他在与美国"石油七姊妹"的鏖战中，建立起了自己的石油帝国，并被冠以"石油怪杰"的美称。

有意思的是，盖蒂尽管拥有万贯家财，他个人的生活却拥有守财奴式的节俭癖好。例如，他为了节省电话费，就撤掉了位于伦敦的一座公寓楼里所有的外线电话，只在一楼大厅里安装了一部投币电话。他的许多朋友在他家吃完饭后才发觉，必须投币才能借用他家的电话，盖蒂就是因为这件事才得到了吝啬的称号。如果你对盖蒂的"吝啬"大吃一惊的话，那洛克菲勒的"吝啬"可能就会让你惊讶得合不上嘴了。

洛克菲勒家族崇尚节俭并且热衷创造财富由来已久。这两点在洛克菲勒家族的中兴之主约翰·洛克菲勒的一生中体现得尤为淋漓尽致。

在整个19世纪石油巨头成千上万，到最后只有洛克菲勒一人独领风骚。他的成功不是上天的偶尔垂青，很多经济学家在分析他的致富之道时惊讶地发现，聪明、智慧这类的因素不是决定他成功的主要因素，精打细算才是主要原因。

洛克菲勒踏入社会后的第一个工作，是在一家名为休威·泰德的公司当簿记员。这为他以后的创业生涯打下了良好的基础。由于小洛克菲勒在这个公司勤恳、认真、严谨，不仅把本职工作做得井井有条，还几次在送交商行的单据上查出错漏之处，为公司节省了数量非常可观的支出，因此深得老板的赏识。

后来，洛克菲勒有了自己的公司，节俭的品质更是得到了更好的发展，甚至连提炼加工原油的成本他都要计算到第3位小数点。他每天早上到公司的第一件事，就是要求公司各部门将一份有关净值的报表送上来。经过多年的商业洗礼，洛克菲勒总是能够准确地查阅报上来的成本开支、销售以及损益等各项数字，并从中发现问题，他也以此来考核每个部门的工作。1879年，他曾经质问一个炼油厂的经理："为什么你们提炼一加仑原油要花1分8厘2毫，而东部的一个炼油厂干同样的工作只要9厘1毫？"就连价值极微的油桶塞子他也从不放过。他曾经写过这样的一封信："上个月你厂汇报手头有1119个塞子，本月初送去你厂10000个，本月你厂使用9527个，而现在报告剩余912个，那么其他的680个塞子哪里去了？"看到这里你是不是已经张大了嘴巴？洛克菲勒洞察入微，刨根究底，不容任何一个员工打半点儿马虎眼。正如后人对他的评价一样，洛克菲勒是集统计分析、成本会计和单位计价于一身的一名先驱，是今天大企业的"一块拱顶石"。这些都是他当之无愧的评价。

洛克菲勒之所以会这样细致入微，精打细算，是和他早期的经历分不开的。在他年轻的时候，他迷恋上了音乐，甚至一度想当个音乐家。当时他与自己的父亲有个特殊的约定：借给父亲一小笔贷款，但要收取利息。尽管这点钱只相当于他来回坐车的费用，可是对生意上的事，他从来就不会感情用事。洛克菲勒16岁的时候，就已经开始面对艰难时世了。他翻开全城的工商企业名录，仔细寻找知名度高的公司。每天早上八点，他准时离开住处，身穿黑色衣裤和高高的硬领西

第六章 财富源于节俭

服，戴上黑领带，去赴新一轮的预约面试。对于别人一再地将自己拒之门外他从来都不在乎，依然日复一日地前往，一连坚持了六个星期。当时克利夫兰的人口大约有三万。洛克菲勒说，他将列入名单的公司基本全部走了一遍。没有结果便从头开始再走，有些公司甚至去了两三次，但哪个公司也不想雇这个孩子。可是洛克菲勒从来不轻易服输，越是受到挫折，他的决心反而越坚定。

1855年9月26日上午，他走进从事农产品运输代理的休伊特—塔特尔公司。接见他的是二老板亨利·B·塔特尔，他需要一个人为自己记账，便叫洛克菲勒吃过午饭再来。喜出望外的洛克菲勒一步一跳走了出去。多年后甚至到了老年，他仍记得那激动人心的一刻。午饭后他见到了大老板艾萨克·L·休伊特，这个人在克利夫兰拥有大量的房地产，还是克利夫兰铁矿开采公司的创办人。他仔细看了洛克菲勒写的字，然后说："留下来试试吧。"老板让洛克菲勒脱下外衣马上工作，对于工资的事却提也没提。洛克菲勒过了三个月才收到第一笔补发的微薄的报酬。

工作正式开始以后，洛克菲勒每天埋头于散发着霉味的账本里。这个工作为他以后的精打细算打下了坚实的基础。他每天天一亮就去上班，办公室点的是昏暗的鲸油灯。他曾经说过："由于我第一个工作是簿记员，所以我学会了十分尊重数字和事实，无论它有多小……"后来公司让洛克菲勒负责付账单，他接过这项工作后仔细核查。有人评价那时候洛克菲勒的表现，他"比花自己的钱还尽心"。有一次，在隔壁办公的老板交给洛克菲勒一份长长的、未经核对的管道铺设费账单，让他去付一下。洛克菲勒从中发现了几分钱的差错，他对老板这种大大咧咧的态度感到十分震惊。

此外年轻的洛克菲勒还为休伊特收取房租，他不但有耐心，有礼貌，而且还表现出斗牛犬般不屈不挠的精神，直到欠债的人交出钱为止。南北战争爆发以前，大多数企业都只经营一项业务或生产一种产品，而休伊特—塔特尔公司却代理各种商品的销售。1855年年底，休伊特给了洛克菲勒50美元作为头三个月的工钱，算起来那只相当于每天五毛钱多一点。之后休伊特宣布，这位助理簿记员的工资将升到每月25美元，即每年300美元。

在工作上如此精打细算的洛克菲勒，本人的私人生活也和公司的生活一样，同样是受一笔笔账目支配的。在他接触数字时间不长的时间内，就发现数字是十分简洁、可心的，便决定把公司里的业务准则应用到个人的精打细算上来。1855年9月开始上班的时候，他就花了一毛钱买了个红色的小本子，称其为账本甲，

缔造富豪
DIZAOFUHAO

在上面详细地记下自己的每一笔收入和开支。在洛克菲勒的一生，一直把账本甲视为自己最珍贵的纪念物。五十多年后，当他拿出这个账本一页一页地翻看时，常常会睹物生情、老泪纵横。这个本子被他安放在一个贵重物品保险库里，就像一件无价的传家宝。账本甲同时告诉人们：洛克菲勒从小就是一位热衷于行善的人。在他工作的第一年，就把6%左右的工资捐给了慈善机构。他20岁时，捐献的比例已经超过了收入的10%。

除了洛克菲勒自己有账本，他的家族也有自己的小账本。尽管洛克菲勒家族在美国是首富，但他们的家庭中没有一个人挥金如土，这样的传统一直延续。大卫的祖父老洛克菲勒在他年轻的时候就开始记录个人的收支账目，每一分钱都要在这个账目上写出用途和使用时间，每一笔开支必须有正当而且可靠的理由。老约翰在临死的时候将他的传统交给了儿子小约翰·洛克菲勒。小洛克菲勒继承了自己父亲的光荣传统，又把它像接力棒一样传了下去。老约翰·D·洛克菲勒唯一的儿子和继承人是小约翰·D·洛克菲勒。小约翰·D·洛克菲勒共有6个子女，姐姐芭布斯最大，其他都是男孩，从大到小分别是约翰、纳尔逊、劳伦斯、温斯罗普和大卫。劳伦斯·洛克菲勒1910年5月26日生于纽约。童年时期，劳伦斯与年长他两岁的纳尔逊关系最亲密，他们曾经一起饲养兔子然后卖给科学实验室换取零用钱。这样的事情听起来仿佛根本不会发生在富可敌国的洛克菲勒家族身上，但事实确实如此。洛克菲勒家族的子孙之所以能获得日后非凡的成就，和他们自小受到的家庭教育有很大关系。为了避免孩子被整个家族的光环宠坏，不管是老约翰洛克菲勒还是小约翰洛克菲勒，在教子方面都相当费心思，并有一套祖传的教育计划。父亲鼓励劳伦斯等孩子做家务挣钱：如果逮到走廊上的苍蝇，每100只可以得到一角钱的奖赏；捉住一只阁楼上的耗子可以得到5分，背柴禾、劈柴禾也有相应的价钱。劳伦斯和哥哥纳尔逊，分别在7岁和9岁的时候取得了擦全家皮鞋的特许权，每双皮鞋2分，长筒靴每双1角。

在大卫的记忆里清楚地记着一件令他终生难忘的往事。在他7岁的时候，小约翰·洛克菲勒把他叫到自己的房间里，意味深长地对他说："大卫，从现在开始每周你可以获得30美分的零用钱，我现在想听听你打算如何处置这30美分。"大卫高兴地回答："爸爸，我想您会同意我花10美分去买我最喜欢的巧克力。另外我要拥有一个和哥哥们一样的储钱罐，然后每周节省10美分放进去。剩下的10美分我会做机动处置，如果到星期六还没有花出去的话，我打算在做礼拜之前捐给教堂。""对你的处置我非常满意，我的孩子。不过我还有一个小小的要求，就

第六章　财富源于节俭

是每周在拿到零花钱时，会给你一个小本子，你必须在本子上记下每笔钱的具体用途。""爸爸，有这个必要吗？"大卫·洛克菲勒不解地问，"您说过这是我的零花钱，我是有权自由处理的啊！""这当然有必要的，这是你祖父创立的传统。洛克菲勒家族的每个孩子都要这样做，你在每天花了钱之后，晚上睡觉之前都要记下花钱的原因、数目。并且给这笔开销的必要性做一个合情合理的解释。这里面有一点我需要提醒你，所有的记录都必须是真实的，因为你知道诚实是最宝贵的。""爸爸，我记住了。""对了，每周在发给你零花钱之前，我都要检查你的花钱记录本。如果你的记录令我满意的话，你会得到一点小小的奖赏，那就是在30美分之外再加上5美分；要记得模糊不清的话，相应地就会将30美分扣为25美分。"

洛克菲勒家族的传统直到今天还在继续着，我相信听到这个故事，很多人会瞠目结舌，也有很多人会不屑一顾，觉得洛克菲勒的行为刚好印证了一句古话，越是富有的人越是铁公鸡——一毛不拔。但是你不得不承认的一点是，洛克菲勒的财富在当时世上没有人可以与之相媲美的。他用这个行动告诉我们，只有节俭才是最大的赢家，不是吗？

▲ 缔造富豪
　 DIZAOFUHAO

唯有节俭，才能成为最后的赢家

如果你去调查那些知名企业家成功的经验的话，就会发现他们的共同点，那就是节俭。在商业竞争日趋激烈的当下，每一家企业都会自觉或不自觉地把节约作为自己的追求目标。因为每一个企图成功的人都知道，唯有节约，才能成为最后的赢家。

以前有两个年轻人，他们同时毕业于美国的一所名牌大学，并且一起出来寻找工作。当一枚硬币躺在人行道上，被两个人同时发现的时候，青年A看也不看地走了过去，青年B却激动异常地将它捡了起来。

青年A对青年B面露鄙夷之色：真没出息，一枚硬币也值得捡。

青年B却就有点儿替青年A惋惜：是他先看到的啊，为什么不懂得珍惜呢？

凑巧的是，两个人同时被一家公司录用了。这家公司很小，工作很累，工资也很低。青年A不屑一顾地走了，而青年B却高兴地留了下来。

五年之后，他们再次在街上偶然相逢。青年B这时候已经成了拥有近亿资产的老板，青年A却还在为寻找一份既体面又不让加班、待遇还得优厚的工作而奔波。

青年A对此表示不理解，想："他这样一个没出息的人，怎么可能这么快就发达了呢？肯定是命中有贵人相助！"

现在，对于很多人来说，在街上看到一毛钱多半会懒得弯腰捡起来。然而不懂得珍惜小钱的人是不会最终拥有大钱的，因为当你对小钱不屑一顾，像绅士一般潇洒地迈过的时候，大钱也同时在和你说拜拜。

记住一个真理：唯有节俭，才能成为最后的赢家。对个人来说是如此，对企业来说更是这样。

第六章　财富源于节俭

可能有人会对此表示怀疑，觉得如果总是这样的"吝啬"，成功是不会垂青于你的。不过我们有例为证啊，如果说洛克菲勒的故事对我们来说太过遥远的话，那你在中国一定逛过沃尔玛超市。作为国外进驻中国为数不多的大超市之一，相信你一定体验过它的一站式服务。但你知道它成功的秘诀是什么吗？

先来看一下沃尔玛究竟强大到什么地步：沃尔玛连锁超市作为世界最大的零售企业，它的销售额年年突飞猛进。时至今日，沃尔玛已经拥有数千家连锁店，遍布众多国家和地区。在美国《财富》杂志每年一次的全球500强排名中，沃尔玛已经连续多年荣登榜首了。自1950年山姆·沃尔顿成立沃尔玛以来，短短50多年的时间内，沃尔玛就发展到了现在的规模，这不能不说是世界零售行业的一个奇迹。而更让人惊叹的是，沃尔玛仍然在以不可限量的速度飞速前进着。

现在让我们来解密，为什么沃尔玛会取得这样骄人的成绩。它的秘诀就是——"全球最低价"策略，这是沃尔玛的核心竞争力。"帮顾客节省每一分钱"是沃尔玛经营和服务的理念和宗旨。也正是因为这样的承诺，才使沃尔玛受到广大顾客的青睐。在沃尔玛超市内，大到珠宝首饰、家用电器、汽车配件，小到布匹服饰、药品、玩具，以及各种日常生活用品，可以说是一应俱全。这里的商品价格肯定是最便宜的，价格便宜的同时也没有使商品的质量大打折扣。可能你会说这跟我们要说的话题有关系吗？当然有，因为沃尔玛之所以能做到最低价，其中一个重要的原因，就是它能成功制定并正确实施成本领先战略，拼命地降低自己的成本，减少一切不必要的开支和浪费，这也就是我们要说的节俭。

沃尔玛对成本费用的节约理念贯彻得非常到位。在沃尔玛超市，从来不使用专门的复印纸，而是统一使用废纸的背面。公司明确规定所有复印纸（重要文件除外）都必须双面使用，违者将会受到严厉地处罚，就连沃尔玛的工作记录本，都是用废纸裁成的。

在中国的很多沃尔玛分店内，都为员工准备了免费的纯净水，但从不准备纸杯；有的超市在员工餐厅配有电话——当然是投币电话；在大部分连锁店内，专供员工使用的洗手间里根本没有卷纸，更不会有香皂。员工们用来洗手用的通常都是部门不能销售的洗手液、沐浴露，甚至是——洗衣粉。

在沃尔玛连锁店内，经营区的某个小角落内，经常会有一个写着"总经办"3个小字的办公室。那是一个宽约3到4米、长10米左右、形状不规则的房间。最里面用文件柜隔出一个大约几平方米的区域，摆上一张桌子和一排文件柜。不用惊讶，这就是总经理的"豪华"办公处所，对面通常是常务副总的桌

缔造富豪

子。在文件柜的另一边，是其他人工作的地方。左右两边各有一排长长的桌子，两个秘书，两个行政部工作人员，还有4位副经理全都挤在这个狭长的空间内。

所有的工作人员工作时几乎都很忙，总经理和副总尤其如此。他们在办公室出现的时间很少会超过30分钟，而且基本限于开会、处理顾客投诉或和员工谈话等几种情况。唯一能证明这是他们的办公地点的就只剩下他们的抽屉和文件夹了。总经办的会议通常情况下都是站着开的——因为椅子是不够用的。即使椅子够用，空间这么小，也只能让位于他人。

一个如此大型的超市，它的所有管理人员都要挤在这样的办公室内办公，听起来简直匪夷所思，但这却是事实。而且，办公区的装修通常都是简陋至极，没有吊顶，办公室只用隔板隔开。这样做的目的只有一个，那就是节约办公费用。

如果你观察够仔细，就会发现在沃尔玛公司的名称上，同样也体现了公司创始人沃尔顿先生的节俭作风。一般而言，美国人大都比较习惯用创业者的姓氏来为企业命名。所以，按照常理，沃尔玛本应叫"沃尔顿玛特"（Walton·Mart）。但沃尔顿先生在为公司确定名字的时候，把制作霓虹灯、广告牌和电气照明的成本全都合计了一遍，认为省掉"ton"三个字母能节约不少钱，于是就只保留下了"Walmart"七个字母。剩下的这七个字母，不仅成为这个著名企业的名称，也成为创业者节俭品德的最好见证。沃尔玛中国总店的管理者们对创始人沃尔顿先生的本意心领神会，他们没有把"Walmart"译成"沃尔玛特"，而是巧妙地译成了"沃尔玛"。看起来好像只是省了一个字，却将沃尔顿先生的节俭精神内核牢牢把握住了。如果全球数千家沃尔玛连锁店全都节省一个字，那么整个沃尔玛公司在店名、广告、霓虹灯方面的开支，将被节省相当大的一笔钱。

在行政费用的控制方面，沃尔玛几乎也做到了极致。在行业平均水平为5%的情况下，整个沃尔玛的管理费用仅占公司销售额的2%。换句话说，就是沃尔玛一直用2%的销售额来支付公司所有的采购费用、一般管理成本及员工的工资。为了维持低成本的日常管理，沃尔玛在所有细微的环节上全部实施了节俭战略。而包括总裁在内的沃尔玛的高管们，同样也保持了企业一贯的节俭良风。

现在在沃尔玛，节俭的精神已经蔚然成风。有人曾经问沃尔顿为什么能成为最富有的人，以及该怎样很好地经营一个企业。沃尔顿说："答案其实非常简单，就是因为我们珍视每1美元的价值。我们的存在是为了给顾客提供价值，这就意味着除了在提供优质服务之外，我们还必须为他们省钱。我们不能愚蠢地浪费任何1美元钱，因为那都出自我们顾客的钱包。每当我们为顾客节约了1美元钱的

第六章　财富源于节俭

时候，那也就使我们在竞争中领先了一步。这就是我们永远要坚持做下去的。"

而今，沃尔顿的这句话已经成为沃尔玛公司的一条"铁律"。节俭精神使得沃尔玛在创造财富的同时，也在不断地积累财富；在不断降低成本的同时，又能够更多地为顾客让利，做到天天平价，从而为企业赢得竞争优势。并在大部分的时间内领先于自己所有的同行甚至是全球的商界。

也许你会好奇，沃尔顿在公司这样"抠门"，那在他的生活上呢？是不是也一样吝啬呢？这点你不需要担心，因为他绝对做到了表里如一。在山姆成了亿元富翁之后，他节俭的习惯半点都没有没变。他没有为自己购置过豪宅，而是一直住在本顿维尔，并且经常开着自己的旧货车进出小镇。镇上的人都知道，山姆是个非常"抠门"的老头儿：每次理发都只花5美元——当地理发的最低价。不过，这个"小气鬼"也不是一直都是这么小气的。他曾向美国5所大学捐出了数亿美元，并在全国范围内设立了很多奖学金。老沃尔顿的几个儿子也都继承了父亲节俭的衣钵。美国大公司一般都有豪华的办公室，现任公司总裁吉姆·沃尔顿的办公室却只有20平方米，公司董事会主席罗宾逊·沃尔顿的办公室则只有12平方米，而且办公室内的陈设都十分简单。以至于很多人把沃尔玛形容成"穷人"开店穷人买"。而在你听说了公司总裁的办公室陈设后，是不是就不再为超市经理办公室的"寒酸"而惊讶了？然而这样的"节俭"是卓有成效的——沃尔玛在短短几十年时间内迅速扩张。现在，沃尔玛在美国拥有连锁店1702家，超市952家，"山姆俱乐部"仓储超市479家；它在海外还有1088家连锁店。到2000年，沃尔玛全球销售总额达到1913亿美元，甚至超过美国通用汽车公司，仅次于埃克森—美孚石油，位居世界第二。

或许你已经从沃尔玛身上看出了一点东西，或者说是熟悉的身影。没错，我在这节开篇的时候讲的那个青年B就是一个沃尔玛似的人物。沃尔玛公司上上下下，不管是管理者还是一般员工，他们都共同努力，为企业节约每一分钱，从而成为了最后的赢家。青年B也是因为注重每一分钱的积累，最终奔向了自己的既定目标——拥抱财富。

如果你以前曾经大手大脚，也不用为自己的行为懊悔，从现在起节约每一分钱，你还是有机会成为富豪的。但如果你现在还觉得节约与否并不十分重要的话，那你可能就真的没有希望了。

缔造富豪
DIZAOFUHAO

富豪节俭榜

与众人想象中的富豪的奢侈形成鲜明对比的是富豪们的借鉴。这里就有一个富豪的节俭榜，在此你可以看出这些富豪是如何身体力行的节俭的：

1. 巴菲特钱包用了二十年

1999年，为了向一家慈善机构奥马尔孤儿院捐款，"股神"巴菲特拍卖了他的裤后袋钱包。在此之前的二十年间，巴菲特一直在用这个破旧的钱包。正如巴菲特自己说的："这个钱包没有什么特别之处，但它的历史可以追溯到很久以前。我的西服是旧的，钱包是旧的，汽车也是旧的。1958年以来，我就一直住在这栋旧房子里，因此，我保有这些东西。"很多人好奇他的钱包里到底装了多少钱，对此他说："我来看看。"然后打开钱包，数了数，大约有八张面值一百元的美元的钞票。他说："我一般就在钱包里放一千美元左右。"

2. 比尔·盖茨只停普通车位

比尔·盖茨曾经和一位朋友开车去希尔顿饭店。当时饭店前停了很多车，普通停车位很紧张，旁边的贵宾车位却空了不少，朋友就建议盖茨将车停在那儿。

对此提议盖茨却说："噢，这要花十二美元，可不是个好价钱。"朋友坚持自己付，盖茨仍然坚持说这不是个好主意，因为他们是在超值收费。最后在盖茨的坚持下，他们最终将车停在了普通车位。

除此之外，富可敌国的比尔·盖茨平常生活非常俭朴——穿衣服不讲究名牌，没有私人司机，公务旅行只坐经济舱，更值得一提的是他还对打折商品感兴趣。在平常生活中很少和妻子去豪华餐馆就餐。盖茨曾说过一句话："我要把我所赚到的每一笔钱都花得很有价值，不会浪费一分钱。"

第六章　财富源于节俭

3. 生活不讲究的墨西哥富豪

因为名下股票大涨，导致个人财富暴涨，超过比尔·盖茨和沃伦·巴菲特的墨西哥富豪卡洛斯·斯利姆·埃卢，已经成为财富界的后起之秀。虽然财富日益增加，卡洛斯·斯利姆·埃卢的生活方式却没有什么大的变化——自从妻子去世后，他搬到一个比小时候的房子还要小的房子里面去住，周末度假用的房子也已经用了几十年。他租了一条游艇，但只在谈生意的时候才用。他的公司总部依然是原来那幢两层土褐色的混凝土建筑，办公室里的家具也很普通，不值什么钱。他唯一的嗜好就是抽古巴雪茄和收藏19世纪墨西哥绘画作品及罗丹的雕塑。

4. 宜家老板买菜选择下午

瑞典宜家家居创造人英格瓦·坎普拉德虽然是世界上的第四号富人，瑞士的首富，拥有140亿到150亿瑞郎的资产，却开着一辆又旧又破的Volvo车。而且，这车已经伴随他15年了，对此他并不觉得有什么，因为在他看来这辆车"几乎还是新的呢"。更让当地人称奇的是，他每花一分钱都要仔细算计……

英格瓦·坎普拉德不仅买东西专挑便宜的，就是日常买菜也总选在下午。之所以这样做，是因为下午市场上的蔬菜和水果的价格会比上午便宜一些。他还像普通百姓一样，跟小商贩讨价还价，甚至连他居所里的家具，都是他在宜家的大卖场中淘回来的。

坎普拉德基本不穿西装，吃饭也总是光顾便宜的餐厅，还会为买一条像样的围巾、吃一顿瑞典鱼子酱而心疼老半天。他不仅自己厉行节约，还把这种理念贯彻到了公司经营中——宜家的职员总是听到诸如"纸要两面用"这样的叮嘱，在乘飞机出行时包括他在内的宜家人都只能坐经济舱。对此，人们总是说坎普拉德吝啬，他却不以为然，"人们觉得我太吝啬，我并不介意他们这么想。能够遵循我们公司的原则行事，我感到非常骄傲。"

关于坎普拉德的节俭习性，长久以来还流传着另外一个故事。话说当年坎普拉德出差住饭店时，如果因为一时口渴，忍不住喝了房间冰箱里售价昂贵的可乐，隔天他就会赶到超市去补买一瓶，然后偷偷将它放回冰箱里。

坎普拉德平时的装备就是一件褪色外套、一双磨损旧鞋，戴着一副老式眼镜。在不知道他身份的人看来，他更像一个靠养老金勉强过日子的"穷汉"。

当年他的家乡建起了一座他的雕像。在出席剪彩仪式时，坎普拉德竟把彩带工整地折好后递给市长，然后告诉他彩带还能继续使用。

缔造富豪
DIZAOFUHAO

后来有次去参加一个商业晚会时，坎普拉德被保安人员挡在了门外，因为他们看见坎普拉德是从一辆公交车上下来的。他还将这种"吝啬"发扬到了去伦敦的旅行中，在那里，他出行只乘公交车或地铁。

坎普拉德还自豪地说，他解雇了长年为他服务的理发师，就是因为新聘的理发师每次只收12美元的费用。

坎普拉德和妻子玛格丽塔现住在瑞典一幢普通的别墅里，过着半退休的生活。

……

对这些巨富来说，奢华不过是面子工程，节俭则是本性使然，在他们内心深处更向往这种最简单的快乐。

第六章　财富源于节俭

节俭是增加财富的筹码

在大多数人的一生中，应该都有这样的梦想：住豪宅、开好车，过优质的生活。这一切少不了钱在后面支撑，没有钱这一切基本就是海市蜃楼的空想。那些让人称羡的名讳：盖茨、巴菲特、洛克菲勒……他们在人们的生活中就是标杆，是财富的风向标。然而，在人人称羡的生活背后，只有他们自己知道，这份财富的得来，跟节俭有着莫大的关系。

我们在本章开始的时候就举了很多例子，这些富豪是财富的风向标，同时也是节俭的风向标。因为他们知道，财富不能简单地同收入画等号。如果在他们挖到人生第一桶金的时候就挥霍一空，那现在我们就看不到他们的富可敌国了。

史蒂夫·耶格说过：不看你赚了多少钱，关键是看你能留住多少钱。在人人梦想着成为富豪的今天，我们有必要剖析一下富豪之所以成为富豪的原因。分析一下就会发现，他们身上有这样几个特质：

1. 量入为出、开源节流

几乎任何一个富豪都知道"节俭"是构筑财富大厦的基石的道理。他们靠控制消费、积累财富、延迟满足使自己变得富有；而那些低级财富积累者则喜欢打肿脸充胖子，这样的人在生活中有一个特别的称呼——暴发户。当一夜暴富后，他们多年来没有实现的生活目标就要马上实现，所以他们一般过着过度开支和过度消费的生活。

这些一夜暴富的人一般是今天花明天的钱，而且多有负债倾向，走进了"挣钱—消费"的怪圈。他们总是让"重要旁人"来决定他们的消费方式，他们判别贫富只看人家如何选择食物、饮料、服装、手表和汽车。他们不但是高消费者，也是盲目消费者。在他们看来挣钱就是为了花钱，完全没有让财富增长的念头。

而真正的富豪则懂得财富积累的关键是防守，这种防守必须靠预算控制开支和制定投资计划来巩固阵地，他们也正是靠这种方法保住了自己的财富。他们用手中的净资产数额来衡量自己的成就，而不是借助于他们现实的收入。他们深知：要积累财富，就要使已实现的（应纳税的）收入部分最小化，而把潜在的收入部分（无现金流动伴随的财富和资本增值）最大化。所以他们坚持凡事都定目标、凡事都有计划，他们会花大量的时间研究和计划投资决策，以及如何管理好当前的投资。他们的终极目标是做一个更好的投资者，而不是盲目高消费者。而这，除了在暴发户身上是盲区外，在很多没有财富的人身上也是盲区。所以，从现在起，如果你想变得富有，就要从一个盲目高消费者变成一个有目标计划、有预算安排、控制消费的人。特别是在你还没有富裕之前，尽量不要买你力不能及的房子和车，因为抵押付款是最大的负债。

2. 尽可能合理地安排时间、精力和金钱

效率是财富积累的关键，这绝对是真理。只有那些熟知这个真理，并且将其真正实施的人才能成就财富的梦想。

麦克斯维尔说过：看你每天的日程表，就知道你未来是什么样的人。但凡富豪都懂得建立时间资产，他们愿意花更多的时间，寻求出色的会计师、律师和投资经纪人，以向专业投资顾问咨询意见。他们不会跟其他人一样用时间换钱，花大量时间为经济状况恶化担忧。

人的精力是非常有限的，一个人越早挣到收入并用于投资，他积累万贯家产的可能性就越大。有些人可能投入了大量精力，上了十几年的学，学了很多东西，最终却没有变富。为什么？因为财富是盲目的，它不因为你学富五年就眷顾你，也不因为你目不识丁就冷落你，它跟你的精力如何分配有关。那些没有变富的人就是因为将精力放在了不恰当的地方才最终没有变富的，他们花很大精力去研究消费市场，而不是股票市场；他们能告诉你大汽车经销商是谁，却不知道著名投资顾问叫什么；他们能告诉你如何到商场消费，却不知道如何更好的投资。

任何一个人都要切记一点：金钱是宝贵的资源。你的收入的最终用途，将决定你是贫穷还是富有。如果一直没有预算地过日子，那么，可能你到老都只是个渴望拥有财富的人。吃不穷喝不穷，算计不到就受穷，这是真理。就算你现在的财富总额不足以保证你衣食无忧，只要你肯花时间和精力去思考和谋划如何投资你的未来，财富最终会跑到你的脚下。那些已经成为富豪的人毫不夸张地讲都是投资高手，他们通常向能够增值但没有立即收入的领域投资。其中将有较大百分比的钱投入到个人掌握或个人较多掌握的企业、商业不动产、公开交易的股票、养老金计划、以及其它延期缴税项目。很多富豪手中都有股票，这就是最好的例证。当然，任何投资都是利润和风险并行的，你如何物色金融投资顾问，将关系到你的财富能否增值以及增值的速度如何，所以容不得半点马虎。在寻找财务顾问方面，你要舍得花费时间、精力、心血和脑力。只有这样，才能保证你找到合适的人选。

3. 经济独立远比外表光鲜体面更重要

在富豪眼里，经济独立远比显示他们的社会地位来得重要。在美国的富豪中，有63.4%的喜欢买新车，36.6%的喜欢买二手车。之所以买二手车，他们给出的解释是——把收入投于能增值的资产更重要。对他们而言，金钱和种子是一样的，你可以把种子吃掉，也可以用它来播种。

4. 懂得什么才是对子女最好的爱

曾经听说过很多富豪不把自己的财产留给子女继承，而是捐献给慈善事业。在国外，很多富豪非常重视对子女的财富教育。他们懂得授之以鱼不如授之于渔，所以经常教育孩子要靠自己去创造想要的生活方式。

他们为子女创造一种环境，使独立的思想和业绩受到尊敬，个人的成就得到珍惜。并且鼓励子女冒险，因为富豪的成功很大程度上得益于冒险。而勇气，则是成就冒险必不可少的因素。有勇气就意味着有坚定的信心、敢于面对危险或十分艰难棘手的局面，而且勇气是可以培养和发展的。所以，在平时的教育中你可以多鼓励孩子在小学或中学时就竞选班干部。等他们长大后鼓励他们去尝试做销售，这样可以让他们学会更多的东西。

如果你仔细观察一下富豪的子女们就会发现，他们的成年子女大多数能够自力更生。要想实现这一点，需要遵循这样几个守则：（1）即使你有钱也别告诉子女你很有钱；（2）不管你多富，都要教育子女克己自律、生活节俭；（3）在你的子女建立起成熟完善的成人生活方式、找到稳定的工作前，让他们对你的财富状况保持不知道的状态；（4）尽量不谈论子女将来能够继承的东西，或作为赠品能够得到的东西；（5）绝不要把给成年子女赠款或其他重大赠品作为谈判策略的一部分；（6）不参与成年子女的家务事；（7）不试图与子女竞争；（8）记住你的子女各有不同；（9）强调你子女的成就，而不是仅仅象征成就的东西，让他们明白如果能在自己工作的领域拔尖，金钱是会自动找上门的；（10）告诉你的子女，有许多东西比金钱更宝贵，比方说健康长寿、家庭和睦、独立自主、良师益友等，拥有了它们才是真正的富豪；而只有拥有了名誉、声望以及正直、诚实等品格，才是真正的成就。

第六章　财富源于节俭

节俭是有计划的奔向财富

如果要用三个词来形容富豪们的侧身像，那就是：节俭，节俭，再节俭。

英国一个电视栏目曾经做过一个关于百万富翁的生活的实验报道：

先生们，女士们：这是皮特，他是一位富翁。我将向皮特先生问几个关于他的购买习惯的问题，这些问题来自我们的电视观众。

"首先，皮特先生，有位观众想知道您购买一套服装，最多花过多少钱？"

皮特把眼睛闭上片刻认真回忆。现场鸦雀无声，很多人纷纷猜测大约在一千美元至六千美元之间。然而结果出人意料，富翁说他买衣服花钱最多的一次……最多的一次……包括给他自己买的，给他妻子买的，给他儿子和给女儿买的……最多一次加起来花了399美元。这是他花钱最多的一次，当时是为了纪念他和妻子结婚25周年的纪念日。

可能有人会质疑这件事的真实性，然而事实就是这样。在大多数观众的心目中都觉得富豪们一定会是住豪宅、开好车、生活奢侈的。在大多数情况下，人们的预期却总是和富豪们的生活实际相差悬殊。

也许有人会问这些富豪为什么就成了富豪，我也在苦苦地拼搏，为什么钱还是那么少？也有人直接将富豪们的成功归因于他们有天赋和运气好。但在你苦苦抱怨的时候，是不是应该反省一下自己，看到自己疏漏的地方。很多人觉得想挣大钱就要做生意，做生意又要资本。那保证事业成功的资本怎么得来？在需要你动脑筹来的同时，还需要你节省每一分钱。

有人可能会有东汉时陈蕃的想法，觉得自己是要成就大事业的，所以应该"大丈夫处世，当扫天下，安事一屋？"然而，这样的话说出口之后，就应该

缔造富豪
DIZAOFUHAO

料到自己会被反驳:"一屋不扫,何以扫天下?"聚沙成塔、集腋成裘,这是古之良训。传承了数百年的东西,其中真理经历了时间的考验和淬炼,你不服怎么行?

更何况节俭不是吝啬,也不是守着金钱过苦日子。它的真正含义是为了更长久的富足与安稳,是为了使金钱和资源实现持续发展,实现一种有远见的生活理想。

财富是通过奋斗得来的,但谁也不能保证挣来的财富就能被一辈子牢牢握在手里,不再溜走。有句话说得好:财富如流水。我们只有建一个蓄水池,才能保持水池始终蓄满水。常言道:"常在有时思无时"。人生在世,谁也不知道什么时候会遇上灾难,居安思危是要常记心头的真理。不过话又说回来,灾难的来临虽然不能完全预料,但生活中如果能多一点远见,能在丰衣足食、事业如日中天的时候为这一天做准备,同样能为自己和家人筑起一道安全的财富保险屏障。

人生如此,事业同样也是如此。一个企业获得永久财富的基石也是节俭,将金钱和资源用在最关键的时候。换种说法,节俭就是一种远见,它是将金钱留在最需要它的时候。当然,要做到这一点,就需要每一位员工从身边的点滴做起,节约每一滴水,每一度电,每一张纸……如果坚持,你会看到令你惊讶的结果。不信吗?沃尔玛不就是最好的例证吗?所以,坚持节俭吧,每天下班的时候问问自己是否做到了节俭。在打印、复印时是两面打印吗?水龙头用后及时关了吗?下班的时候做到人走灯灭、关电器了吗?

在竞争越来越白热化的时候,要想获得最多的财富、长远的发展,取得最终的胜利,拼的除了智慧还有节俭。节俭本身就是一笔财富,对任何企业来说,它都是一种非常重要的竞争力。它不但能提高企业的纯收入,还能提升企业的经营水平。因为只有在重视生产开发的同时也注重成本控制,少浪费,才能把企业做强做大,立于不败之地。除此之外,与节俭结合在一起的词汇多是勤恳、踏实、务实、理智,这些也都是企业发展不可或缺的助力。

曾经看过这样一份资料:我国一个企业考察团赴日本考察,参观了久负盛名的大财团丰田公司。在参观的过程中,考察团的人注意到在丰田公司卫生间里每个抽水马桶的水箱中都放了几块砖,他们对此十分好奇。丰田公司看到考察团成员面带异色,便笑着向大家解释,放砖是为了节约用水量。

还有一次,松下公司的领导到丰田公司参观,受到了丰田公司十分热情的接待。服务人员恭敬地递上咖啡,礼貌周到得无可挑剔。但令松下公司领导大吃一

第六章　财富源于节俭

惊的是：丰田公司竟然用普通的粗瓷碗盛咖啡！

不用惊讶，事实就是这样，丰田公司确实没有咖啡杯。无论是自己使用还是招待贵宾，丰田一律用普通的瓷碗来盛咖啡。

对此，外界盛传丰田人吝啬。尽管这样，丰田公司还是坚持自己的一贯作风，坚持将"干毛巾也能拧出水"的"吝啬精神"发扬光大。

在丰田公司，员工做完工作可以随时回家。因为在他们看来，不必要的逗留就是一种浪费。与其下班后办公室依然灯火通明的无所事事，不如节省能源、时间、人力做其他的事情。

再如，为了节约开支，丰田公司最初曾以套笔帽或以订书器连接的方法利用铅笔头。但这样却连带着出现了另一个问题：购买一个笔帽要46日元，一年要用掉2800个，合计就是迈13万日元，而订书器的连接又不够结实和牢固。对此，公司的一位职员建议将废弃的一次性使用后的圆珠笔笔端截断，拔出笔芯。然后用火柴或打火机将它烤软，并趁热将铅笔头插进去。这一建议被实施后，又节省了相当一笔开支。

丰田人正是凭着这股"吝啬"劲儿，创造出了质优价廉的产品，使企业的利润年年攀升，最终跻身世界巨型跨国公司前列，开创了车到山前必有路，有路必有丰田车的繁荣局面。

丰田公司这样的大型企业尚且知道将节俭放在首位，那些名不见经传的小企业是不是应该好好学习一下呢？而那些渴望成功、梦想成功的人是不是也要学习一下丰田高层的节俭智慧呢？

"历览前贤国与家，成由节俭败由奢。"浪费是一条致命的绳索，一旦被它束缚，再想前进就很难了。节俭实际上就是在创造利润、创造效益，致富的关键就是使支出比收入少。因此，拒绝节俭也就等于拒绝财富。节俭在很大程度上来说就是一种远见，一种智慧，一种时尚。只有倡导节俭，并在日常生活中身体力行，我们才能真正的在节俭中发掘财富、获得盈利。

借债是财富终结的催化剂

没有借过债，没有被债务缠过身，没有被债主追过债，没有被债主要求和压迫过，更没有因此吃尽苦头的人，可能永远都不会知道负债是人生最大的威胁。如果你曾经或者现在还在天真地以为只要借得一笔资本，就可以实现自己的理想，那就真该醒醒了。即使你已经成功地借到了资本，也未必就能最终实现自己的理想，我可以很负责任地告诉你。因为在现实生活中，靠着借债发家的人并不多，而身陷债务泥潭的人倒是很多。一个毫无成功经验的人要想实现自己事业和财富上的愿望，多半是会遭遇经济"危机"的。当然，如果他的确有相当强的实力和充分的把握，而且这种积极心态已经在无形中树立了他的威信，那即使靠借来的本钱创业，成功的几率也会非常大。

一个立志要创业致富的人，首先必须熟悉将要从事的业务的具体情况，甚至连细节都不能放过；其次，还要有能挑选实力干将的眼光。如果你对于所要经营的事业毫无头绪，在挑选录用员工方面也不加区别，那即使你做事踏实，待人诚恳，当你向别人开口借钱作创业资本的时候，别人也会毫不犹豫地一口回绝你。当你要制定愿望的时候，最好不要把目标定得太高。开始的时候规模小些没有什么关系，只要你确实有能力，经过一段时间的经营，一样可以发展到形势喜人。如果你做到了这一点，即使是借来的钱做资本，债务的泥潭也不会将你卷入其中。

然而，令人担心的是，现实生活中很多事情总是向着未知的方向发展。很多人消磨掉了创业初期的豪情壮志后，最终因为债务变得异常消沉和萎靡，债务成了他们生活中的梦魇。墨菲曾经说过："你得像逃避恶魔一样避免借债。"所以，青年人要下定决心，无论你如何急需用钱，都不要轻易让你的名字出现在别

第六章　财富源于节俭

人的账簿上！富兰克林在《贫穷的查理》里有句话说得很好："借钱等于自投苦恼的罗网。"对于这句话，法庭上那些民事纠纷案可以为之佐证。当然，这句话也不能涵盖所有的情况，任何事情都有例外，借债也是这样。当一个人因为意外事件陷入困境时，当很多飞来横祸从天而降时，人的力量就会显得非常渺小。大部分情况下，即使再多的努力也是枉然。这时候无论你多么小心谨慎，无论你思想上怎样调整，无论你多么不喜欢向人借钱，为了大局，你都必须硬着头皮去向银行贷款。不过，这时候你要谨记一条："借得慢，还得快。"这一原则也适用于生意上的借贷款。在生意场上，借贷款是在所难免的。一个渴望建功立业、成就大事的人，最应该注意的一点就是：要在自己的理想目标和才能之间建立平衡。一个野心太大，好高骛远的人，很容易就会走上负债经营的不归路。

这样的年轻人我们见过很多，他们原本很有前途，也很有希望。当他们踏入社会，可能开始的时候还没有染上这样的恶习，那时他们还是看重名誉的人，不喜欢东拖西欠地借钱乱花。但就因为一点小小的用途，无意中打开了借债的大门。并且因为太过大意，对借贷不订契约或不书写凭据，结果发生了很多财物纠葛，使前途变得暗淡不说，精神上和道德上还要经受很多考验。他们也就是从那时候开始，陷入了永世不拔的危险深渊里。

每年因借债丧生的人，甚至比因战争而死的人还要多数十倍。当代二十个天才中，有七个人：一个小说家，一个学问家，两个法学专家，两个政界名人，一个演说奇才都因举债而丧失了性命。

美国名人史蒂文生，平时小心谨慎，德誉载道，家喻户晓；但他在述说心目中的理想生活时，还战战兢兢地祈祷自己不要卷入借债的漩涡里。

他说："我们为人必须亲爱忠诚，日用度最好比收入少一些。对于家庭，应该保持快乐的气氛。对朋友，必须竭力避免仇恨，但也决不忍受无谓的屈辱；遇到蛮不讲理的人，还是早些避开的好，这是走向美满生活的捷径。"

西里士博士说："你要使生活安稳，保持自己良好的名誉，有一条规律非遵守不可：那就是'多赚少用'。处在这个到处布满陷阱的社会，没有比这件事更需要小心注意的了。"

那些因为借债而名誉扫地甚至丧失生命的人就是因为没有看到借债后的危险才导致了那样悲惨的结局。假如他们事先想到不能还清债务的后果：名誉扫地、世人鄙视、道德沦丧，甚至丧失性命——这些都是一时大意，向人借钱周转的结果。假如他们再看见一旦戴上负债的手铐，想前进就不太可能的情况，相信他们

缔造富豪

一定会狂呼"宁可死也不做债主的奴隶"!

这时候就要记住墨菲的一句话:"在心里想着要实现成功的愿望时,更应该想着尽可能地避免借债。"因为债务会把一个人的体力、气魄、人格、精神、志趣、雄姿消磨得一干二净;因为债务对人的压迫,还会把一个人一生的希望全部消灭。所以还是那句话,无论生活中多么急用钱,都尽量不要将自己的名字写在借债簿上。除非你有十足的把握和实力,否则不要轻易尝试。

那怎样才能更好的避免借债呢?最好的答案就是节俭。在现实生活中,很多上班族都是"月光族"大军中的一员,就是因为他们没有事先做好预算,在该花钱的时候花,在不该花钱的时候也花,结果才导致了月月精光没有结余的结果。换句话说就是因为不知道节俭才导致了"月光"。也许有人会抱怨说我不是理财专家,找不到好的理财方法。其实,节俭就是最好的理财方法,更是非常好的生活方式。它是教会人们如何有效地管理自己的金钱,在与财富的长久、良性的互动中获得"恒财"的独门秘籍。在日常生活中如果尝试实践节俭:选择适合自己的保险、对小钱也不忽视积累、学会让钱生钱、控制冲动消费等,时间长了一定会收到意想不到的结果。

那到底能收到什么结果呢?答案一目了然:日子可能更安稳、更有保障;在年老体衰的时候可以安心地晒太阳、喝龙井;甚至即使是在百年不遇的经济危机面前,也不用担心没米下锅。对此也许你会说,要过好日子,只要有大把的银子就行了,这和节俭有什么关系?

一夜暴富、发"横财"固然很爽,尤其对于财商教育欠完善的人来说,"马无夜草不肥,人无外财不富"的说法更是值得大加追捧的真理。但如果翻开古今中外巨富们的花名册,就会发现那些富可敌国的人几乎没有一个是靠"横财"维持长久财富地位的。相反,倒是那些凭着努力和恒心赚钱、守钱、生钱的人笑到了最后。他们不仅获得了永久的财富,还给后人留下了无数彰显大智慧的理财故事。比如,股神巴菲特、石油巨富洛克菲勒、华人富豪李嘉诚,等等。

那到底是什么让他们笑到了最后呢?是他们天赋秉异,还是有什么独门秘籍?

其实,并没有什么神秘独到的秘籍助他们神力。世间万物皆有定数,金钱与财富的增长也有其内在规律,这些人能笑到最后就是因为他们遵守了财富规律。这其中,克守节俭就是一条绝对不容忽视的铁律。当然,这里所谓的"节俭"并不是要让大家守着金钱过苦日子,不是"一分钱掰成两半花"、"新三年、旧三

第六章 财富源于节俭

年、缝缝补补又三年"的清贫，更不是为了两根灯芯不肯咽气。那不是节俭，那是吝啬鬼、守财奴，是对人性的扭曲，是对节俭的偏见和短视，是泯灭人性。相反，节俭的精髓实际上是一种远见和智慧。它教会人们摒除低级趣味，不役于钱、不役于物，做一个自由而有尊严的人。它的真正含义是：善用金钱，为了更长久的富足与安稳，克己、自律，过有远见的生活。

"岁月静好，现世安稳"是每个人的心愿，事实却常常与人的期望相反。一位理财大师曾说："不要以为明天一定要和今天一样，唯一的保障来自于你自己。"那些手里有了钱就吃喝玩乐，今朝有酒今朝醉甚至寅吃卯粮的人，对此却没有深刻理解。他们总是想当然地以为，日子会永远像现在这样——金钱源源不断，能够永远够用。事实上呢？要想自己永远安乐，就必须为自己留足过冬的粮食。就像冬季来临之前自然界的动物们一样，只有储备了足够的"粮食"，在"大雪封山"的日子里，我们才能够泰然处之。生命无常，这看似悲观的论调，却是不容质疑的真理。

任何财富的得来，都不是靠运气和遗产积聚的，它是靠着勤劳工作、坚持不懈和善于计划、克己自律得来的。那些借债的人就是因为违背了财富规律，透支了未来财富，才深陷债务泥潭的。无论你当初为什么借债，都无关紧要，重要的是你要改变自己的生活方式，只有这样才有可能摆脱债务纠缠。

我们在前面也说过，在很多人的思维中，都觉得富豪应该和平常不一样，最起码要有标识他们身份的服饰"标签"。事实却是，他们多半穿着朴素，以至于走过你身边的时候，你会以为他们和你的邻居们没有什么两样。

因为在这些富豪看来，经济上的独立比衣着光鲜地显示自己的地位和财势更重要。单纯地讲究排场和穿着，是低俗的表现，所以他们更倡导节俭。而在这方面他们更是个中高手。比如，他们生活中多是出少入多；能够有效地安排时间、精力和金钱，把节省下来的资源都用于财富积累。

更关键的是，他们在个人和家庭消费上都显得十分理性，他们中绝对少有那种脑袋一热就跑到商场烧钱的冲动型消费者。因为他们知道，即使在商场里逗遛的时间再长，买回来的也多是些几乎用不上的东西。如果他们要购物，就会拿着购物清单"按图索骥"。等买到所需的东西之后选择离开，这样就避免了很多不必要的过度消费，还能节省很多时间。曾经有人算过一笔账：如果每周花20分钟时间去购物，那么一个成年人在一生中将会有上千个小时消耗在逛街购物上。如果这些时间被用在投资、写书和锻炼身体上，那将会收益巨大。富豪们多半不会选择这样生活。而像花钱进酒馆喝得酩酊大醉，或者到赌场里一掷千金，对大多数富豪来说更无异于犯罪。

另外，生活中绝大多数富豪都很擅长做远景规划。他们对一定时期内要进行的各种活动的成本和利益都要进行评估，以求得最佳效益。这是他们积累财富的重要方式，也是全面实行节俭计划的一部分。

也可能有人会说，节俭太难做到了，凡事都要精打细算这样的日子太煎熬。正是以此为借口，很多人将奢侈浪费进行到底，这种现象在生活周围比比皆是。其实这是缺少智慧的表现，赚钱的时候非常勤勉，花钱却不知道精打细算。这样下去，最终会是竹篮打水一场空。

人在迷茫的时候往往就会向人性中的劣根性投降，一些及时行乐的想法就会趁机控制人的头脑，我们可能就会向它投降。所以无论遇到什么情况，即使已经身陷债务泥潭也要保证有一份清醒的认识和坚定的意志，避免一时的过度花销，不能破罐破摔。更不要以"生活节奏太快"、"生活压力太大"为借口，放纵自己在物欲上沉迷；如果因此就把赚来的钱都花掉，如果曾经的努力富有的企图就是为了表面的辉煌和灿烂浮华，就是为了过花天酒地的生活，那么当这些钱被花掉的时候，原本幸福安稳的生活也被一并扔掉了。

现在大家不妨假设一下，如果让你一夜之间拥有上亿美元的财富，你会怎样？相信很多人会因此改变生活方式，甚至最终借债度日。但是富豪们没有，也正是因为这样，他们才最终笑到了最后。"对我未必是一件好事，充其量我只是手上有一大笔钱的暴发户而已，我的生活状态、想法、知识还是维持原样。"这是日本营销之父中岛薰的金钱哲学。在他看来，真正让你实现富足的不是金钱的数量，而是你本身的财富性格。一个人如果只是改变了原有的财富数量，没有改变自己的生活和思想，那这些钱就没有任何价值，甚至它还会将你引入歧途。只有在财富的增长中，充实你的精神和修为，这样的财富才有价值。

在18世纪的英国劳动者中间，有一个十分奇怪的现象，那就是：在经济繁荣的时候，工人们工作稳定、报酬优厚，就连最普通的雇工似乎也都过上了小康生活。这时候，在普通雇工中间就会流行过节，其中一个就是"圣星期一"。顾名思义就是一些工人在星期天喝醉了酒，导致星期一不能正常上班，只好请假在家醒酒。

类似的还有"银行节"，每周一次。一般的情形是这样的：

有的人有钱的时候去酒馆、去裁缝店，吃好的、喝好的、穿好的，毫无顾忌

第六章　财富源于节俭

地花钱；经济萧条，年景不好，或者本人时运不济的时候，这些习惯了过前面两种节日的人就会陷入悲惨的境地——寒冷的冬季没有保暖的衣服，有的甚至上街乞讨；家人生病时，更是因为没钱治病，只能眼睁睁地看着亲人病死在家中。这个时候他们多半会非常后悔，想着要是自己当初把钱存下来，现在也许就不至于过得如此狼狈了。在他们身上，金钱不是被"使用"了，而是被"浪费"了。正是这些纵欲的习惯，使得他们完全不知道节俭，才最终结局悲惨的。

贫与富，取决于我们的一念之差。如果我们愿意为未来储存金钱，那总会有机会创造财富；如果我们任由自己把金钱浪费在根本没有意义的事情上，那我们最终会与财富擦肩。历史上的英国商业大亨就是靠着节俭积累资本，才最终走上财富之路的。正是资本的积累把穷人和富人区别开来的。

节俭，就是大雪球形成之前的那个小雪球。有了它，你的财富雪球才能越滚越大。没有最初的积累，也就无从得到资本。只有当资本达到一定数量时，我们才有权选择合适的投资和保险，生活质量才会有基础和保障。我们甚至可以说，是节俭创造了文明，创造了资本。借助资本，人们才能开展各项活动，让手中最初的资本像雪球一样，越滚越大。

当然，需要申明的一点是，财富与收入不是一回事。如果你收入很高，却没有结余，那只能说明你的生活水平高，而不能算富裕。一个穿着"裘皮大衣和丝质马裤"，却欠着巨额外债的人，能算是有钱人吗？

那些欠债人的财富蓄水池是空的、干涸的。他们一旦遭遇失业或者意外，就会很快面临窘境，维持生计尚且是问题，想要变富又怎么可能？要知道，留在池子里的才是你的财富，花掉的、流到池子外面的，不是属于你的财富。

当然，节俭不是生而有之的，它是后天获得的。它包括自我克制，即为了明天暂时放弃今天的享受。节俭会使我们从属于理智、远见和谨慎，它是为今天而劳动，同时为明天做准备。

然而，我们当中的大多数人，天性里往往更倾向于浪费而不是节俭，所以大多数人都还过着并不富足的生活。只有在明白了节俭的真义之后，才是真正踏上创造个人财富的征程。

一位通过勤俭持家不断积累财富最后开办工厂，坐拥上亿资产的富豪说过："人类的贫穷和不幸完全都是人类自己一手制造的。虽然失业和疾病是外在的原因强加给我们的，但是如果我们在平时能够稍微懂得节俭，节省一点，把每周赚得的钱存起来，以备不时之需。那么即便是失业、即便是患病，也不会让我们立

缔造富豪

即陷入极度的贫穷之中。而且,我敢断言,但凡有这种远见的人,他也是绝对不会失业的。"

那些身陷债务泥潭的人和"月光族",就是因为不懂得自我克制才变成这样的。我们总在强调的一种观点就是:节俭。把储蓄当成定期的花费。每次拿到薪水,先提出一部分存入银行,哪怕是可怜的一便士,也不要放弃。这不仅是在节俭,更是在锻炼自我克制的能力。一旦你拥有了这样的能力,也就具备了成为富豪的一个条件。

一个人如果总是把赚来的钱全都花在暂时的享乐上,那他就永远不可能成为富豪。这不能怪环境,是他们自己把自己沦为了时间和环境的奴隶,是他们自己制造了贫穷。不节俭足以剥夺一个人人性中所有高贵的精神和品德,让他永远无法摆脱动物性的一面。

将节俭当成习惯的人会发现:节俭不需要高人一等的勇气,也不需要超人的智慧,更不必修炼超人的品德。你只要有很好的克制精神,有抵抗好逸恶劳的力量足矣。只要你迈出了节俭的第一步,并坚持一段时间,它就会变得越来越容易。

不要说你做不到这些。我们每个人都有机会通过节俭拥有一定的财富,关键在于你是否有坚持的勇气。在我们生活的周围,之所以有那么多人生活在贫困线上,是因为他们更愿意享乐而不是节俭。

在浪费金钱的人那里,金钱代表了虚荣、奢侈,但在节俭的人那里,金钱却代表了更宝贵的东西,那就是独立和自由。所以,它是最为高贵,也最有价值的。所以不要轻薄金钱,每一分钱都要花的有意义,更不要轻易借债,让自己的生活永远阳光向上才行。

第七章 ◎ 卓越的经营才能

> 如果我们每个人都雇用比我们自己更强的人,我们就能成为巨人公司。
>
> ——奥格尔维

缔造富豪
DIZAOFUHAO

善借外力

美国奥格尔维—马瑟公司总裁——广告业的创始人奥格尔维在一次董事会上，事先在每位董事的桌前放了一个玩具娃娃。"这就代表你们自己，"他说，"请打开看看。"当董事们打开玩具娃娃时，惊奇地发现里面还有一个小一号的玩具娃娃。打开它，里面还有一个更小的……最后一个娃娃上放着奥格尔维事先写好的字条："如果你永远都只启用比你水平低的人，我们的公司将沦为侏儒公司。如果我们每个人都雇用比我们自己更强的人，我们就能成为巨人公司。"

古人有云："下君之策尽己之力，中君之策尽人之力，上君之策尽人之智。"放到成功学上，奥格尔维的法则可以进一步引申为"借力法则"。"借力使力不费力"，人类之所以成为万物之灵，就是因为人类擅长"借力使力"。简言之，就是能够利用别人的力量来完成自己想要的目标。

一个小男孩在他的玩具沙箱里玩耍。沙箱里有他的很多玩具：小汽车、敞篷货车、塑料水桶和一把亮闪闪的塑料铲子。当小男孩在松软的沙堆上修筑公路和隧道时，他无意中在沙箱中部发现了一块巨大的岩石。之后他就开始挖掘岩石周围的沙子，企图把岩石从沙箱中弄出来。男孩子毕竟还小，岩石又太大，即使手脚并用，他也无法把岩石翻过沙箱的边墙。

这时候小男孩没有灰心，他手推、肩挤、左摇右晃，一次又一次向岩石发起"冲击"。可是，每当他觉得稍微取得了一些进展的时候，岩石便滑落下来，重新掉进沙箱。最后，他无奈地哭了起来。这整个过程，男孩的父亲都在卧室里看得一清二楚。当孩子伤心哭泣的时候，父亲来到了他面前。

父亲温柔而又坚定地说："儿子，你为什么不用上所有的力量呢？"小男孩

第七章　卓越的经营才能

垂头丧气地说："我已经用尽全力了，爸爸，我用尽了我所有的力量，可它就是没有反应！""不对，儿子"父亲温和地纠正，"你并没有用尽你所有的力量，因为你还没有请求我的帮助。"说完，父亲弯下腰，轻松地将岩石搬出了沙箱。

　　善借外力才是赢家。立足自我但不排斥外力，这是成功思维中不可或缺的一种境界。

　　成功是很多因素合力作用的结果，也是很多环节的链接。一个人即使再厉害，他的时间、精力、财力都是有限的。大多数情况下都不可能做到万事俱备，都无一例外地需要别人的帮助，比如资金、技术、信息、销售等。但凡成功的人，大都得益于这点。同样的，如果你现在还没有成功，也很有可能是因为你没有处理好这方面的关系。"好风凭借力，送我上青天。"一个人亦或一个团体，如果善于借助别人的帮助，就会事半功倍，更快、更容易地拥抱成功。

　　在这里，"借"具体包括借钱、借物、借技术，同时还包括深层意义上的借文化、借名人、借事件、借形势等。"借"是经营中的一门学问，即使你身无分文，但你深谙此道，成功照样是你的囊中之物。

借人之智

赖兹曾经说过:"很少有人能单凭一己之力,迅速名利双收;真正成功的骑师,通常都是因为他骑的是最好的马,才成了常胜将军。"

一家知名企业的主管对此说得很坦率:"我的成功得益于那些聪明人。我总是把那些聪明人挑选出来。我雇用他们,促进他们,当我有所成就时,和他们共同分享荣誉。"

不过要说最擅长此道的人,则要首推犹太人。不论是商界还是科技界的犹太人,成功者比比皆是,就是因为他们善于借人之智。美国前国务卿基辛格,先不说他在外交上的政治手腕,单从他处理白宫内的事务来看,就是一位典型的善借人之智的高手。基辛格工作的时候有一个惯例,凡是下级呈报上来的工作方案或议案,他一般都不看,大约三几天后再把提议案的人叫来问他这是他最成熟的方案吗?对方往往都不敢给予肯定的回答。基辛格听后就会建议其对方案再进一步思考和修改,以期完善。

过一段时间,等提案者提交修改后的方案,基辛格看后会问对方相同的问题,让对方更加深入的思考、研究。这样几经反复,基辛格就能让提案人用尽最佳的才能,得到最好的提案。而事实证明,这确实是个高招,这也反映出了犹太人的一种成功诀窍。

在商界首屈一指的大商人密歇尔·福里布尔也是犹太人,他能够从一间小食品店发展成为一家世界上最大的谷物交易跨国企业,也是因为他善于借助先进的通讯科技和雇用大批懂技术懂经营的高级人才。他公司的通讯设备是世界上最先进的,而他的管理人才也是他付出极高的报酬请来的。这样一来,就使得他公司的信息灵通,技术高超,从而大大提升了竞争力。尽管这些人才和设备花去了他

第七章 卓越的经营才能

相当一部分钱,但相比较得到的收益,他还是"吃小亏占了大便宜。"

任何一个成功的富豪,基本上对此都很擅长。因为他们知道,一个人的力量不可能实现自己的目标,只有将大家的力量拧成一股绳才能发挥最大的作用。遇到那些比他们实力强的人,他们多半不会妒忌和生气,而是带领他们发挥群策群力,使他们各尽其能。

在1982年比尔·盖茨登上美国《金钱》杂志的封面时,杂志给出的评价是这样的:"你可以喜欢他,也可以憎恨他,但你不可以忽视他。"的确,这个高科技精英的代表人物主导着一个时代的命运。

盖茨的成功,已经在社会上掀起了一股浪潮,一股探究富豪成功的浪潮。如果掀开盖茨的奋斗史,你会发现,优秀的人才无疑是盖茨迅速称霸软件市场的法宝。在接受记者采访的时候,盖茨也说:是微软公司的智囊团使微软创造了新的局面。换句话说,盖茨是借助智囊团的智慧才取得的成功。

在微软最初建立时,盖茨就已经意识到了这一点。当时他就采纳了查尔斯·西蒙尼——一名施乐电脑专家的建议发展了一个文字处理系统。而这个人如今已经成了智囊团的成员之一。从1981年离开施乐公司,西蒙尼在接下来的十年中一直致力于微软的应用软件开发。Multiplan、Word、Excel等都是在他的指导下开发成功的,他被誉为"微软首席程序大师"。

微软现在的智囊团是一个新老混合的团体。成员有公司的最高层领导、高级开发员和程序经理,核心大约有10个人。他们负责管理关键产品和公司的新举措,监督和评估其他人的工作。

除了他们,微软还有很多的高级技术人员。他们在微软的发展过程中,曾帮助盖茨把事业推到了巅峰,可谓功不可没。

微软现任总裁史蒂夫·鲍尔默在20世纪80年代中期WINDOWS项目迟迟无法完成时挺身而出,承担了开发责任并成功地将产品推向了市场。从师诺贝尔奖获得者斯蒂芬·霍金的副总裁内森·梅尔沃德是普林斯顿大学的物理学博士,他是指引微软走向未来的舵手。在面对瞬息万变的技术市场和扑朔迷离的未来走向时,他帮助盖茨撇开繁重的官僚式的组织管理包袱,把IBM的四项基本准则引入微软,从而实现了微软的战略转折。

保罗·富莱斯那加入微软后,促进了公司推进.Net网络服务及首次推出数据库软件业务。这项业务自他接管之后,有着十多亿美元的发展,他现在已经成为公司举足轻重的人物。

▲ 缔造富豪
DIZAOFUHAO

　　此外，在智囊团外围，还有很多出类拔萃的人帮助盖茨不断取得事业上的突破。深知开发过程精髓的克里斯·彼得斯1981年加入微软后，曾为微软创造了好几亿美元的收入。

　　微软还有很多来自不同领域的顾问，他们是微软产品安全性以及全球发展战略方面的顾问。他们不断地给微软提出各种建议，对微软找到正确的发展方向有不可忽视的促进作用。

　　从这些事实中我们就可以看出，在盖茨的周围团结着大批的人才，正是他们的智慧帮助盖茨不断推进事业的发展。我们必须承认的一点是，在不断推动计算机软件实现前所未有的更新换代和制订这一领域新标准，引发全球技术革命的过程中，这些人起到了至关重要的作用。也正是因为这些智囊团的幕后操作，才使得微软在发展过程中鳌头独占，独领风骚。我们可以毫不夸张地说，是他们成就了盖茨。但是我们也不能因此忽视盖茨的才华，如果盖茨看不到他们身上的才华，那他就不会继续借助他们的智慧，这些人也就找不到发挥的舞台了。盖茨的借人之智发挥得可谓恰到好处。

第七章　卓越的经营才能

借人之财

小仲马说过一句话："商业——这是十分简单的事。它就是借用别人的资金！"

商业的成功离不开资本，如果你擅长将别人的资本为己所用，那成功就不会对你关起大门。可能有人会说，你在节俭那一章强调不要随便借债，这里又说要借人之财，这不是自相矛盾吗？我们确实说过不要随便借债，但我们也说了如果你有足够的把握和实力，借债是允许的。而这里讲的就是当你有把握和实力的时候。对于这个，我们可以先看一个成功的例子：

克罗克当年家里很穷，所以他连中学都没读完就被迫出来做工了。他先是在一家工厂做推销员。由于工作关系，经常不能准时回家吃饭，只能在快餐店里随便吃点东西果腹。这样一段时间后，他就发现，几乎所有的快餐店都有很多值得改进的地方。此时的他虽然有了一定的积蓄，但要自己做老板，还是"老虎吃天——心有余而力不足"。后来一次很偶然的机会，他认识了经营快餐店的麦克唐纳兄弟。于是，他婉转地提出希望能利用推销员的空余时间到他们的快餐店里打工。当然，为了回报他们，他愿意把推销收入的5%奉送给他们。

麦克唐纳兄弟一想这样一来不但多了一个帮手，还能有额外的收入，何乐而不为呢？于是爽快地答应了。在这之后的6年里，克罗克为了赢得麦克唐纳兄弟的信任，工作非常卖力。他还多次向他们提议改进经营方法，改善服务态度，美化经营环境。结果，麦克唐纳快餐店的生意越做越红火，而克罗克在快餐店的地位也越来越高，最终超过了麦克唐纳兄弟。更重要的是，克罗克在这6年的时间里还摸索出了一套行之有效的经营方法，这为他最终成功经营打下了坚实的基础。

后来克罗克通过和麦克唐纳兄弟谈判，最终买断了麦当劳的生产权。之后，

缔造富豪
DIZAOFUHAO

克罗克立刻按照自己的经管战略对店铺进行彻底改造，将其扩大到全美，在不长的时间里就赚回了成本。20年后，麦当劳连锁店遍及全世界，总资产达到了40多亿美元。

克罗克从一个一名不文的小推销员成为身价40亿的富豪，靠的是什么？就是因为他借助麦克唐纳兄弟的财力，用自己的劳动换来了今天。

纵观中外富豪的成功史，你会发现，深谙此道的除了克罗克，还有富兰克林、杰克逊、凯撒和桑得斯，而希尔顿更是这其中很明显的例子。

当年希尔顿遭遇酒店快速发展的瓶颈的时候，资本是最大的困难。那时候美国正在遭遇全面的金融危机，举目四望，全国一片萧条，如何打破局面是摆在希尔顿面前最紧迫的事情。希尔顿东挪西借也没有凑够所需资本。最后他不得不将筹来的钱孤注一掷地投资石油。那时候如果失败的话，等待他的将是万劫不复的深渊。好在，上天眷顾希尔顿，让他在3年的时间里，用这个油矿还清了他所有的欠款。

希尔顿这些周转资金的得来不可能全部是自己的积蓄，最起码开始的时候不是。这些钱多是他贷款而来或是借来的。他就是通过借助别人的钱让这些钱生钱，最终成就了自己的事业。

还是那句话，如果你有足够的把握和实力，那就勇敢的去借助别人的钱财来成就自己的事业。当然，切记不要野心太大，好高骛远啊。

第七章　卓越的经营才能

借人之名

20世纪50年代，约翰逊创办了一家化妆品公司，公司很小，只有3名员工，总资产不过500美元。按照正常逻辑和化妆品市场的一般规律，它是绝对没有出头之日的。然而出乎人们意料的是，短短几年的工夫，它便取代了当时最有名气的佛雷公司，成为全美黑人化妆品行业中的领头羊。

那约翰逊是怎么成功的？事实上，他用的也是"借力法"——借用佛雷公司的名气。当时约翰逊知道自己的小公司无论在财力、人力、物力上都不可能与佛雷公司相提并论，便集中精力研制了一种粉质雪花膏。然后在媒体上打出这样的广告："当你用过佛雷公司的化妆品后，再擦上一层约翰逊公司的粉质化妆膏，将会收到意想不到的效果。"开始，公司的员工对这个策略很是怀疑——这不是拿自己的钱给别人做广告吗？但很快，销售业绩就安抚了大家的疑虑情绪。这些员工也终于明白，就像一个普通市民和总统站在一起的时候一样，人们在认出总统的同时，也一定会好奇地打听：站在总统旁边的那个人到底是谁？他竟然和总统如此亲近？约翰逊公司想要的就是这样一个效果：消费者们在看到这条广告之后，只要购买佛雷产品，就必然同时选购约翰逊公司的产品，因为佛雷公司的信誉成了约翰逊产品的质量担保。这样一来，还有人怀疑约翰逊公司的产品吗？

除此之外，日本的高原庆一也是深谙此道的高手。

高原曾是日本一家特殊纸制品公司的员工。他在平常生活中发现妇女专用卫生纸的需求量很大，便决定向这一领域进军。然而，当时的日本市场和国际市场，已经被一种叫"安妮"的品牌占据了，"安妮的日子"已经成了女性专用卫生纸的代名词。高原要想在这中间实现自己的发展，是很不容易的。

对于这种情况，高原却没有太多的担心。

他首先在产品质量上下了工夫，研制出了一种比"安妮"更柔软，吸水性更强的产品。但此时，他的财力根本不可能支撑他像"安妮"一样在各种媒体上登载广告。对此，高原决定借力。

他首先将自己的产品取名为"魅力"；然后，将自己的产品包装的比"安妮"还要精美，这就在视觉上突出了自己的产品；最后，他挨个说服店主，请求他们将"魅力"和"安妮"摆放在一起出售。不久之后，奇迹就发生了，当妇女们走进商店，一眼就可以看到摆在"安妮"旁边的"魅力"。尽管她们原本是想购买"安妮"的，但现在"魅力"比"安妮"更精美，于是就忍不住购买了"魅力"。在使用过"魅力"后，更进一步增强了对它的好感。就是靠着这样的手法和技巧，"魅力"不仅站住了脚，打入了原本不可能进入的女性卫生用品市场，还取代"安妮"成了日本最具影响力的名牌产品。

第七章　卓越的经营才能

借人之力

相信很多人都见过大雁南飞的场景，可能也记得那首歌谣：一会儿排成"一"字，一会儿排成"V"字。甚至都在好奇之余，寻找它们为什么要这样飞的理论依据。事实上是因为当一只鸟展翅拍打时，其他鸟如果立刻跟进，抬升整个鸟群。借着"V"字队形，就会使整个鸟群比单鸟飞行时至少增加71%的飞升能力。

如果这时候一只大雁掉队，它就会立刻感到飞行时迟缓、拖拉与吃力。

当领队的鸟疲倦了，它会退到侧翼，另一只大雁则会接替它飞到队形的最前端。之所以这样，是因为为首的雁在前头开路，能帮助它左右两边的雁形成局部真空。科学家在风洞试验中发现，成群的雁以V字形飞行，比一只雁单独飞行效率提高12%。

布莱克说过："没有一只鸟会升得太高，如果它只用自己的翅膀飞升。"鸟如此，人类也不例外。如果一个人不懂得跟同伴合作，那他就不可能取得非常好的业绩。

可能大家都曾听过这样一个笑话：一个没有双腿的男子，遇见了一个瞎子，就向这位瞎子提议联合起来，以得到更大的收益。他这样对瞎子说："你让我趴到你背上去，这样用你的腿，我的眼睛，做起事来可以更快一点。"

不幸的是，很多人没有缺腿男子的远见，他们被灌输了相当垃圾的思想：必须践踏别人、糟蹋别人、利用别人才能取得成功。曾经有一家公司要招聘职员，最后一轮面试要从3位应聘者中选出两个。面试公司给出的题目是这样的：

假如你们3个人一起去沙漠探险，在返回的半途中车子抛锚了。你们还有很长的路要走，可你们3个只能从7样东西：镜子、刀、帐篷、水、火柴、绳子、指南针中选择4样随身携带，你会选什么？这其中帐篷只能住两个人，水也只有一瓶。

甲男选的是：刀、帐篷、水、火柴。

负责面试的经理问他，为什么第一个选的是刀？

甲男说："害人之心不可有，防人之心不可无。帐篷只够两个人睡，水只有一瓶。假如真的争起来，女孩子我可以让，男的搞不好就会危及我的性命。不过要是我把刀拿到手，主动权就掌握在我手里了。"

而乙女和丙男选的四样物品则是相同的：水、帐篷、火柴、绳子。

乙女对此的解释是："镜子在沙漠里没什么用处，所以可以不要；因为有手表，指南针也可以舍弃；刀就更不必要了，因为遇见对人有攻击性的动物的可能性太小了；水是必需品，虽然只够两个人喝，但如果省着点，相信也能够三个人坚持到最后；帐篷虽然只能容纳两个人睡，但可以三个人轮流休息；火柴也是路上必不可少的；沙漠里风沙大，如果没有绳子很容易在风大的时候走散了。用绳子将三个人捆在一起就会避免这种情况的发生。而且，如果遇到沙崩，有同伴掉到沙堆底下，还可以用绳子把他拉回来。"

丙男的解释和乙女的是一样的。

结果，乙女和丙男被留了下来。

甲男为什么会被淘汰出局呢？很明显，因为现代企业更强调的是团队协作精神。甲男在假设的情况下，想的最多的就是自己，还把团队里的同伴都当成了假想敌。而事实上，他可以和两位同伴通力协作，把本来只够两个人利用的资源发挥到极致，最终让三个人坚持到最后，渡过难关，走出死亡沙漠。

当他在选择那把刀防备别人，甚至准备在关键时刻把它插向同伴胸膛的时候，就已经率先把刀插向了自己。

现代社会，几乎任何一项运动都强调团队合作，足球、篮球、羽毛球、乒乓球都是如此。而一个企业想要做大做强，更少不了团队合作。因为任何一个企业都是由众多员工组成的，只要这些员工通力合作，发挥群策群力，才能使企业越来越好。如果这个企业的领导明白其中的真理，那这个企业成功只是个时间问题。

第七章　卓越的经营才能

精心培养管理骨干

　　个人或者一个企业要想获得更快更好的发展，需要借助别人的力量。但任何一个企业要想成功发挥员工的潜质，就要保证你所雇用的员工能够胜任自己的工作，有能力为公司创造收益才行。

　　在各领风骚若干年的电脑产业的发展上，微软公司是一个例外。尽管已经经历了几十年的风风雨雨，微软公司依然保持着可持续发展。

　　当然，盖茨本身也承认一点，软件行业的不断升级换代决定了他和他的员工要在激烈的市场竞争中站住脚，就必须不断超越自己和竞争对手，能够随时胜任巨大的工作压力。所以，任何一个想要进入微软的人都不仅要有深厚的专业技能，能承受巨大的工作压力，还要勇于接受新知识，不断进行创新，也正因此盖茨非常重视对员工的选择和培养。

　　在微软，尽管在校园里就有六千位软件开发人员，盖茨却坚持把整个公司切成无数个小团体，让他们自主行动。这样一来，就保持了它的机动、灵活、弹性和效率。在别人眼里微软是一个单一巨大的企业，事实上则是一个个小团队，他们各自进行自己的方案。各个团队都有自己的领军人物，通过竞争，脱颖而出的人才往往成为微软的管理层后备力量。

　　微软这样的做法不但保持住了公司的活力，还没有割裂员工之间的联系。当吃中饭或者进行技术交流时，来自不同单位的员工会有机会同桌交换心得。这就保证了微软的不断成长。而这种模式，不但给予了员工充分的尊重和信任，还锻炼了他们的管理才干。微软还根据"20/80定则"在公司内部重点寻找、培养、关注20%左右的核心员工，对这些核心员工进行管理，从而达到了最优效果。

　　在公司里，盖茨虽然是最高层的领导，但经常去一线参加产品设计。他常常

缔造富豪

逐个办公室地走访研究员，与他们探讨新产品的性能。当盖茨走后，那间办公室的门往往会关上，里面的工作人员就会立即给自己的家人打电话说比尔·盖茨到过他那！

当然，这些管理人员在工作达不到盖茨要求的时候，肯定也逃脱不了盖茨的批评。

微软的人事变动非常频繁，随着管理台阶的一步步升高，竞争也因此变得越来越残酷。因为微软的用人制度不是依靠学历和老本，而是"谁比我更聪明"。所以，微软集中了无数的人才，他们大都来自哈佛大学、普林斯顿大学和麻省理工学院等。他们之间为了晋升，激烈竞争，微软正可以利用这样的机制，选拔最优秀的人才。也正是靠着这样的竞争，微软不断地取得进步。

在挑选经理方面，盖茨也有其独到之处。身为技术专家，他没时间去像别的公司一样理会那些通才主义的经理，而是直接要求微软的员工将管理的技巧融入各领域的专长。

为此，微软创造了利于员工公开发表意见的环境，创造了开放的工作空间，让每一个人都有机会崭露头角，获得管理层垂青。

而且，盖茨还提倡微软的各级主管都争做"开明"的领导。主管只负责为下属提供工作方向，是"引导"，而不是"控制"，更不是事必躬亲。

当然，微软公司在注重培养管理骨干的同时，也采取双重职业途径对专注于技术领域，拙于经营管理的明星员工进行安置和培养。盖茨深知，在高科技领域，专业知识和管理技巧同样重要。如果把不具备管理能力的专业员工提拔为行政官员，其管理成效可想而知。微软对此的解决方法不是从合格的技术专家中培养出劣等的管理者，而是允许既可聘请高技能管理员工，又可雇佣具有高技能的技术人员。

微软公司在技术部门和一般管理部门建立了正规的升迁途径。首先，每个专业部门设立"技术级别"，级别用数字表示。起点是本科毕业的新员工为9级或10级，高至13、14、15级。对于程序员，13级已是非常之高。级别直接反应了员工的表现和基本技能，也反应了经验阅历。

正是通过这样的管理制度，使得微软不但保证了管理人员的不断高升，还保证了技术人员的到位，这也就保证了微软的不断发展和进步。

微软的实践说明了一个问题：如果一个公司拥有了众多骨干和精英，是不愁发展的。在这一点上，陈弼臣也看得很清楚，做得很到位。

第七章　卓越的经营才能

陈弼臣这个名字也许听起来不是很熟悉,但如果在前面加上一个词缀:泰国第一富翁,你就不陌生了。陈弼臣从一个普通职员做起,一直做到泰国第一富翁,这中间除了客观环境的帮助外,根本上来说还要归功于陈弼臣出色的领导才能和先进的经营策略。尽管他没有受过高等教育,但在激烈的市场竞争中却摸索出了一条经营之道,知道该怎样指挥企业打胜仗。

在陈弼臣的经营字典里,最重要的一条就是"和气生财"。所以无论是对待下属还是客户,无论是在成功前还是成功后,他都是一贯的宽厚平和,谦虚谨慎,平易近人,从没有丝毫骄横和傲慢。

陈弼臣善于物色人才,使用人才,坚持"任人唯贤,唯才是举",而且"用人不疑,疑人不用"。他深知自己在银行业务方面的知识并不健全,所以对于有技术的人才特别重视。为此他不仅亲自物色和网罗学有所长的能人,还建立了专门的研究与计划部门。这个智囊团为他制定了许多重大的战略方针,从而避免了竞争中的盲目性。

只有懂得合作的人才更容易成功

合作是个老生常谈的一个词,因为只有合作才能实现一个人实现不了的事情,完成一个人完成不了的目标。经过合作,可以产生更大的力量。世界上最大的财富就是利用合作积聚起来的。单独一个人,即使有再强的能力,终其一生,所取得的成就也只能是那么一点而已。而如果合作的话,结果就不好估量了。

美国管理学家雷鲍夫认为:在你着手建立合作和信任时要牢记这样几条:

1. 最重要的8个字是:我承认我犯过错误。
2. 最重要的7个字是:你干了一件好事。
3. 最重要的6个字是:你的看法如何。
4. 最重要的5个字是:咱们一起干。
5. 最重要的3个字是:谢谢您。
6. 最重要的两个字是:咱们。

另外,如果是经过合作取得的财富,不会在主人心上留下什么伤疤;如果是经由冲突和竞争取得的成功,却一定会使它们的主人受到伤害。

不管是为了生存,还是为了获得更多的财富,都需要我们改变追求财富的方法,将"合作"当作追求财富的方法的基础。

这样做可以收到双重奖励:一方面可以使我们获得生活所需求的一切;另一方面则可以使我们的内心获得平静,这是那些贪婪者永远无法得到的。

台湾某建筑公司的老板在短短几年的时间里就实现了个人资产由一万台币增长到一百亿台币的飞跃。在别人问他成功经验的时候,他说:"我当年也曾问我的老板,我如何才能成功。老板当时没有多说,而是给我看了一个关于李嘉诚的

第七章 卓越的经营才能

报道，上面写着：7分合理，8分也可以，那我只拿6分。"就是这套经商哲学，使他从一个小员工变成百亿台币的董事长。

而同一种哲学，不同的人可以用不同的语言来进行表达。

曾看过这样一则报道：记者问一位农民种玉米的秘诀，因为他种的玉米总是在最佳农产品比赛中获胜。

这位农民说，他的成功来自于他将种子分给邻居们。

记者很奇怪这样的说法，就问为什么。

农民回答："风会将玉米的花粉从一块地吹到另一块地，如果我的邻居种的是质量不好的玉米，那么杂交传粉就会使我的玉米质量退化。我要想种出品种优良的玉米，就必须帮助我的邻居也种优良品种的玉米。"

这个农民在帮助别人获得成功的时候，也因此得到了自己想要的结果，而且帮助的越多，所得就越丰厚。当你想帮助别人摆脱困境的时候，往往受益最大的会是你自己。

在一场异常激烈的对抗战中，一个上尉忽然发现一架敌机向他们的阵地俯冲下来。可上尉没有按照常理毫不犹豫地卧倒，因为他发现离他四五米远的一个小战士还站立着。他没顾得上多想，就一个鱼跃飞身将小战士紧紧地压在了身下。随后一声巨响，被炸起来的泥土纷纷落在他们身上。上尉拍拍尘土，抬头一看却惊呆了：刚才自己所处的位置被炸了两个大坑。

在前进的路上，搬开别人脚下的绊脚石，有时恰恰是给自己铺了路，虽然这可能并不是你的初衷。

这个道理总结一下就是：助人即助己。

中国有句古话说得好：送人玫瑰，手有余香。要想成就自己，就多问问自己是不是实现了与别人的合作，因为互助是双向的。

竞争优势效应

当然，要想进行更好的合作，充分发挥团体的的力量，还必须认清"竞争优势效应"。

有这样一个笑话：上帝向一个人允诺："我可以满足你3个愿望，但有一个条件——你的敌人所得到的东西是你的两倍。"这个人想了想就提出了自己的愿望，第一个、第二个愿望都是得到一大笔财产，第三个愿望却是"将我打个半死"。

曾有一对夫妻离异，根据法官的判决，丈夫应该把财产的一半转让给妻子。之后，丈夫开始出售自己的车、房。为了不让妻子平白无故地得到一大笔财产，丈夫将自己价值几百万美元的车子和房子以10美元的"天价"贱价出售了。妻子固然没有得到原有的利益，丈夫却也因此损失了一大笔钱。

人们与生俱来都有一种竞争的天性，每个人都希望自己比别人强，不能容忍对手比自己强。因此，在面对利益冲突的时候，往往会选择竞争，非拼个两败俱伤才肯罢休；就是在双方利益均沾的时候，也多半会像那个丈夫一样优先选择竞争，而不是选择对双方都有利的"合作"。这种现象被心理学家称为"竞争优势效应"。

要想消除"竞争优势效应"的负面作用，就需要我们多多推崇"双赢"理论。合作，应该毫不犹豫的成为集体的主旋律，才能为每一个人营造一个发展的空间。著名的心理学家荣格有这样一个公式："我+我们=完整的我"。绝对的我是不存在的，只有融入我们的"我"。要想充分实现自身的价值，就必须与周围的人友好相处，合作互助，实现优势互补。因为只有"双赢"才是真正的赢。

微软在这一点上就做得非常好。

第七章　卓越的经营才能

在盖茨眼中，创业不仅需要汇聚人气，还需要把人力资源的效益发挥到最大。

当微软聚集了越来越多的优秀人才时，合作就成了一个永恒的话题。因为虽然人才济济，但如果这些人没有团结起来，只是各扫门前雪，那照样起不到什么大的作用。所以重中之重就是让他们团结起来协作，这样才能让微软变得更强大。盖茨是这么想的，也是这么做的。

众所周知等级隔阂是人与人之间难以沟通的隔阂之一，它的存在不利于员工凝聚力的增强。但微软的人性化管理，特别是其中无等级的安排让其他公司的员工欣赏。它也为提高微软员工的合作精神和合作能力打下了基础。

微软除了采用无差别的办公环境，为职工免费提供各种饮料外，在公司内部，还为员工提供可用于办公的高脚凳，其目的就是为了方便职工不拘形式地在任何地方办公。

盖茨非常重视团队合作精神，把它视为微软的价值观核心。在确定了这种价值观后，微软员工就以更强烈的合作意识参与工作了。

当然，为了更进一步提升员工的合作能力，微软也制定了切实可行的制度进行帮助。在微软，每个新员工一进公司都会拜师傅。新员工在老员工的带领下熟悉企业文化和业务，以期更快地融入公司。在美国，微软员工是由经理来指定师傅的；而在中国，在微软全球技术中心，则是由员工来选师傅。员工可以通过公司内部网站上的相关介绍，找到和自己投缘的师傅。

在微软，一个员工可以至少有两个师傅。一个教技术，另一个则传递职业素养、企业文化、为人处事方面的知识，帮助员工尽快适应新的环境。在一个人不同的成长阶段，还会有不同的师傅，伴随你的成长。

在微软，有一个八个字的箴言：互补、互助、互励、互动。如果你仔细体味这4个词的话，会发现它们之间的关系是递进的。一个没有团队合作精神的人可能会毁了整个团队。只有团队互励互助，才能成为有生命力的团队。即使遇到再大的困难，都可以共渡难关。而盖茨和其他高层领导更是非常重视合作，他们善于激励优秀的人才合作，并且改造那些缺乏合作精神的人，因此微软的合作氛围十分浓厚。

盖茨的老搭档鲍尔默认为技术与经营部门的合作创新是微软发展的核心，于是他每月在公司召开碰头会，讨论部门之间的合作细节，协调合作。因为合作的深入程度直接决定了技术创新、改进产品的进度。

▲ 缔造富豪
▲ DIZAOFUHAO

人人都看到了盖茨的成功，都想知道盖茨成功的秘诀。现在我们就看到，正是这种亲密合作的态度和良好协作，使得整个微软拧成了一股绳，在处理相关问题的时候能够有最好的进步和发展。

第七章　卓越的经营才能

建立良好的人际关系

在竞争日趋白热化的今天，要想出人头地，成为叱咤风云的富豪，除了要懂得与人合作，还需要建立良好的人际关系。而这其实也是一种变相的"借力"，为自己前进铺平道路。

几十年前人们崇尚的是自主创业，但现在这种观念已经过时了，人际关系在创业中发挥的作用越来越明显。人脉日益成为创业信息、资金、经验的"蓄水池"，有时甚至能起到四两拨千斤的神奇功效。在盖茨的成功中，自始至终闪耀着人脉的神奇魅力。他的成功也验证了人脉的重要性。

在盖茨和艾伦最初创立他们的交通数据公司时，他们拥有的产品是一种用来计算汽车流量的机器。当时他俩凑了360美元买了一台英特尔公司的8008处理机，并聘请了一位工程师帮忙设计硬件。当然，是用延期付款的办法请来的。

软件看似简单，但有助于确定最佳交通管理方法，安排交通红绿灯的时间长短等等。盖茨通过父母的关系，将产品推销给了西雅图交通官员。这一次，交通数据公司大约盈利2万美金。

随后艾伦开始了在各州巡回推销他们的软件，甚至一度到加拿大等国进行推销。然而由于缺少可靠的社会关系，推销一直没有取得成效。在那个时候，盖茨就清楚地看到了人脉的重要性。

盖茨在后来成立自己的第二家公司进行课表编排程序的开发时，仍然沿用靠社会关系来开展业务的老路子。他的第一单业务是本校的课表编排。第二单则是通过他姐姐的关系联系上的——为华盛顿大学实验学院设计一套学籍管理软件。可后来因为一点别的原因,只赚到了大约500美元。

等盖茨创建了微软公司,依然只是个无名小卒。那时他只是个尚在大学读书的学生,没有太多的人脉资源。不过,他还是签到了公司的第一份大合约,更关键的是这份合约是跟当时全世界第一强电脑公司——IBM签的。

当时的IBM绝对是业内的巨头公司,一旦攀上这个高枝,就意味着不久的将来会成为业内的翘楚。1973年卡里出任IBM总裁后,果断决定从事个人计算机的研制开发。为了获得操作系统上的支持,于是给盖茨打了电话。

有趣的是,当盖茨带着可行性报告来到IBM时,却发现自己忘了系领带。当时时间已经来不及了,盖茨不得不将租来的汽车开进一家百货店停车场,匆忙买了一条领带。后来回想这件事,盖茨说:"创业多么艰难!那时全靠一种渴望成功的事业心支持着自己。"

在接下来的谈判中,IBM问了盖茨很多问题,结果还是让盖茨很满意的。然而,尽管盖茨对与IBM签合同信心百倍,但也不是没有一点忧虑。IBM高层会重视小小的微软吗?微软能钓到这么大的"鲸鱼"吗?好在,盖茨亲人的人脉又一次发挥了作用。盖茨的母亲是IBM的董事会董事,IBM新任董事长是盖茨母亲的朋友,盖茨母亲的成就和人格为儿子作了最好的担保。如果没有母亲的人脉,也许盖茨当时就签不到IBM,那他今天也根本不可能拥有几百亿美元的个人资产。

而且,IBM这条大鱼带给盖茨的收益不是一星半点,而是长久的收益。随着IBM个人电脑销量的日益增加,微软DOS因之成为行业的唯一标准,盖茨最终成了最大的赢家。

当然,盖茨还不断发展国外的朋友,让他们帮忙调查国外的市场,以期尽快开拓国外市场。盖茨有一个非常好的日本朋友西和彦,他们是在西和彦22岁那年认识的。西和彦为盖茨分析了日本市场的特点,还为盖茨找到了第一个日本个人电脑项目,使盖茨开发的软件得以在1977年打入日本市场。这之后,西和彦更是帮助盖茨把日本营造成了微软的仅次于美国的第二大市场。

在微软逐渐成长起来后,盖茨也组建了自己的社交圈。他和巴菲特有很不错的交情,两个人在1991年西雅图的一次社交活动上相识,其后就一直保持联系。两人之间更是惺惺相惜:盖茨的商业敏锐让巴菲特折服,巴菲特的投资理念则让盖茨臣服。他们经常相约在一起打桥牌。在2001年,当盖茨为反垄断案

第七章 卓越的经营才能

焦头烂额的时候,巴菲特更是站出来为老朋友仗义执言。后来当巴菲特要挑选接班人的时候,盖茨则被选为巴菲特经营的投资公司博克夏·哈莎维公司的董事。

在商海中经历过大风大浪的盖茨知道,什么才是能够帮助自己成功的因素,更懂得如何抓住它们。所以,即使经历过这么多的风浪和挫折,盖茨最终还是笑到了最后。在他的财富史上,我们看到正是这些不为人重视的小因素,诸如人脉和懂得借助别人的力量合作等,让他跌倒后重新站了起来,这是他经年累月的打拼摸索出来的黄金法则,更是比金钱还要宝贵的财富。

▲ 缔造富豪
　▲　DIZAOFUHAO

借助敌人的力量

看到这个标题，很多人可能会觉得不可思议。敌人就是对头，就是冤家，我为什么要借助他的力量呢？先不要这么快下结论，看完我们的讲述你可能就会明白其中的深意了。

有位动物学家对生活在非洲大草原奥兰治河两岸的羚羊群进行了研究，他发现了一个非常奇怪的现象：东岸羚羊群的繁殖能力比西岸的强，奔跑速度也比西岸的每秒要快13米。

对这个差别，动物学家百思不得其解，因为这些羚羊的生存环境和属类都是一模一样的。为了搞清楚事情的真相，动物学家倡议动物保护协会做了一个试验，在河的东西两岸各捉了10只羚羊，把它们送到彼此的对岸。结果，送到西岸的羚羊繁殖到了14只，而送到东岸的羚羊最后只剩下了3只，另外7只则是被狼吃掉的。

谜底终于被揭开了，东岸的羚羊之所以如此强健、繁殖能力强，是因为它们附近生活着一个狼群，结果使得它们越活越有"战斗力"；而西岸的羚羊之所以弱小，则是因为它们缺少这样一群天敌。生物学中有一个"天敌定律"，即任何一个物种都需要在一种既相互联系、又相互制约的平衡环境中健康发展。一旦平衡丧失，在不受制约的环境中，这个物种就会产生恶性膨胀，在毁灭其他物种的同时也渐渐遭到毁灭。

没有天敌的动物往往最先灭绝，腹背受敌的则可能一直存活下去。大自然中的这一悖论，在人类社会也得到了很好的验证。罗马帝国因为没有了强大的对手而分崩离析，东方的强秦建立不久就迅速覆灭，不能不说也是由一部分这样的原因造成的。

第七章　卓越的经营才能

敌人能激发你的生命活力，敌人能使原本沉闷死寂的生活荡出朝气蓬勃的波纹。没有敌人就没有你人生的飞跃，没有敌人你的生命很可能就会走向堕落和灭亡。回首来时路，你可能会惊奇地发现，真正促使你成功的不是顺境和优裕的先天条件；真正让你坚持到最后的不是你的朋友、亲人；真正激励你，让你大踏步前进的不是金钱和荣誉，而是你的敌人。

克莱尔·布思·卢斯曾经说过："我已经没有一个论敌了，他们均已作古。如今我非常想念他们，因为有了他们，我才能清楚地定义自己。"

感谢你的敌人吧，你的进步和成熟都是在与敌人的较量中逐步积累的。

传说古印度有位英勇无敌的王子，某次征战之后率兵得胜回朝。在盛大的庆功宴上，王子非常谦逊地举起金杯，向前辈、大臣、在座的将士以及黎民百姓一一表示感谢。甚至连为他牵马的仆人也没忘记，这使大家深为感动。这时候，坐在一旁的老国王提醒他："我的孩子，还有一个最重要的人，你忘了向他致谢。"王子怔了半晌也想不出来是谁，最后只好向国王请教。只听老人一字一句地说："你的敌人。"

是的，正是因为敌人异常凶暴，才使得王子昼夜习武，练得一身好功夫；正是因为敌人狡诈，才使他保持了警觉之心；也正是因为敌人麻痹大意，使他偷袭成功，才取得了这次胜利……

草原上的羊群因为狼的存在而不断繁衍壮大，森林中的树木因为对手众多才长得高大挺拔，敌人的存在才给你酿造了一个又一个生命的春天。

在任何情况下都是这样。任何一个已经成了富豪的人，都是因为战胜对手才有了今天的成绩。如果没有对手的存在，他们达不到今天的高度，也不可能取得现在的成绩。不管是盖茨还是巴菲特，如果他们都成了独孤求败，想想结局会怎么样？肯定不会像现在这样就是了。

爱默生的文章《论报酬》中有一段内容，至今令我感触良深：

我们的力量产生于我们的软弱之处。一直要等我们受到刺伤、冒犯及责骂之后，具备神秘力量的愤怒才会苏醒过来。伟大者总是愿意自己渺小，当他安坐在有利的垫子上他就会入睡。当他被逼迫、折磨和打败时，他就有了学习的机会；他调动起自己的智慧、男子汉气概；他获知了事实真相，弥补了自己的无知，治愈了自己的虚伪及愚蠢，掌握了节制及真正的技巧。聪明人总是主动向攻击者靠近，他比对手还要有兴趣去找出他自身的弱点，批评比赞扬更为安全。我痛恨在报上发表文章为自己辩护。只要有人说对我不利的话，我就觉得自己已获得了某

缔造富豪

些成功。但是，只要有人对我大加赞扬，我就会觉得我是毫无防范地站在了敌人的面前。

敌人存在的最大价值是他们伤害了我们的自尊，激起了我们内心的抗争和生命冲动。

纽约农业贸易银行的总经理福瑞曾经想在长岛设立一个昆士郡银行，并且他自以为一切都进展得非常顺利。然而，有一次一个大银行的行长会见他时，对他的这一设想说了一句轻蔑的话，使他的态度发生了很大的转变。这个行长非常自大，一副趾高气昂的样子，临走的时候对福瑞说："如果你活的时间足够长的话，或许可以在那个鬼地方办起一个银行来。"

再次回忆这件事，福瑞说："这句话真气得我不知道该如何是好，'如果你活的时间足够长的话！'像我平时只是在任由时光白白流走，希望事业的成功从天而降一样。这种讥笑，对我刺激很大，觉得如果不干出点成绩来对不起他。我当时就下定决心立志要打败他，结果我真的办到了，4年后，我银行的存款比他的多了一倍！"

福瑞之所以能成功是因为他没有压制自己心中油然升起的愤怒，当然也没有让这种愤怒泛滥成低级的报复，而是将愤怒转化为奋斗的动力，从而使自己在事业上取得突飞猛进的进展。有人可能会说这就是借助了敌人的力量吗？当然了，要是没有敌人，福瑞的成功可能就会延后很长时间。正是敌人的刺激，使得他大踏步前进了，这还不算是借助敌人的力量吗？

每个人都有自尊，而且很多情况下是非常强烈的。当自尊受到伤害的时候，人们往往会奋起反抗，这时候自尊产生的动力是相当难以估量的。曾经有一位伟人说过这样一句话："你90%的成就是你的敌人促成的。"之所以这样说，是因为伤害你自尊的行为90%来自你的敌人。

法国小说家莫泊桑，曾被人这样批评："这个作家的愚蠢，在他眼睛上表露无遗。那双眼珠，有一半陷入上眼皮，如牛看天，又像狗在小便。他注视你时，你会为了那愚蠢与无知，打他一百万记耳光仍觉吃亏。"

就算号称西方文学大宗师的莎士比亚，也曾有过阴沟翻船的时候。以日记文学著称于世的法国作家雷纳尔，1896年在日记中说："第一，我未必了解莎士比亚；第二，我未必喜欢莎士比亚；第三，莎士比亚总是令我厌烦。"1906年，他又在日记中说："只有讨厌完美的老人，才会喜欢莎士比亚。"

除此之外，雷纳尔先生还爱说俏皮话。1906年他在日记中说："你问我对尼采有何看法？我认为他的名字里赘字太多。"名字尚且有毛病，文章呢？自然不必说了。

英国作家王尔德，也曾以似通不通的修辞技巧批评萧伯纳说："他没有敌人，但是他的朋友都深深地恨他。"

思想家卢梭54岁那年被人讽刺为："卢梭有一点儿像哲学家，正如猴子有点像人类。"

这些批评听起来其实更像是人身攻击，然而对志存高远的人来说，这些批评根本算不了什么。他们从不把眼光盯在身边这些琐屑的事物上，不会与比他们弱的人过分计较，更不会非要把这些批评他们的人打翻在地，再踏上一只脚。他们深知，他们之所以有今天的成就，还得归功于这些疑似"敌人"的诬蔑和攻击，恰恰是敌人给了他们前进的力量！

作家王安忆曾说过："一个从最卑微的处境里生长出来的自尊是强大的。"是的，那些曾经遭受嘲笑、侮辱，被人刺激过的自尊，往往会产生推动人前行的强大抗争力，促成人的成功。

每个人在一生当中都难免被人蔑视，即使是林肯，也难逃此"厄运"。当林肯还是个年轻律师的时候，他因为一个非常重要的案件去了芝加哥，在那儿却没有人理会他。那些年老有名的芝加哥律师对这个初出茅庐的外地律师很是鄙视，生怕和他在一起降低了自己的身价。在他们眼中，自己的身份地位非常高尚，除他们以外的任何人都不配与他们共舞。所以，他们把林肯甩在一边，无论到什么地方，都不愿意和他在一起，即使是吃饭的时候。

面对这种情况，林肯又是怎么做的呢？他把屁股翘得比蔑视他的那些人还高，以此来报复他们？如果真是这样的话，那他就不是林肯了。等林肯回到斯普林菲尔德，他说："我到了芝加哥，才知道我自己掌握的知识是那么少，我要学的东西是那么多。"这种蔑视在此转化成了一种刺激，促使他进一步改进自身的不足。后来，当他经过不懈努力取得很高地位的时候，那些蔑视过他的人却没见长进，后来他做了美国总统，那些蔑视他的人依然是无名的律师。这些自以为是的大律师的蔑视不过是替林肯在登上荣誉顶峰的路上预备了一级绝好的梯子。

所以，不要对曾经或者现在蔑视你的人怀有抱复之心，那样不但会毁了你自己，还会为你的敌人准备了向上爬的梯子。记住一句话：最有力的还击莫过于使自己变得比敌人更强大。

比尔·盖茨说过："这个世界并不会在意你的自尊，而是要求你在自我感觉良好之前先有所成就。"要容忍伤害你自尊的行为固然很难，然而这一行为恰好是区分成功者与不成功者的重大差别之一。

一位人生激励导师曾说："只有挑战才能变得强大，就像没有狼的话，羊群就会得瘟疫，所以我喜欢别人打击我。我现在已经是一个很变态的人。作为男人，应该喉咙管粗一点儿，把你的自尊咽下去。不要让那些无聊的面子、可怕的那一点儿自尊扰乱了你的成长。"事实上，"人生的极限"、"人生的缺陷"都来自于内心的缺陷。如果你的心理足够健康，没有任何界限的时候，你的人生也将没有界限，那时候估计就没有你做不到的事情了。所以怀着一颗感恩的心去：

感激伤害你的人，因为他磨炼了你的意志；
感激绊倒你的人，因为他强壮了你的双腿；
感激欺骗你的人，因为他增长了你的见识；
感激蔑视你的人，因为他觉醒了你的尊严；
感激鞭打你的人，因为他摈除了你的障碍；
感激遗弃你的人，因为他让你学会了独立；
感激谴责你的人，因为他延长了你的智慧；
感激一切使你进步的人——包括你的敌人！

第七章 卓越的经营才能

和竞争对手做朋友

纵观微软的发展史，很多人会惊讶地说："为什么微软会有这么多的敌人？多到微软自己可能都数不过来了。"当然，这也不必太过大惊小怪，在这个世界上，没有敌人的公司估计没有几家。而微软树大招风，敌人多也在情理之中。

但奇怪的是，别的有敌人的公司却没有微软这么频繁地被推上法庭，这又是为什么呢？

原因有两个，一是微软的效率太高，已经超过了竞争对手和公众可以接受的范畴；二是盖茨本身是个"偏执狂"，他考虑最多的是如何提高微软的效率，而不是竞争对手的生存和公众的反应。

尽管一直被诉讼，盖茨领导下的微软对待竞争对手的态度较之以前却越来越耐人寻味，有越来越多的竞争对手在微软合作思想的引导下变成了微软的朋友，"甲骨文"就是其中之一。按理说甲骨文的数据库产品是微软同类产品最强大的竞争对手之一，但微软却和甲骨文联合发布广告，以推广甲骨文数据库。

而在此之前，IBM、SAP和Sun公司先后分别同微软签署了相似的合作协议。这样一来，微软就几乎囊括了所有著名的软件公司，这些竞争对手成为盖茨领导下的微软公司最有利的合作伙伴。

对于微软的转变，很多人表示不理解。同行是冤家，以前大家不共戴天，现在忽然要共谋天下事，这是不是太奇怪了？

这其实也不难理解，之前微软蛮横粗暴的定价和排斥异己的态度已经让很多人对其不满了。接二连三的诉讼则表明人们已经差不多认定微软这个品牌里面渗透着垄断暴利的水分。在中国政府的几次采购中连遭挫败，表明微软这个牌子不再那么讨人喜欢了。Linux异军突起,更让微软感受到了切实的威胁,微软不得不考虑化敌为友,因为一味地对敌人粗暴只会流失更多的消费者。所以,微软的这个举动其实是一种求和姿态。

　　同时,随着科技的发展,高科技厂商也已经意识到,整合是一个很好的卖点,许多客户希望技术提供商能够解决整合问题。为了满足用户的需求,不管微软愿不愿意,他都要和自己的对手合作,因为合作能创造利于两家公司用户的新局面。也就是说借助敌人的力量,他们双方都可以有很大的收益。

　　在政治课上我们都知道一句话:没有永远的敌人。这句话适用于任何领域,一个商人要想在商界有大的进展和突破,就必须能够有与敌人握手言和,化敌为友的魄力。因为商界的较量很大程度上不仅仅是技术的较量,还有人际关系的较量。人人都渴望有很好的人脉,掌握越多的人脉,你成功的几率就越大。无论什么时候,都不要忘记更不要忽视你的竞争对手,也就是你敌人的力量。因为不知道什么时候,在风云变幻的商界,你会需要借助敌人的力量向上爬。微软就是最好的例证,之前的微软一家独秀,所以会对敌人蛮横无理;但后来随着技术的发展,微软的市场占有率逐渐减小,敌人逐渐增多,他们不得不适时而变。不过微软此举得到的收益是巨大的,盖茨当然也因此收获颇丰。

第七章　卓越的经营才能

当众拥抱你的敌人

动物和人在很多方面没有可比性，因为人是最高级的动物。其中一点就表现在动物的所有行为都是依其本性而发的，属于自然的反应；人则是经过思维控制，依当时需要做出各种不同的行为选择。然而，现在对于人来说，有个选择却非常难做，那就是当众拥抱你的敌人。

可能有人会对这个要求嗤之以鼻，说这是无稽之谈。当然，这确实是个不容易做到的事，因为大部分人看到自己的敌人，都有种灭之而后快的冲动。如果因为环境不允许或者本身能力所限没有实行，也至少会保持相当冷淡的态度，或对敌人冷嘲热讽。总之，绝大多数人不可能拥抱自己的敌人。可见，要做到这点确实非常不容易！

正因为不容易做到，人的成就才会有高低大小之分。换句话说就是，一个能当众拥抱敌人的人，他的成就往往比那些做不到这点的人要辉煌得多。

更重要的一点是，一旦你第一次能够将这个动作做出来，久了它就会成为习惯。这一优秀的习惯在你以后的生活中将发挥不可估量的作用。它能使你和任何人相处，能让你容天下人、天下物，进退自如，而这正是成就大事业的资本。

因此，你会看到，在竞技场上当比赛开始的时候，竞赛选手会握手敬礼或拥抱，等比赛完后再来一次，这其实是最常见的当众拥抱敌人。除此之外，政界和商界的人也经常这样做。明明心里恨死了敌人，见面仍要什么事都没发生过似的握手寒暄，像是老朋友一样。

林登·约翰逊总统在任命艾德加·胡佛为联邦调查局局长的时候曾引用过一句至理名言："宁愿让你的敌人站在你的帐篷内往外面撒尿，也不能让他们站在外边往帐篷里头撒尿。"

缔造富豪

这句名言有一个不可或缺的推论："紧紧拥抱你的朋友，但你必须更紧地拥抱你的敌人。"

这句话适用于任何领域，无论是商界还是政界，它都是金科玉律。所以，不管你从事什么职业，都请你花时间去留意你的那些最强有力的对手和敌人，并且记住：才智就是才智，它不分敌友。无论你们的竞争激烈残酷到什么地步，你都要明白，某一天你可能会需要你敌人的帮助。

另外，你还要记住拥抱敌人的好处，它不但能显示你的胆量和气魄，还能增强你的名声和决断力。更重要的一点是，它往往还能削弱你对手的气势。

当然，对于我们看到敌人躲之唯恐不及的冲动首先要表示十二分的理解。毕竟生活短暂，没有人愿意天天看着一张让自己厌恶的脸过日子。对于那些想要过得尽可能快乐和无忧无虑的人来说，这样的回避自然是最好不过了。然而，不得不提醒大家的是，这种态度只适合逃避权利而不是争取权利。

如果一个商人不能和他的竞争对手坐在一张桌子上谈判，那他肯定称不上是精明的商人，因为他白白浪费了黄金一般的发财机会：不仅丢掉了使自己扩大财富的宝贵财源，也因此错失了提高自身能力的人际交往。当你在你对手的公司里感到不自在的时候，当你不愿意跟你的对手同台谈判的时候，甚至当你给你的对手脸色看或者表现出完全不愿合作的态度，都说明了一件事：你已经输给了你的对手，在未来的日子里，你可能会败得更惨。

事实上，要当众拥抱你的敌人，并没有你想象中那么难，只要你克服心理障碍，你一样可以做到：

1. 肢体上，和敌人拥抱、握手，尤其是握手，这是最普遍的社交动作。如果你先对敌人伸出手，对方好意思缩手吗？一旦他缩手，不就显示出了他的渺小吗？这时候你就已经胜过他一筹了。

2. 言语上，公开称赞对方、关心对方，表现你的"诚恳"。但切忌太夸张，否则可能适得其反。

第七章　卓越的经营才能

对手是一座山

在每个人成长的征程中,对手都是始终存在的。它是个重要的参照物,它能证明你存在的价值。纵观商界历史你会发现,多年来,可口可乐和百事可乐,麦当劳和肯德基,柯达和富士,微软和sun,这些世界上最著名公司之间的争斗一刻也没有停止过。争斗的结果是什么?就是将全世界的眼光都吸引到它们那里去了。那些名不见经传的小企业只能给它们让步,因为只有它们之间才配互为对手。

我们都知道一句话:同行是冤家。就是说两个同行的人之间是很不好相处的。这也很好理解,两个相同的行业,面对的是同一类消费者,去你家的消费者多了,去他家的消费者自然就少,收入自然会随之减少。但你想过没有,如果柯达和富士的老总见了面总是一副爱答不理的态度,如果可口可乐和百事可乐的头头总是怒目相对的话,那他们还会进步吗?还是鲁迅先生那句话,人的精力是有限的,用在这方面的多了,用在那方面的自然就少了。如果两个同行把大部分时间都用来互相勾心斗角了,那还谈什么进步?还谈什么做生意?干脆回家直接打仗得了。

我们时刻都要明白,如果没有对手存在,我们就不会费尽脑细胞地思考各种竞争的好策略,也不会吸收各种人才努力提高产品的竞争力,也就不会有今天的占据各种市场的结果。众所周知,微软的竞争对手可谓多矣,因为微软发展的最快,市场占有率最高,竞争对手自然就多。换句话说,就是微软的敌人很多。作为微软的大脑——盖茨,如果他把自己的时间用在和各种同行斗狠,结果会怎么样?我们今天用的电脑的大部分东西还会和微软有关系吗?如果这些电脑行业的首脑们也都把时间用在勾心斗角上,我们今天的科技水平相信要相应落后很多,这是显而易见的。

　　有个词语叫惺惺相惜，指的是性格、志趣、境遇相同的人互相爱护、同情、支持。还有个词叫英雄爱英雄，理解起来其实是一个意思，都指的是志同道合、棋逢对手的两个人之间互相欣赏。古人在战场上搏杀时，如果是两个英雄相遇，战斗起来常常不忍心加害对方。虽然各为其主，看起来打得很热闹，内心其实是相互喜欢、相互敬仰的，这样的人常被我们视为真英雄。因为他们能在对手身上看到自己的影子，也因此有了理解的基础和尊重的前提。其实珍惜对手就是珍惜他们自己，宽容对手就是尊重自己。一个真正实力相当的对手，是非常难遇见的。从某种意义上来讲，他们双方相辅相成。他们斗争最激烈的时候，也是双方最辉煌的时候。一旦其中一方消亡，另一方也会迅速走向衰亡。除非他能脱胎换骨，或者找到新的对手。

　　那种动辄对竞争对手咬牙切齿，甚至在人家背后使坏的人，是相当没素质的，这种做法也是相当有失水准的。这种人不会有更辉煌的成就，也不可能有什么大的出息。因为苦大仇深历来就是被压迫阶级的惯有形象，咬牙切齿则是失败者的惯常姿态。善待你的敌人，不仅是气魄的表现，同时也能很好地显示你的个人素质。

　　上帝既然把等量的人放到了天平的两端，我们就不能随便蔑视自己的对手，更不能随意侮辱他们。因为你在侮辱对手的同时，其实就是在蔑视你自己，因为你们是拥有同等重量的人，也就是说你们是水平相当的人。你对手的存在价值就是在验证你的存在价值，一旦某天你失去了对手，天平就会失衡，而你自身的价值也会因此失掉了凭据。

　　一个想在人生旅途中取得成就的人会期望遇到更多的对手，因为只有对手存在，他们才能不断激励自己前进，也因此才能不断取得进步。人生事业的巅峰是每一个人都渴望攀登的，但如果没有对手，这个目标你可能永远都实现不了。对手存在，才能不断给你带来挑战。如果你厌恶这些挑战，那你也就相应的拒绝了进步，成功最终只能离你越来越远。所以，多为自己找几个对手吧，只有这样才能保证你有不断向前冲刺的动力。东方不败也许是这个世界上最郁闷的人，因为遍寻武林，也找不到一个可以和他PK的人。没有对手，他的存在价值在哪儿？那活着也就相当于死了。

　　放眼历史，在中国有很多旗鼓相当的著名人士互为朋友。李白和杜甫堪称中国诗坛上的双子星座，但两人的情谊那是人尽皆知。李白曾经写过很多首赞美

第七章　卓越的经营才能

友谊的诗篇，杜甫也曾作《天末怀李白》一诉衷肠。诗坛上的两个对手，互相竞争，以不同的风格点缀了中国文学的神圣殿堂。

须知，平静的海面磨炼不出真正的舵手，只有那些亲身经历惊涛骇浪搏击的人，才能成为力挽狂澜的舵手。任何一个渴望成功的人都希望自己多遇点惊涛骇浪和险滩暗礁，即使这样可能会有生命危险，绝大多数情况下，却能更快地促使人进步和成长。

所以，不要把你的对手当成芒刺，当做和你争夺成功的敌人。应该换一种思维方式想，如果对手没有一定的实力，又怎么会成为你的敌人？针锋相对，只能走向狭隘；放开胸襟，拥抱对手，才是自信、自尊。

拥抱对手，让我们拥抱更广阔的天空。

当然，在拥抱对手的时候，还需要做到一点，那就是不要轻视你的对手。曾看过这样一则寓言：

每天，当太阳升起的时候，非洲大草原上的动物们就开始奔跑。狮子妈妈教育自己的孩子："你必须跑得快一点儿，再快一点儿。你要是跑不过最慢的羚羊，那你就会被活活饿死。"

在另外一个场地上，羚羊妈妈也在教育孩子："你必须跑得快一点儿，再快一点儿。如果你不能超过跑得最快的狮子，那你就肯定会被它们吃掉。"

记住：不要以为你跑得最快，因为总会有人比你跑得更快。

在香港人心目中，李嘉诚就是一个类似于"超人"的人。他统领的"和黄"集团曾被美国《财富》杂志封为"全球最赚钱的公司"，而美国《商业周刊》在第二年则把李嘉诚誉为"全球最佳企业家"。对于这个超人的成功经验，很多人争先恐后地想知道。一次，李嘉诚在位于长江大厦70楼的办公室接待了一帮特殊的客人——香港中文大学行政人员工商管理硕士课程的学生。李嘉诚和他们长谈了一个半小时，从为人处事到家庭生活，从管理作风到领导才能，有问必答，毫无保留地公开了他的成功秘诀。

有个学生问他，要做一个领袖，必须有眼光、有理想、有勤奋、有奋斗精神。除此之外，还需要什么呢？

李嘉诚说，要成为领袖，你说的那些素质是必不可少的。更重要的一点是无论从事什么行业，都要比竞争对手做得好一点儿。就像参加奥运赛跑一样，只要你比对手快0.1秒就会赢。他接着以自己的经历为例证说："我年轻的时候打工，一般人每天只工作8到9个小时，我则每天工作16个小时。这个经历对我个人帮助极大。现在香港的竞争相比几年前变得更加激烈，这一点就显得更为重要。"

是啊，只要你肯努力，愿意比对手多付出一点儿，就可能多赢一点儿。不要把时间浪费在蔑视你的敌人上，利用这个时间自己多做一点儿实际的事情，比什么都强。当你轻视你的敌人的时候，可能在心理上暂时得到了平衡，但是在这中间如果你的敌人没有停止努力，那你实际上就比对手差了一分，一分一分的累积下去，最终你会被敌人落得远远的。

第八章 ◎ 善于宣传自己

> 做生意的唯一目的,就在服务人群;而广告的唯一目的,就在对人们解释这项服务。
>
> ——李奥贝纳

▲ 缔造富豪
▲ DIZAOFUHAO

让人知道我的酒香

任何一个已经成为富豪的人,都可以将大师的标签毫不夸张地送给他们。富可敌国的财富不是简单轻松就可以拿到手的,这是他们通过坚持不懈的奋斗才最终得来的。无论是谁,只要你想有所作为,就要好好学习他们的本领。

当然,他们之所以有今天的成就,不是因为他们本身有什么超能力,而是因为他们关注了别人一直没有关注、一直忽略的东西,或者说是没有坚持的东西,这些东西可能非常微小,也可能特别明显。在这里我们要说的第一点就是市场。凡是配得上大师称号的富豪,其本身对于市场的把握是非常敏锐的,这源于他们的眼光,同时也源于他们对市场的调查。他们知道只有抢占了市场,才可能真的占领这个领域,取得好的销售业绩。任何一个产品只有赢得了大多数消费者的喜爱,才能说它是受欢迎的。

而说到抢占市场,关键一环就是广告。这个现在即使连孩子都熟悉的东西,对于产品的推广,有着不可捉摸的神奇作用。

相信几乎所有的男性朋友对剃须刀都不陌生,对于吉列这个牌子更不会陌生。吉列现在已经成为世界上最好的剃具的代名词。"掌握全世界男人的胡子"的吉列剃刀产品,在美国的市场占有率高达90%,全球的市场份额更是高达70%以上。据估计,如今在北美每3个男性中就有1个在使用吉列速锋剃须刀。2005年在《商业周刊》评出的世界品牌100强中,吉列位列第15位,品牌价值175.3亿美元。

让人们广为熟知的就是吉列的广告了。给我印象尤其深刻的是三位闻名全球、最受尊敬、最成功的竞技体育运动员费德勒、伍兹和亨利。这三位著名体育

第八章 善于宣传自己

人士,无论是在体育界还是社会上,都有着很高的知名度,在生活中也表现出众。他们的代言,在很大程度上奠定了吉列产品的营销含金量。

当然,这只是吉列成功的一个缩影,一个小插曲。如果追本溯源的话,你会发现吉列能有今天的成就,完全得益于它极具营销头脑的创始人——金·坎普·吉列。

美国吉列公司生产的蓝吉利刮胡刀片享誉世界几十年之久,它的成功可以说跟营销息息相关。当年它的成功来自于一个灵感:制造出一种安装着极薄刀片的剃刀,它可以被放到一种能防止人们剃伤自己的装置中,而刀片是一次性的,需要每天更换。这个看似不起眼的创意,在推出一年内,就出售了9万个剃刀和1200万片以上的刀片。

所以,任何时候只要你肯开动脑筋,成功自然会属于你。我们现在不妨回顾一下吉列的历史,看一下当年让它名噪一时的推销策略,也许能给你带来点灵感呢!

缔造富豪
DIZAOFUHAO

没有调查就没有发言权

在20世纪，最为人熟识的面孔也许就是金·坎普·吉列的那张脸了，他的画像出现在销往全世界的、数以百万计的剃须刀的包装上。随着吉列剃刀的普遍出售和日益深入人心，几乎全世界的男人，甚至女人都熟悉了这个留着胡须的吉列。正是这个男人，给全世界的男人带来了方便、快捷和安全，也给他自己带去了数不清的财富。

1855年1月5日，金·坎普·吉列出生在美国芝加哥一个小商人的家庭里。因为他的父亲是做小本生意的，所以收入很不稳定，家庭经济条件时好时坏。

吉列16岁那年，他遭遇了人生第一个大的挫折：他父亲的生意破产了，家里的经济水平急剧下降。吉列为了减轻家里的负担，被迫辍学了。之后，为了更好地维持家庭经济条件，他给自己找了一份自食其力的工作。

那时候对一个没有学历、没有经验的人来说，最容易找到的工作就是推销员了。吉列之后就踏上了推销员之路，而且一干就是24年！

推销员的工作既辛苦又不稳定，即使现在也是这样。在当时激烈的竞争环境中，吉列整天都是忙忙碌碌的，他要为不同的公司推销日用百货、食品、化妆品、服饰等物品。但艰辛的推销员生涯却又教给了吉列很多东西，比方说他的意志和能力得到了磨炼，营销知识和社会经验得到了很大提升，而他本人也逐渐从幼稚走向了成熟。这些都为他之后的事业开展打下了坚实的基础。

但是这种生活不是吉列想要的，他不希望自己庸庸碌碌地过一生。在这24年的推销生活中，他一直没有放弃寻找成就自己事业的机会。

当然，机会不可能像不要钱的午餐一样让任何人都得到，机会只垂青那种有准备的人。就在吉列推销生涯中最普通的一天，灵感邂逅了他。作为一名有经

第八章 善于宣传自己

验的推销员，吉列在每次会见客户前，都要修饰打扮一番，这是他的一道必要程序。当时的剃须刀是刀身和刀柄连在一起的，拿着既笨重，又不锋利，刮脸不仅费时费力，一不留神还会刮破脸。由于刀身不能随意更换，要想使剃须刀锋利一些，唯一的办法就是频繁地磨刀。在当时，要想磨刀有两种方法，一个是送到专业磨刀店里，然而这样既费时又费钱；另一个是在磨刀布上来回磨，这种办法现在在一些很老式的理发小店里还能见到。正是因为吉列经常用这种剃须刀，对于它的使用不方便是深有体会。所以每次刮脸的时候，他都在想，如果能有一种轻便、锋利、安全的剃须刀来代替这种老式剃须刀那该多好啊！但当时的吉列还在为生计奔波，这样的繁忙使他没有时间深入思考这个问题。

后来有一次吉列在外地推销产品，早晨在旅馆里剃胡须。由于天气太热，他当时又急于出去见客户，结果才勉强刮了几下，下巴已经变得血肉模糊了。见此，吉列恶狠狠地扔掉剃刀，忿忿地说："为什么就没人发明更方便、更好用的剃须刀呢？难道全世界的男人都要遭这份罪吗？"

剃刀惹起了吉列的怒火，不过也给了他灵感：为什么我不自己发明理想中的剃刀呢？

当时吉列刚好去推销一家工厂生产的新型瓶塞。这种样子小小的瓶塞虽然看起来很不显眼，价钱也不高，但非常受欢迎，在市场上非常畅销。吉列工作卖力，业绩非常突出，所以很受老板赏识。

一天，吉列非常好奇地问老板："这种不起眼的瓶塞为什么这么畅销呢？"老板听后笑着说："这种新型瓶塞之所以畅销是因为它是一次性产品，用完即扔，消耗得快，卖得自然也快。而且它价格便宜，人们即使重复购买也能承受。"

就是老板无意中透露的"生意经"给了吉列强大的心理冲击：既然"用完即扔"的产品如此畅销，那为什么我不自己设计一款这样的产品呢？没准能赚到大钱呢。

▲ 缔造富豪
▲ DIZAOFUHAO

酒香也怕巷子深

　　空想家和实干家从来就有着非常明显的区别，如果你仔细看一定可以找出来。实干家也有梦想，只不过他把每一个梦想都付诸实践了；而空想家却把每一个梦想都当成海市蜃楼一样供着了。吉列之所以能有以后的成功是因为他并不是一个空想家，而是一个实实在在的实干家。

　　有了想法之后的吉列马上开始了行动。他立即买来锉刀、夹钳、薄钢片等工具和材料，关起门来细心研究、构思。他想：要想让代替刀身的薄刀片"用完即扔"，就必须和刀柄分开，刀片钝了后可以随意替换，而刀柄则不需要。这样一来，不但成本可以降下来，用户也不用再有重复购买的心理障碍了。

　　之后，吉列就把刀柄设计成了圆形，上方留有凹槽，以使螺丝把刀片固定。刀片用超薄型钢片制成，并夹在两块薄金属片中间，露出刀刃。这样用的时候刀刃就可以与脸部始终成固定好的角度，既能方便地刮掉脸部和下巴上任何部位的胡须，又不容易刮破脸。确定了这样的设计方案后，吉列就请专业人员制作出了样品。虽然使用效果称不上特别理想，但与传统的剃须刀比起来，无论是锋利程度还是安全性能上，都已经有了相当大的提高。

　　就在吉列信誓旦旦准备把设想变成设计，期待新产品能更加完美的时候，却遭到了自己一些朋友的嘲笑。吉列对此耿耿于怀，气愤之余又去请教那些机械和工具的专家们。令吉列不能理解的是，这些专家居然也认为他的构想是不切实际的幻想，纷纷劝他放弃。

　　吉列对于众人的反应很恼火，但这没有阻止他停下前进的脚步。他依然四处寻找合作人，因为他需要有人为他提供启动资金。幸运的是，总是有人赏识他的想法。在1901年吉列的好友将他的设想告诉给了麻省理工学院毕业的机械

第八章 善于宣传自己

工程师尼克逊，尼克逊对此非常感兴趣。几周后，尼克逊成了吉列的合伙人，公司取名美国安全刮胡刀公司（后来改名为吉列安全刮胡刀公司）。吉列的梦想开始起航了。

尽管吉列公司的名字叫安全刮胡刀，其实吉列他们并没有发明安全剃须刀。早在19世纪末的几十年中，有许多安全剃须刀都有专利，但它们非常昂贵，只有贵族才用得起。也有其他人发明自行操作的"安全剃刀"，却并不受欢迎。原因非常简单，就是因为价格比较贵——去理发店刮胡子只要10美分，最便宜的安全剃刀却要5美元——1美元是高工资者一天的薪水，哪个划算也就一目了然了。

这种情况对于吉列来说似乎并不乐观，因为他的剃刀不比其他剃刀质量优良，它本身的生产成本又很高，这不明摆着做亏本的生意吗？不过不必为吉列担心，他有自己的高招。对于市场上的情况吉列当然一清二楚，他当然不会傻到去销售成本比别人高的剃刀，他是转变思想，改变策略，转而销售刀片。他的吉列专利刀片一个只要5美分，却可以使用6～7次，也就是说刮一次脸所花的钱不足1美分，这个价格只是去理发店刮胡子费用的1／10。又因为剃刀和刀片是分离的，新刀片瞬间就可以重新装上，既省时又省力。刮的时候不但不会伤及皮肤，而且舒适无比，这样的刀片能不受欢迎吗？

吉列靠着自己的创意和灵感，靠着自己与众不同的销售方式，让自己的事业走上了腾飞的道路。

不过需要事先说明的一点是，尽管开始的时候吉列对自己的产品充满信心，相信它一旦上市就可以引起人们巨大的消费热情，产品会供不应求，财源会因此滚滚而来。现实情况却给了吉列一个当头棒喝：新产品上市后滞销了！1903年吉列全年的销售记录让人大吃一惊：刀架51，刀片168片！

这是怎么回事？难道产品出了问题？吉列靠着多年的推销经验仔细研究之后发现，不是产品本身有问题，而是自己没有做好推广宣传。有了这样的认知，吉列收起战败的坏情绪，总结经验教训，重新投入战斗。他一方面在刀片上下功夫，一方面开始利用广告推广宣传。

随着人类社会发展脚步的不断加快，"酒香不怕巷子深"的观念也已经被淘汰出了历史舞台。即使酒香也要把它抬出巷子，放到大街上，让众人知道你那儿有好酒藏着。

好在吉列明白这个道理，他选择了几个繁华的地段，设计了几个大标牌，然后将画卷贴在标牌上。这样做比直接在标牌上画要省事，还要省钱。而标牌上是

缔造富豪

些什么东西呢？主要是吉列的几个创意：

一对情人相互依偎在一起，女士指着男士的满脸胡须，一副非常讨厌的神态；男士表情尴尬地用眼睛盯着不远处的吉列安全剃刀。

另外几个男士在不同时刻、不同地点，正在悠闲自在地刮胡须，手上用的就是吉列安全剃刀。

这个广告在当时引起了相当大的轰动。与此同时，吉列趁热打铁，充分利用大众传播媒体，选择覆盖面广、影响力大的报纸和刊物大做广告。他本人拟定了诱惑力非常强的广告词："新型刀片瞬间就可装换，使用时不仅能保护您的皮肤，还能带给您美妙舒适的感觉。""您想干净卫生、安全轻松地剃除您的胡须吗？您想节省时间和金钱吗？为什么不试一试新型刀片呢？"此外，吉列还反复介绍并演示新型刀片的使用方法，详细介绍刀片的质量和优点，并向顾客做出承诺：每片刀片至少可使用10次至40次。

这样一来，就使得刀片得到了非常好的宣传，使更多的人知道了刀片的存在，并且因为刀片的质量和便捷动心，愿意掏钱购买质优价廉的吉列刀片。

吉列刀片终于从出师不利的坏环境中走了出来，就在一切向着更好的方向发展的时候，"一战"来了。

战争对于很多产业都有着毁灭性的打击，但不是所有的产业都是这样，比方说吉列的刀片。其实只要你能够从不同角度看问题，任何事情可能都会有不同于以前的结果。

在战争开始的时候，美国实行的是坐山观虎斗的中立政策，并同时与交战双方做生意，因此发了战争横财。随着对外贸易的不断增长，美国国内的生产在这种有利形势下被大大激活。吉列公司原材料的价格也有所下降，再加上生产工艺的进一步提高，使得吉列刀片在市场上的竞争力与日俱增。

到了1917年4月，第一次世界大战接近尾声的时候，美国开始向德国宣战，并派兵进入了欧洲战场。一次非常偶然的机会，吉列从报纸上看见了一个大胡子士兵在前线的照片。吉列灵机一动，敏锐地感觉到这是个绝好的推销自己产品的机会，一旦推销好，将大有可为，于是决定以成本价向军需品采购部门供应安全剃刀。对此，吉列给出的说法是："优待前方将士。"等刀片到了战场，受到了前线生活艰苦的士兵的热烈欢迎。

这样一来，吉列的安全剃须刀就堂而皇之地进入了每一个士兵的背包里。这个不同寻常的营销手段不仅大规模地增加了公司产品的销售量，更重要的是

第八章 善于宣传自己

挖掘出了吉列刀片固定和潜在的消费群体。因为这些士兵在部队里用惯了吉列的安全剃须刀,一定会把这种消费习惯带回家中,成为吉列公司长期和固定的客户。他们将吉列刀片介绍给认识的人,一传十十传百,使用吉列刀片的人就会越来越多。

果然,战争结束后,几十万名复员的盟国士兵带着吉列刀架和刀片,分散到了世界各地。经此宣传,产生了空前巨大的广告效果。仅1917年吉列安全剃须刀就销售了1.3亿只刀片,这是吉列公司初创那年(1903年)70支销售额的近80万倍,市场占有率达到80%,建立了44家海外分公司。"吉列"刀片由此名扬四海,吉列也按照他的预期计划,建立了一个名副其实的世界性的"剃刀王国"。

1931年,77岁的吉列因病逝世,但他的事业依然由他的继承者们继续拓展着。他与众不同的销售策略和营销手段被他的继承者们传承。那时,吉列的资产已经达到6000万美元,分公司已遍布欧洲大部分国家和地区,吉列的目标依然瞄准了全世界每一个男人。

到了第二次世界大战的时候,吉列的营销策略被他的继任者发扬光大,被第二次搬上历史舞台。公司以"劳军"的名义,把数量巨大的保安剃须刀作为军用品供应美军,随美军走遍了世界各地。也因此,吉列在战后获得了突飞猛进的发展。

现在这样的理念还在吉列公司内部传承,他们需要永远铭记的就是吉列与众不同的营销策略。只要换一个角度去把握自己的消费群,也许就会收到意想不到的惊喜。这是吉列教给大家的。

任何一个想要成功的人,都需要在吉列身上学习这点。任何事换一个角度看,会有不同于以往的结果,从这个结果出发,你会收到非常好的效益。我们前面也说了,这不再是那个"酒香不怕巷子深"的年代了。如果你有好的产品,一定要将它抬出巷子,只有这样众人才能知道,也才有可能购买。想做到这一步,就需要你花点心思去好好宣传你的产品,别放过任何一个可能。善于观察发现的人总是能够创造惊喜,吉列不就是在报纸上看到了一个长胡子大兵的照片想到向他们推销自己的产品吗?凡事多一点儿仔细和敏锐,结果会大不相同的。

▲ 缔造富豪
　　DIZAOFUHAO

匠心独运才能收获惊喜

这是个讲究创意的时代，任何一个有创意的想法一旦实施成功，得到的收益都是巨大的。之所以这样，是因为创意不是任何人都能想出来了，它需要积淀，也需要不断地观察发现、积累，这样才能最终成功。我们总说好运垂青有准备的人，就是因为这样的人积累的多，所以才成功的。

喜欢牛仔裤的人都知道Levi's这个牌子，它在美国西部就是牛仔裤耐用性的代名词。但你知道Levi's牛仔裤是怎么成长起来的吗？它又有着什么样的匠心独运的营销策略？李维·施特劳斯，也就是Levi's牛仔裤的发明者，他也是第一个发明牛仔裤的人。在1979年的时候，李维公司在美国国内总销售额达13.39亿美元，国外销售盈利超过20亿美元，雄居世界10大企业之列，他也由此成为最富有的"牛仔裤大王"。

1829年，李维·施特劳斯出生在德国一个小职员家里。作为德籍犹太人，李维从小就表现出了不同寻常的聪明劲儿。他顺顺利利地上完中学、大学，最后和他的父辈一样，成了一个文员。

1850年，21岁的李维听到了一个振奋人心的消息，这则消息给人们带来了无穷的希望和幻想：美国西部发现了大片金矿！于是，几乎是一夜之间，无数个梦想一夜暴富的人就潮水般地涌向了曾经人迹罕至、荒凉萧条的西部不毛之地。

年轻的李维·施特劳斯内心深处的不安分也在蠢蠢欲动。犹太人天生的不安分让他不安于再继续做一个小职员，他希望自己也去冒险，通过自己的劳动和运气赌一把未来。于是他放弃了原先枯燥乏味的文员工作，加入了浩浩荡荡的淘金大潮。

经过艰难的跋涉和奔波，李维终于来到了旧金山。到了这里他才猛然发现了

第八章 善于宣传自己

自己的莽撞：自己不是挖第一桶金的人，现在到处都是人，到处是帐篷，难道自己能成为第一个实现发财梦的人？为了淘金将原来的工作放弃，真的值得吗？李维不由得开始怀疑自己的决定。

之后的几天，李维就发现了呆在这里的不方便。因为在这生活要住在帐篷里，而且是远离市中心的荒郊野外，所以买东西十分不方便。一次非常偶然的机会，李维看到那些淘金者为了买一点儿日用品跑非常远的路，也切身体会到其中的烦恼，于是他决定开一家日用品小店，不再从土里淘金，而是从淘金人身上寻找自己新的梦想。

不出李维所料，他小店的生意异常火爆，来光顾的人络绎不绝。很快，李维的成本就赚回来了，还盈利不少。

后来，李维外出采购了很多日用百货和一大批搭帐篷、马车篷用的帆布。由于船上旅客很多，日用百货还没等下船就被人们抢购一空，帆布却没人理会。到码头卸货时，李维就开始高声叫喊推销帆布。由于淘金者们都差不多已经搭好了帐篷，所以没有人购买他的帆布，李维的帆布生意眼看着就要赔本了。

李维见此非常沮丧，连连后悔不应该进那么多的帆布，就在这时他见一个淘金工人迎面走来，并注视着帆布，李维以为他要购买帆布，于是兴冲冲地走上前热情地问："您是不是想买些帆布搭帐篷？"没想到工人摇摇头，说："我不需要再搭一个帐篷，我需要的是像帐篷一样坚硬耐磨的裤子，这你有吗？""裤子？为什么要裤子呢？"李维很不理解地问道。工人说淘金的工作非常辛苦，经常要和一些石头、砂土打交道，棉布做的裤子非常不耐磨，没几天就磨破了。如果能用这些厚厚的帆布做成裤子就好了，肯定又结实又耐磨。淘金工人的话点醒了正在沮丧的李维，他灵机一动，想这些帆布反正也是卖不出去，为什么不尝试着做成裤子呢？说干就干，李维马上找来工具，效仿美国西部一位牧工杰恩的一条式样新奇而又结实耐用的棕色工作裤，做了几条帆布裤，向矿工们出售。

1853年，这个日后引领牛仔裤风潮的裤子就这样在李维手中诞生了，当时它被工人们称为"李维氏工装裤"。

李维的帆布裤以其坚固、耐久、穿着适合受到当时西部牛仔和淘金者们的广泛好评，大量订单纷至沓来。之后，李维成立了自己的牛仔裤公司，这个品牌正式踏上了漫漫征程。

公司开始营业后，产品销量非常不错，李维本人对此却并不满意。为什么？因为帆布虽然结实耐磨，但又厚又硬，穿在身上不仅不舒服，也不能像那些柔软的布料一样，设计出美观合身的款式，只能做成又肥又大、式样单调的裤子。

为此，李维开始寻找更为合适的面料来加以改进。他不停地跑市场，直到有一天，他发现欧洲市场上有一种非常合适的布料。它是法国人涅曼发明的，一种蓝白相间的斜纹粗棉布，既结实又柔软，而且在当时非常畅销。

李维·施特劳斯看了样布，当机立断决定从法国进口这种名为"尼姆靛蓝斜纹棉哔叽"的面料，专门用来制作工装裤。果然，这种面料的裤子一经面世，更是广受欢迎。

也许你会说你说了这么半天，也没有把话题转到营销手段上啊。其实你不知道，李维选择这种布料就是最好的营销手段。因为李维选择的布料是靛蓝色，并且在这之后，靛蓝色也成为李维氏工装裤的标准颜色。而靛蓝色与欧洲原始时代和宗教信仰有着非常密切的关系，所以它对牛仔裤后来在欧洲流行起着巨大的潜在作用。这是李维选择这个布料的初衷，这里面就蕴含了他的营销手段了。

牛刀小试之后，李维的事业又向前推进了一步。但李维仍然没有满足，他还在继续寻找机会，对他的牛仔裤进行改进。经过观察，李维发现当淘金工人劳动时，常要把沉甸甸的矿石样品放进裤袋，时间长了沉重的矿石就会把裤袋线崩断开裂。当地一位名叫雅各布·戴维斯的裁缝就经常为淘金工人修补裤袋。他的修补方法是用黄铜铆钉钉在裤袋上方的两只角上，以此来固定裤袋。同时在裤袋周围镶上皮革边，这样就显得既美观、又实用。有的工人裤子虽然没有磨破，但为了美观也会去镶边。李维发现这一情况后，就将其运用到了实践中，就此传统的牛仔裤就定型了。

裤子的发展基本上已经成型，接下来要做的就是更好地推销自己的裤子了。尽管之前李维已经在推销上小有成就，裤子也因此非常畅销，但毕竟受众还太少，要想获得更大的成功，就要有更高超的营销策略。

而李维作为一个优秀的商人，在改进裤子面料和式样的同时，也非常重视对于产品的广告宣传。

首先，李维为自己公司的工装裤注册了一个图形商标。商标上画着一条工装裤的裤腰，两边各拴着一匹马，马头朝着相反的方向，每匹马身旁都有一个人在扬鞭催赶。图形上方则写着"唯一获得铆钉加固专利的工装裤"；下方写着"撕不开就是撕不开"。意思很明显：就是说即使是两匹马使劲拉都撕不开这牢固的工装裤，由此可见裤子的牢固。这就很好的宣传了李维裤子的品质：坚固。这些画明显易懂，很好理解。

第八章 善于宣传自己

到了1890年，李维又推出了最经典的"李维501系列"。就是现在，这个款式的裤子也依然是李维的拳头产品。正是依靠它，李维多次起死回生。对于今天的新新人类而言，当别人穿"Lee"或"苹果"时，他一定要穿"李维氏"；如果别人穿"李维氏"，那他一定要穿"501"。

为了更好地宣传"501"，李维想了一个非常特殊的广告来宣传"501"的特性。即使是在今天，这个广告依然是非常出色的。广告很简单，没有多余的介绍，画面上只有一个吊在空中练习拳击用的硕大的沙袋。初看，你可能不知道这和牛仔裤有什么关系，但仔细琢磨一下就会明白其中的深意了。拳击沙袋顾名思义，就是一个挨打的对象，它只有能经得住千锤百炼的考验才能傲然屹立。但现在这个沙袋是非常特殊的，因为它右边加了一个红色的标签。标签最初是被镶在李维牛仔裤臀部口袋边上用来做品牌标识的。这就不言而喻了，说明这沙袋是用牛仔裤的面料做成的。最后一句铿锵有力的广告语画龙点睛揭开谜底："李维501，天生抗打磨。"

这个广告充分表现出李维牛仔裤的品质，就好像一个抗击打的沙袋，任凭你随意折磨、捶打，它都坚固耐磨，品质如初。

正是因为这样的宣传，使得李维牛仔裤获得了非常好的销售业绩。历史上那些成功的广告案例之所以传承至今，就是因为它们不光很好地表现了产品的性能，更表现了产品的品质。李维牛仔裤最大的特点就是坚固耐磨，这个广告恰好将这点表露无遗。即使没有一点儿话语，也会起到"此处无声胜有声"的效果。

因为李维牛仔裤最初的受众定位在淘金工人身上，虽然后来经过工人们的传播，已经吸引了另外一些比较工薪的受众，但李维牛仔裤还是没有跻身上层社会，还是依然被上层社会鄙视为下层人穿的衣服。为了改变这种情况，李维公司改变营销策略，运用优秀的广告，起用一些好莱坞影星、西部牛仔影片等，来推广产品，最终将李维氏工装裤推向了全世界。

在1976年美国200年国庆的时候，美国人将牛仔裤作为美国人对人类服饰文化的贡献送进了迈阿密的国家博物馆，载入了美国史册。

时至今日，牛仔裤已经成为可以表现各个年龄层性感、又不落伍的"时装"。而在所有的牛仔裤中，"李维"当之无愧的是一棵常青树，它依然是坚固耐磨的代名词。而这，跟李维当年的宣传是绝对分不开的。经过140多年的发展，李维公司已发展成为在世界十多个国家和地区开办了近40个生产经营机构的国际公司，年产牛仔裤超亿条。世界上牛仔裤虽然品牌众多，但李维氏牛仔裤在世界

▲ 缔造富豪
▲ DIZAOFUHAO

70多个国家的销售量仍稳居第一。

可以说正是李维出色的营销手段宣传了"李维氏",如果没有他,谁能知道这裤子如此坚固耐磨?

第八章　善于宣传自己

反其道而行才能成功

在节假日或者周末的时候，走到街上可以看到很多类似的促销手段：比方说衣服都会搞打折活动，超市则是买多少减多少，或者买多少东西超市会送东西。你随便转几家超市或者商场会发现这样的宣传比比皆是。

但要想收获更大，盈利更多，单纯地靠随大流是不会实现目标的，只有不人云亦云地随大流才可能实现真的突破。当年骆驼香烟就是靠着反其道而行的手段才获得大的突破的。

其实说起"骆驼"，只要对香烟有一点儿了解的人就都知道。它和"万宝路"、"希尔顿"等著名牌子一样，是所有吸烟者心中的至高理想。同时，"骆驼"绝对称得上是元老中的元老。它是最早创立的"美国混合型"香烟，在竞争激烈的烟草行业中盛名不衰。这个口味直到今天仍占据着世界的主导地位。

而"骆驼"之所以如此盛名不衰，跟它的营销手段是分不开的。这是一幅充满着异国情调的美丽画面：婆娑起舞的棕榈叶掩映着黄沙和金字塔，一只飞跑的骆驼顽皮地眨了一下眼睛，瞬间便跑到远方成了一个小黑点；接着，一位老土耳其人与一只与众不同的单峰骆驼出现了，这只骆驼就是"老小伙"。"老小伙"不时抖动着自己的单峰，并露出可笑又可爱的牙。它那充满现代感的厚嘴唇既像在诉说，又像在唱歌。这就是闻名世界的"骆驼牌"香烟的一则宣传广告，而广告的创始人就是著名烟草商人、骆驼香烟的创始人——理查德·雷诺兹。

理查德·雷诺兹很小的时候就聪明好学，非常注意观察事物。在他24岁那年，作为一个老烟民，他深知自己动手卷烟的麻烦劲儿。他观察到周围很多人也都是卷烟，而且卷出来的烟有时候会很没有质量保证，严重影响了抽烟人的心情。于是，他决定自己建立一个小工厂，生产成品烟。

缔造富豪
DIZAOFUHAO

因为人们一时还无法接受这种新奇的玩意儿，所以雷诺兹香烟的销量并不好。但从那之后，香烟制造业却悄然兴起，并展开了激烈的竞争。

后来，雷诺兹的工厂因为经不住对手的压价竞争，最终被收购。但雷诺兹并没有气馁，而是依然密切地关注市场，总结教训，积蓄力量，企图东山再起。

皇天不负苦心人，雷诺兹的苦心没有白费。他趁着美国烟草公司受到种种限制和束缚垄断之际，终于在1911年重掌了自己原来的工厂大权。这时候的雷诺兹决心重振雄风，向对手发起挑战，挽回失利的局面。

这时候的香烟市场早已经不是原来的市场了，与几十年前相比已是高手如云，竞争异常激烈。雷诺兹明白，必须制造出独特的品牌，自己才可能立稳脚跟，进而称雄市场。雷诺兹通过分析市场发现，市场上的香烟原料分成两类：一类由维吉尼亚烟草制成，另一类则由气味浓烈并带有芳香的土耳其烟草制成。雷诺兹冥思苦想，最终决定自己的品牌要将这两种烟草的优点综合起来。雷诺兹经过反复试制，终于配制出了符合他理想的新型香烟：既包含维吉尼亚烟草的淳正、明快，又带有土耳其烟草的浓烈气味和特殊芳香。

至于名字，雷诺兹对于自己的那次土耳其之行一直印象深刻，尤其是在沙漠中见到的骆驼，它高昂着头，一副傲视不驯的样子，显得那样威武高贵。为了让自己的香烟在市场上获胜，睥睨群雄，再加上它本身的异国情调，雷诺兹决定起名为"骆驼"。

为了更好地让人记住"骆驼"，才华横溢的雷诺兹还亲自设计了一幅带有棕榈叶和金字塔的图案，以示土耳其烟的古老和遥远，也就是我们在前面说到的那个。这组包装设计让人产生了一种视觉上的愉悦感，达到了过目不忘的效果。

"骆驼"的名称定下来了，商标图案也有了，接下来的事情就是搞宣传了。怎么让人记住这个牌子呢？雷诺兹的机会很快来了。1913年，一个名叫"巴纳姆和比利"的马戏团来到了雷诺兹公司所在的云丝顿市，其中有非常精彩的骆驼表演。这件事给了雷诺兹很大的启示，他决定创作一则别具一格的广告。

马戏团还没来，云丝顿市中心广场就树立起了一幅巨大的广告牌。图案为骆驼牌香烟包装的放大图：一望无际的茫茫沙海中，埃及金字塔和青翠的棕榈树林交相辉映。最引人注目的则是那只昂首天外的高大骆驼。广告词画龙点睛："著名的巴纳姆和比利马戏团即将来云丝顿市演出，神秘的骆驼要来了。"

在云丝顿的大街小巷，到处可见骆驼的招贴画和"骆驼来了"的标语。一时间，"骆驼"风起，骆驼牌香烟的销售也因此直线上升。

第八章　善于宣传自己

后来马戏团的演出更使促销活动达到了高潮。尤其是最后的骆驼表演，让观众们为之陶醉和倾倒。雷诺兹抓住机会，向激动的观众免费发送骆驼牌香烟。人们见状纷纷抢要，并高喊着："我们要'骆驼'！我们要'骆驼'！"从此"骆驼"名声大噪，商标也人尽皆知，顺利打入了市场。

无论是在那时还是现在，一个新生事物的出现，总能吸引很多人跟风，香烟这个行业也是这样。在雷诺兹重掌工厂权利的时候，香烟业的竞争已经变得非常激烈。现在他的产品虽然已经打入市场，但由此引发的竞争更是日趋白热化。

那些香烟制造商们想出了名目繁多的营销手段来吸引顾客购买自己的产品。当时最流行的营销手段是发放奖金和奖券，具体操作是在每个烟盒中夹放一张奖券。等奖券积累到一定数目后，可以免费换取香烟一包、现金若干或其他小玩意。听起来跟现在很多超市的促销手段一样。这样的促销方式在开始确实引起了一阵热潮，但时间一长，顾客就厌倦了。

雷诺兹看到这种情况，决定不跟大家一样，他要采取不同的营销手段。首先，他降低了"骆驼牌"香烟的价格，比同一档次的烟大概便宜5美分；接着，反其道而行，在"骆驼"的烟盒上印上一条十分醒目的标语："不要期待奖券和奖赏，骆驼香烟禁止使用它们。"这就表现出了骆驼香烟的与众不同。人人都在这样搞促销，"骆驼"却不一样。这一鹤立鸡群的举措，果然让消费者看到了"骆驼"的不同凡响：它能不靠这一手段促销，说明其品质一定令人信服。现在售价又这么低，为什么不买呢？这样一来，就引发了消费者对骆驼香烟的购买热潮，"骆驼牌"的销售量是节节攀升。

就是靠着这样聪明的营销手段，"骆驼"在众多的香烟品牌中脱颖而出。这种独树一帜的营销手段，获得了越来越多的烟民的认可和喜爱，它的市场占有率远远胜过其他品牌。雷诺兹对此却并不满足，因为他要的是整个美国市场，于是"骆驼"乘胜追击。"骆驼"一经发售，它那充满魅力和异国风情的广告就吸引了众多人关注，迅速占领了国内市场，成为第一个在全国范围内销售和促销的香烟品牌。它的销量更是呈几何级数往上翻，占了美国所有香烟品牌销售量的一半，创造了令人咂舌的销售奇迹！

和吉列的促销手段相似的一点是，雷诺兹也将眼光瞄准了战场。在第一次世界大战的时候，作为美国军队给养的一部分，骆驼香烟被带到了战场上，由美国士兵带到了欧洲，由此打开了国际市场，这也是雷诺兹的营销手段之一。结果，又创造了一个销售巅峰。在第二次世界大战中，"骆驼"又跟着美国军队走向了

缔造富豪

世界各地的战场。在残酷的战争中，疲惫的美军士兵把能吸上"骆驼"视为最大的自由和快乐，"骆驼"也被赋予了新的含义——自由。后来雷诺兹又想到用好莱坞明星们的魅力来阐释这一含义，结果使"骆驼"变得更加深入人心，销量更是不可限量。到这时候，"骆驼"几乎已经成了美国香烟的代名词。雷诺兹一发不可收，任何有利于"骆驼"生存和发展的机会都被他精心利用起来，他将"骆驼"推上了一个耀眼的顶峰。

后来在1920年，雷诺兹去世后的第二年，在一场高尔夫球赛的间隙，一名高尔夫运动员走向观众席，向其中一名观众要了一支"骆驼"，感慨地说："为了得到一支'骆驼'香烟，我愿意走一里路。"后来在"骆驼"的香烟广告中，这句话被用作广告语，直到今天。1987法国的"老小伙"被再一次请出，参加"骆驼牌"创立75周年的庆祝活动。这头老骆驼被打扮成了年轻人的模样：身穿皮夹克，戴着太阳镜，以这个形象给爵士乐队伴奏。这一形象再次将"骆驼"推到了巅峰，得到了老顾客和年轻朋友的喜爱。

回顾雷诺兹的奋斗历程，不得不说他的每一次出击都是匠心独运。在人人争抢着搞同类促销的时候，他反其道而行，结果取得了更好的业绩；在俗滥的广告形象中，他的设计一枝独秀，引人眼球。"骆驼"的销量业绩可以说都要归功于雷诺兹独树一帜的促销手段。正是这些才使得"骆驼"脱颖而出，最终傲然独立的。

任何一个产品都是这样，有好的宣传才有可能将产品推销出去，让大众知晓。而在形形色色的促销手段中，只有多开动脑筋，不放过任何一个机会，你才有可能将这一切实现。

但话又说回来了，任何一个品牌要想杀出重围，也需要有良好的品质做保证。无论是吉列还是雷诺兹，他们的产品都有着非常好的品质，这也给他们的广告宣传打好了基础。试想，如果一个吹得天花乱坠的广告吸引了一大批消费者，使用之后，却发现根本不是那么回事，那消费者还会重复消费吗？

当然，除了良好的品质，要想更好的实现事业的腾飞，还需要将产品的深层含义挖掘给消费者。

第八章　善于宣传自己

有好理念才有好销量

对于柯达这个品牌相信没有人不知道，它在19世纪60年代创下了照相机销量的最高纪录，是当时感光界当之无愧的霸主。

"你按快门，剩下的交给我们！"这句闻名世界的广告语就是世界闻名的大众摄影之父乔治·伊士曼在一个世纪前创造出来的，直到今天还依然为人熟知。它所揭示的是柯达照相机简练、为顾客着想的风格。

乔治·伊士曼从小就喜欢旅游，之前是因为家庭条件不好，所以一直没有实现这个梦想。后来经过他的努力已经可以实现这一目标了，于是利用假期出去旅游。他花钱买了一套照相器材，并学会了摄影技术。之后，对照相就着了迷。但令他郁闷的是，当时的照相机过于笨重，各种零七碎八的东西加起来，简直要一辆马车才能装得下。而且，操作起来非常麻烦，如果不严格按照技术要领操作，就很容易漏光或者造成模糊一片。照相这时候已经不是享受而是负担了。伊士曼暗自立誓：要努力改进摄影器材，简化拍摄手续，让照相技术"面向大众化"，使它变得像是使用铅笔一样简单、方便，让世人真正地享受拍照的乐趣。

有了这个想法后，伊士曼就开始埋头于发明创造。经过成百上千次的实验，他终于成功了。在1888年6月，小型口袋式照相机"柯达一号"推向市场。但由于是新生事物，在刚进入市场的时候，几乎无人问津。看着这个奇形怪状的东西，人们都不相信它能拍出好的照片来，而且很多人怕自己技术不过关，摆弄不好这个东西。

面对这种局面，伊士曼别出心裁地想出了一个非常好的创意。他决定利用广告来宣传产品，"你只要按一下按钮，其余的事由我来负责。"话说得很简单，但揭示出了柯达的内在含义：产品操作是最简单的、最便捷的，所有的一切都有售后服务作保证，你不用担心。这个广告在消费者中间引起了消费热潮，他们纷纷购买。一时间，伊士曼的照相机成了全球的抢手货。而柯达相机最与众不同的地方就在于，等全部拍摄完毕之后，连照相机原封不动地送去冲洗。这种样式与销售方法，在摄影发展史上，是具有划时代意义的。摄影从此也结束了用马车装载照相器材的时代，伊士曼照相技术"面向大众化"的梦想，终于变成了现实。

也许很多商人都有过这样的疑问：为什么我的产品卖不出去，而自己竞争对手的产品卖得却很好？广告方面我的投入并不比他少啊？那你想过没有，是你产品本身的质量不过关，还是产品应该表现出来的内在品质没有表现出来呢？

一个企业能不能在波涛汹涌的商海中站稳脚跟，最重要的不是它能不能靠着投机取巧侥幸存活，而是它能不能建立一个与众不同的理念。这种理念除了能够表现产品的内在优良品质，还需要表现这个公司的企业文化，表现这个公司的内涵。广告只要肯投资，只要有钱，谁都可以做，谁都可以宣传。但不是任何一个广告都能深入人心，都能对产品起到非常好的宣传作用。这就需要你在进行广告宣传的时候，多花点心思，宣传自己产品最吸引人的地方。而这个地方确实是产品中存在的，只有这样，你才能立于不败之地。

第八章　善于宣传自己

诚信是最好的广告宣传

广告的竞争在当今社会已经变得越来越白热化，任何一个商家在产品推出之前都一定会做好广告宣传，这就好比产品的一件绚丽的外包装。人靠衣装，产品跟人差不多，这件外衣如果能第一时间抓住消费者的眼球，那你就胜出了。当然，我们在前面也说了，如果一件产品徒有绚丽的包装，没有任何其他的内在品质，那产品也只是热乎一阵就会消停了，重新变得没有市场。也就是说你的产品没有什么内在的竞争力。

当然，除了保证产品的质量外，还有一点是必不可少的，那就是诚信。在这个世界上，赚钱的方式非常多，但没有任何一种方式比诚信赚的钱多。我们甚至可以这么说：信用有多高，财富就能有多厚。诚信是开启财富之门的金钥匙，任何一个有眼光、有长远打算的富豪都是从诚信做起来的。他们深知，不讲诚信就是杀鸡取卵，自掘坟墓。只有以诚信求利，才可能将事业做大做强，成就不败的事业。

在这个道德文明缺失的年代，诚信的呼声变得越来越高涨。古语有云："无商不奸。"但现在，无奸不商的商人已经淘汰了，继续不搞诚信地走下去，等待你的终是事业的落败。

在我的老家有两家小型超市，其中一家非常会做生意，如果你去买东西，每次都能足斤足量，绝对不会亏待你，更不会在称上做手脚；另外一家不光在称上做手脚，每次还要多占顾客一点儿小便宜。从近的来看，第二家超市可能会盈利多一点儿，因为他不放过任何一个占顾客便宜的机会；但从长远来看，却是第一家会盈利更多，因为他的诚信会吸引更多的顾客前往购物。事实也确实是这样，时间一长，第二家超市就没有多少人光顾了。

这是对诚信的最好的诠释。即使再小的一家店铺，如果想长久发展，也要处处讲究诚信，只有这样才能期待更好的业绩。修正药业有一句话说得很好："做药就是做良心。"引申一下就可以发现，做生意就是做良心。只有那些诚信为本的商人，才可能笑到最后，笑得最好。

其实很大程度上，诚信就是产品最好的一件外衣。穿上它无论你走到哪儿，都会吸引消费者的眼光，成为人群中最亮的一抹颜色。

柯达当年之所以取得那么好的业绩，就是因为伊士曼除了在品质上为产品严格把关外，还十分讲究诚信。他有一套非常好的营销策略，凡事都以客户为中心。这个理念在公司上下实行得非常好，任何一个员工都要切实地做好这一点。在伊士曼的整个奋斗生涯中，诚信是他的一个支柱。无论做什么事情，他都抱着这样的态度，并自始至终地贯彻实施。

在公司创业初期，伊士曼曾经召回了一批有瑕疵的感光材料，并且向客户全额退款。当然，并没有专门的法律规定他必须这么做，但伊士曼坚信，失去客户的信任将是柯达最严重的损失。他要的是这个品牌能经营一百年，而不是一天两天。直到今天，这个理念还在公司被严格遵循着。在柯达员工的心里，没有任何事情比维护品牌更重要。制定每一个战略，做出每一个决策，处理每一个客户问题的时候，他们都会考虑这样做会不会给自己的品牌带来什么坏的影响。也正是因为这样，柯达取得了骄人的业绩。所以说任何事情都是因果相连的，种什么样的因就会有什么样的果。如果你在做生意的时候不讲诚信，就可能会遭受很大的损失。

可能在很多人眼中，说谎和欺骗都是一种非常好的赚钱手段。他们相信只要自己说谎和欺骗别人，就能给自己带来好处。甚至连很多信誉良好的商店，也会掩饰自己商品的瑕疵，用夸张的广告来哄骗消费者。有人对此抛出这样的理论：在商业上，欺骗如同资本，是非常重要的。在他们看来，在商业活动中处处讲真话那是不可能的。新闻宣传尚且有偏离事实、夸大事实的时候，我为什么不可以呢？但这些人如果仔细观察就会发现，一个报纸持续不断地用谎话来欺骗读者，它就会渐渐失去所有的读者；只有那些立足事实的报纸才能最终成为新闻界的中流砥柱。不知道这些人在看到这一现象的时候是不是还在继续自己的言论，愿意将它们进行到底？

第八章 善于宣传自己

事实上，在商界，最大的蛀虫就是欺骗和不诚信。有的商人尽管利用投机取巧的方法挣到了钱，可他们的信用和公司形象也因此被毁掉了。在美国众多的商行中，很少有长达450年历史的。很多店面靠着大肆欺骗的经营方式繁荣一时，但时间不长它们就关门大吉了。

我们总在说诚信是最好的宣传，是最好的广告。就是因为在经营的过程中，商家靠着自己的人格为自己建立起了一个大招牌。以后只要人们看到这个招牌，就会购买这家的东西。这是品牌的力量，没有诚信是做不到这一点的。

岛村芳雄是日本赫赫有名的富商。他在短短几年的时间里积累了大量的财富，成为人们竞相追捧的对象。对于他成功的秘诀，人们更是好奇。他这样回答大家的疑问："诚信，我是从一毛钱的诚信起家的。"

岛村先生原本只是一个做小规模批发生意的普通商人。后来一个很偶然的机会，他看到日本的渔民越来越多，麻绳则成了渔民们打鱼必不可少的生产工具，于是他灵机一动，决定做批发麻绳的生意。岛村先生是从生产麻绳的厂家进货，每根进价是5毛。按照常理，他出售麻绳的价钱应该高于5毛，只有这样才能实现盈利。可他居然按照进货的价钱5毛卖给工厂和零售商。他自己不但一分钱没赚到，还赔了一大笔钱。一年之后，人们就都知道了这个"做赔本买卖"的岛村芳雄，于是定货单像雪片一样飞来。

做了一年赔本生意的岛村先生对生产麻绳的厂家说："在过去的一年里，我从你们厂购买了大量的麻绳，按照进货价卖出去，但是赔了不少钱。如果我继续这样下去，估计过不了几天我就要破产了。"厂方这时候也知道岛村先生的订货单很多，就决定让他5分钱，最终同意以4毛5分钱的价格将麻绳卖给岛村。

之后，岛村先生又对他的客户说："我以前为了扩大自己产品的影响，原价出售了很多麻绳。但现在如果继续这样下去，我就要关门大吉了。现在麻绳厂已经决定每根让我5分钱，你们是不是也商量一下，给我加一点儿呢？"客户们看了进货单，知道岛村说的都是实话，于是就决定让他加5分钱。

岛村后来之所以能将事业做那么大，就是因为他明明白白地做生意，没有任何的欺骗和隐瞒，一切透明化，因此赢得了众人的信任。

缔造富豪
DIZAOFUHAO

也许这个岛村的名讳没有太多的人知道，但知道松下幸之助的人就肯定非常多了。这个号称"经营之神"的日本富豪，曾经创造过很多的奇迹，在他身上也处处闪耀着诚信的光芒。

我们都知道，随便借钱很容易就将企业或者个人推向债务的深渊，所以很多人不愿意借钱。我们也专门介绍了关于借债的危害，但任何一家企业都难免会遇到资金周转不灵的时候，在这种紧要关头，即使你不想借钱，也必须硬着头皮去借了。可能你不知道的是，松下幸之助就是靠着借贷融资求得发展的。他除了有"经营之神"的绰号，还有"借钱大王"的美誉。他是怎么一次次从银行借贷成功的呢？秘诀就在于诚信。

众所周知，一个企业要想从银行贷款成功，就必须要有好的信誉作担保。这和现在办信用卡是一样的道理，如果你的公司信誉不好，你的透支额度就比较低。当然，现在看一个公司是不是有信誉，是看公司的规模和发展情况，在此不赘述。松下幸之助说一个公司借款的必不可少的一个首要因素就是，这家企业必须是令人放心的公司。在每次要借钱之前，松下幸之助都会实际考虑一下公司的情况，员工是否为公司努力奋斗，售后服务是不是好，公司业绩如何等等。这些都做到才能给银行留下一个非常好的印象，借钱的第一步也就做到了。

其次就是能够给自己的公司以客观的评价。所谓客观就是实事求是，就是讲求诚信。这个评价决定了银行是否会答应你所借的钱的额度。松下幸之助的秘诀就是每次借钱额度都比自己公司的实力低，这样银行对他放心，就愿意将钱借给他。

而且，在和银行来往的过程中，松下幸之助都是将信用放在第一的位置上。如果银行决定要和松下集团来往，也要将信用放在第一位，表示出他们对松下信任的行动。只有这样，松下集团才会跟银行继续合作下去，否则就会停止合作。松下幸之助贷这么多次款都成功了，就是因为一直贯彻诚信的原则。

松下幸之助的行为非常好理解，任何两个渴望深入交往的企业，他们交往的关键点就是对方是否诚信。诚信说白了就是一个公司的名片，有了它你可以非常快的跟别的企业展开合作。狼来了的故事我们听过无数次，当然也

第八章 善于宣传自己

知道那个说谎的孩子的最终结局。与人交往我们喜欢诚实的人，做生意也是这样。我们不否认大千世界无奇不有，知道奸诈之人有很多。但这些人都做成大事了吗？如果我们这么问一句，那些奸诈之人还敢举手，给出肯定回答吗？恐怕没有几个人能这样做。但凡成功的人都是诚实、诚信的最好实践者，也正是因为这样，他们才最终成就了大事业。在这些人眼里，无论做什么都绝对不会在信用这方面打折扣，诚信是比生命还要重要的东西。

信用是最好的招牌

　　一个想长久发展下去的企业最应该重视的是招牌。因为招牌一倒，就意味着企业的信用受到了质疑，再想重振局面就不是很容易的事了。以前的商人对"招牌"看得非常重要，因为他们知道，招牌就是顾客对这家企业的信赖，是可以安心购买的凭证。要想用同一字号去重新开业，只有那些在商店里诚实辛勤地工作了一二十年，且从没有做过伤害招牌的事的人才做得到。在今天，这样的情况虽然已经见不到了，但信用还是那么重要。如果你一个不小心，就可能像是小时候花了很长时间搭好的积木一样，一根小指轻轻一触就轰然倒塌了，之前做过的所有努力，就都白费了。所以，信用这个东西是很脆弱的，需要你每时每刻地好好保护它，不能有半点闪失。那具体怎样才能做到这点呢？其实不难，诚恳的态度是首要条件，它是增加企业信用的良好方法。

　　有一次，一个朋友来向松下幸之助借五千万元钱，据说是因为收不到货款才这样的；银行虽然给过贷款，但现在已经不能再借了。松下听后问他："银行都无法借了，我也没有特别的办法啊，你未收的账款有多少呢？"回答说有大约二亿五千万元。松下就问他为什么不去先收五千万元周转一下，结果他朋友却说："在银行吃紧的时候，顾客也都很困难，平常收款就不太容易，何况现在要预收？"

　　松下觉得朋友的话虽然很有道理，但现在毕竟是生死存亡的时候，应该将自己的实情告诉顾客，请他们提早付款，相信是可以收齐五千万元的。朋友听了松下的话惊讶地说："把实情告诉顾客，会失去公司的信誉啊。"

　　"你这种想法很不对，你收款天经地义，他们付款更是天经地义。只要把实情告诉他们，他们肯定不会再继续拖欠。何况应收账款还没有收到就举债是违反

第八章 善于宣传自己

经营原则的,这样不就更失去信誉了吗?"

松下的话虽然苛刻,但好在朋友听了进去,并且照着做了。过了不久,这个朋友再次前来,说是专门来道谢的。原来他照着松下的话,向顾客说明了实情。原本是想五千万元的,结果收了七千万元。而且大家都鼓励他好好做,还订了比以前多很多的货。他以前为了面子收款不积极,这次吸取了教训,以后要诚实经营。

只要你诚心地向顾客解释,你的信用值就会随之增加,做生意的窍门就在这里。

另外,如果重视顾客的需要,公平竞争,也是可以提高公司信誉的。

我们现在假设一种情境:一个顾客要购买你的商品,这个商品恰好缺货,你应该怎么办呢?

如果只说一句:"对不起,这种东西卖完了。"这样难免会让顾客觉得不够亲切。但如果你换种说法:"真对不起,刚好卖完,我们会尽快进货,明天就会有的。"这样,就会让顾客心理满意得多了。你还可以将同类店介绍给顾客,这样顾客就会觉得你热心,你的信誉也会随之提高的。

不过,俗话说得好,同行是冤家,如何跟同行搞好关系,是一门大学问。

曾经有一些经销松下公司产品的人对松下说过:"除了我们,还有别的商店经销贵公司的产品。如果其中一些店铺降价,我们就要跟着降价。"

松下听了客户的话,觉得他们说的虽然有理,但同时也忽略了一点:合理的价格,是综合了服务、送货以及各种方便之后的价值判断。如果做生意的时候完全按照别家的卖价出售,那就没办法做成真正的买卖。但客户仍然在强调别人家的卖价,松下就接着:"照你这么说,你所付出的精神就是白费的?如果换做我,我就会以高出别家店卖价的价钱出售商品。"这下客户非常奇怪,不知道他为什么要比别人家卖得贵。松下说是因为这里面包含了自己附送的东西。如果对方问是什么,可以告诉他是所花的精神。

这样理直气壮地要求加技术服务费及信用费,是为了更好地对商品负责。

除此之外,如果一味地讨好顾客而不坚守经营原则,也照样建立不起自己的信用体系。

松下在做生意两三年后,很想把当时生产的两用插头推销到东京。想法确定后他就决定去一趟从没有去过的东京,以开发市场。

松下准备坐夜班车出发那天,工厂的29名员工都到门口欢送他。松下备受鼓

缔造富豪
DIZAOFUHAO

舞，精神抖擞地坐上了前往东京的火车。第二天清晨，松下就到了东京。因为是第一次来东京，人生地不熟，松下只能依靠地图寻找批发商。好在在出发前，松下就已经查好了东京批发商的商号名称，因此查找起来还不是很费劲儿。松下就这样从早到晚一家一家的拜访商户，晚上再坐火车回大阪。

松下这样坚持了三年，在这三年的时间里，他没有在东京住过一晚。他觉得如果晚上在东京住下，还得坐第二天的早班车，那白天的时间就浪费了。他觉得这样不好，所以来回都是坐夜班车。就是靠着这样的耐力和坚持，松下逐渐打开了东京的市场，商品渐渐有了销路，销售的商品种类也增加了，工厂发展也渐趋成熟。

在松下打开市场的过程中，当他拜访第一家批发商的时候，松下将带去的产品给他看。这个批发商拿起商品，端详了半天，然后盯着他说："这东西你想卖多少钱？""这东西的成本是两角，所以我希望您能以每个二角五分的价钱买下。"

"二角五分吗？价钱高是不高，但你是第一次在东京推销，多少应该便宜些，就算二角三分好了。"

松下听完之后刚想答应他，心里忽然升起另外一个想法，于是他说："成本二角，卖二角三分也不是不可以，但这些产品包含了我所有员工的辛苦和汗水，他们是从早到晚努力工作制造的这些东西。现在的价钱不能算高，甚至比起一般的行情还算是便宜的，所以应该是很合理的。当然，如果您觉得这个定价太高，那我也不能强求。您要是觉得这个价位可以，就请按这个价位购买吧。"

东京批发商想了想松下的话，觉得他说的很有道理，而自己以这个价位购进也确实是可以卖出去的，于是两个人的生意就这样成交了。之后，松下的生意方式就在东京传开了："大阪一个叫松下的厂商，商品质量很不错，价钱也公道，但他对自己的商品从不降低售价。"

"是呀，的确如此。松下卖出去的商品都维持自己的原价。"每次批发商聚会，你都可以听到这样的谈话。

在这里，松下并没有和这些初次合作的批发商讨价还价，而是让对方觉得自己值得信赖，从而树立了自己的良好形象。

试想如果一开始就抬高售价，有人还价就削价，那买方就不容易了解购买商品最合适的价格。这样一来，买方就会因为不知道自己是高价买进还是低价买进而不放心。

第八章 善于宣传自己

所以，如果在一开始就订下非常合适的价钱，即使对方跟你砍价也不降低售价，那买方就可以放心地购买。当然，如果你的售价实在太高的话，对方也就不会买了。所以，无论出售什么东西，不如在开始的时候就订好一个合理的价钱，并坚持按这个定价销售，这样就能顺利销售了。

曾经有人这样问松下，东京和大阪的商人在做生意的方法上有什么不同。松下说大阪的商人更重视生意。当然每个地方都有重视生意的商人，只不过大阪商人似乎更迫切地把一切希望都寄托在生意上。也因此，大阪商人比较有胆量。自古以来，大阪的船场商人不论买东西还是卖东西，胆量都非常大。这种胆量就是因为对生意认真负责而产生的。

胆量不是单纯地靠冒险就能得来的。大阪的商人由于热心生意，自然也就懂得如何取舍选择，而且他们非常重视信用，也就是说，重视招牌。

但凡这样的商店，不光对店员要求特别严格，对店员的培养也有自己的特色。也许很多人认为古代的经商方式在现代已经行不通了，但松下认为信用和招牌是古今一致的，即使社会或企业的形态改变了，信用还是需要任何一家企业传承的。

任何一个商人，只要你诚心对待消费者，诚信经营，最终肯定会赢得顾客的信赖。这个道理往小了说就是如何处理人与人之间的关系。我们总在说人心都是肉长的，只要你以诚心对待别人，别人是会相信你，并且喜欢你的。

当然，这并不是说你只要刻意去做就可以做好的，你必须出于诚实和对生意的重视，慢慢累积下来，才能最终得到信用，让自己企业的形象岿然屹立。

没有诚信拒入天堂

曾经看过这样一个故事：一个鬼魂被判要下地狱，他很不服气。为什么呢？就是因为他在阳间活得非常舒服，健康、美貌、机敏、才学、金钱、荣誉……哪一样他都不缺，为什么现在却要下地狱呢？何况地狱是那么让人恐惧：阴暗、潮湿、饥饿、痛苦……光是想一想，就让人不寒而栗。

于是鬼魂找到上帝，请求上帝让他进天堂。

上帝笑了笑，问："你有什么资格要求进极乐的天堂呢，不妨说来听听？"鬼魂于是把他在阳间的所有过往统统抖出来，并且带着炫耀的口气反问："所有这些，难道不足以让我去天堂吗？"说完眯起眼睛，仿佛他已经到了天堂，正享受着天堂里太阳光的照耀和上帝耶和华的抚摸，别提多神气了。

"难道你不知道你没有允许进天堂的最重要的一个东西吗？"上帝不急不恼，以平和的心态问鬼魂。

鬼魂嘿嘿一笑："你已经看到了，我什么都有，我完全有资格进入天堂。"

"你忘记你曾经抛弃了一种最重要的东西。"上帝面对这种恬不知耻的鬼魂，有点儿不耐烦了，便直截了当地提醒他，"在人生渡口上，你曾经抛弃了一个人生的背囊，是不是？"

鬼魂这时候想起来了：年轻的时候，有一次乘船，不知过了多久突然遇到了大风暴。小船在暴风面前变得异常脆弱，好像随时可能沉没。渡船的老艄公让他抛弃一样东西。他左思右想，美貌、金钱、荣誉……他都舍不得，最后他抛弃了"诚信"。

鬼魂回忆完之后仍然表示不服气："难道仅仅因为我抛弃了诚信，就将我拒之于光明的天堂之外而进入可怕的地狱吗？"

第八章　善于宣传自己

上帝这时变得非常严肃："那么，那之后你又做了些什么？"鬼魂继续回想：那次他回家后，答应母亲要好好照顾她，答应妻子永远不背叛她，答应朋友要一起闯一片天地。后来，后来……他在外面有了情人，对母亲也不闻不问，并且不允许母亲破坏他的"幸福"；他和朋友倒是一起做了生意，却私吞了原本属于朋友的那一份，还把他送进了监牢……

上帝打断他，说："看到没有？没了诚信，你做了多少背信弃义的勾当。天堂如此圣洁，怎么容得下你这么卑污的鬼魂？"

鬼魂沉默了，他自以为自己什么都有，其实他是一无所有，亲情、友情、爱情……统统随被抛弃的诚信而去了。他就是一个卑污的鬼魂，只配下地狱！

"下地狱去吧！"上帝说完，飘然而去了。

这个故事听起来可能有些夸张，可是任何一个不讲诚信的灵魂都应该进地狱。任何一个想要事业飞黄腾达的人，最应该培养的一个品质就是诚信。在做生意的过程中实话实说，作用往往非常明显。它可以打消顾客和企业之间的担心和不信任，超越单纯的买卖关系。它更是直接站在消费者的立场上，设身处地地为顾客着想，以诚为本，以诚相见。在人们心中树立起这个企业的形象，从而也就扩大了商品的市场占有率。如果你一贯以诚待客，那你还有不发财的可能吗？

第九章 ◎ 坚韧不拔,知难而进

> 障碍与失败,是通往成功最稳靠的踏脚石,肯研究、利用它们,便能从失败中走向成功。
>
> ——佚名

▲ 缔造富豪
　　▲ DIZAOFUHAO

站起来的次数要比被击倒的次数多一次

  某大公司发出招聘声明，前来应聘的是人山人海。这当中有很多是高学历、多证书、有相关工作经验的人。经过三轮淘汰，应聘者还剩下11个人，他们当中最终将被留下6人。可想而知，竞争是非常残酷的。为了保证竞聘的公平公正，防止千密一疏，公司的总裁站到了前台，亲自担任第四轮的主考官。

  总裁扫了考场一眼，发现那里坐了12个人，而不是应该有的11个人。他奇怪地问："谁不是前来应骋的？"

  "我。"后排一个男子应声站起，"不瞒您说，我第一轮就被淘汰了，但我想继续参加面试。"在场的人听他这么说都笑了，包括站在门口的一位服务员打扮的老头儿。

  "既然你第一关都没过，现在为什么还要继续面试呢？"总裁面带微笑，但大家都知道那通常是对失败者的安慰和宽容。

  "我掌握着很多财富，而我本人就是最好的财富。"

  大家听他这么说又一次笑了，包括主考官，但那位老服务员却没有笑。

  "虽然我只有一个本科学历和一个中级职称，算不上优秀，但我有11年的工作经验，我先后在18家公司任过职……"

  "你的学历和职称确实算不上高，而你在11年的时间里却跳了18次槽，这是不是有点太让人大吃一惊？""我没有跳槽，而是他们先后破产，我不能在一棵已经枯萎的树上吊死吧！""你还真挺倒霉的。"总裁叹息地摇摇头，并朝门口看了一眼。显然，他是想结束这场毫无意义的对话了。这时一直站在门口的老服务员拎着水壶走了过来，给总裁的杯子斟满了水。

第九章　坚韧不拔，知难而进

"我并不觉得这是我自己的失败。我虽然只有31岁，但我很了解那些公司。我也曾和大伙一起想主意来挽救，虽然最终失败了，但我从中学了很多东西。很多人都想积累关于成功的经验，而我拥有的是避免失败的经验。"应试者边说着边朝门口走，"我认为，成功的经验是相似的，失败的原因却千差万别。别人的成功经验在很多情况下不太容易成为我们的财富，别人的失败却不难转化成我们的经验。"

说到这儿，应试者笑了，说："我知道，你们可能并不相信我在这些年里积累起来的经验。那我现在只举一个小例子，那就是今天担任面试主考官的，并不是主考位置上的那位，而是这位端茶倒水的老先生。"

此人一语既出，全场哗然，十多双眼睛不约而同地投向那位老服务员。老人爽声笑了，他慢慢直起身，说："很好，你第一个被录用了。因为我急于知道，我究竟什么地方表演失败了。"

这是个真实的事例，揭示的道理也非常明显，那就是：不是任何一个失败者都要被打入地狱；即使在别人眼中他们一无所有，但他们可能身价百倍，因为他们掌握了别人没有掌握的失败经验。

在人生旅途中，无论做什么，我们都可能遭遇失败。那些刻意回避的失败，也就相当于将成功一并挡在了门外。家长们在教育孩子的时候常说："孩子只要能立就能走，能走就能跑。"意思就是任何一个孩子不摔几个跤是学不会走和跑的。而且，我们每一个人几乎都是经历这样的过程才长大的。

人的一生不可能一帆风顺，然而人们往往忽视了这点，在遭遇失败的时候总觉得自己走进了万劫不复的深渊。他们都忘了一点：当你失去的时候，正是你得到的时候。

曾经有人不小心打碎了一个花瓶，他没有像别人那样只是一味地悲伤叹息，而是俯身小心地收集起满地的碎片，并把这些碎片按大小分类称出重量，结果发现：10至100克的最少，1至10克的稍多，0.1克和0.1克以下的最多；同时，他发现这些碎片的重量之间表现为统一的倍数关系，即较大块的重量是次大块重量的16倍，次大块的重量是小块的16倍，小块的是小碎片的16倍……之后，他就利用这个"碎花瓶理论"来恢复文物、陨石等不知其原貌的物体，结果给考古学和天体研究带来了意想不到的效果。这个人就是丹麦物理学家雅各布·博尔。

英国小说家、剧作家柯鲁德·史密斯曾经说过："对于我们来说，最大的荣幸就是每个人都失败过。而每当我们跌倒时都能爬起来，那绝对是失败中最大的成功。"那些经历过失败，甚至在别人看来可能一蹶不振的人能最终走上成功的巅峰，就是因为他们不被失败左右。

在日本，有很多人喜欢将"不倒翁"称为"永远向上的小法师"。在参加竞选的时候，还有将它当成饰品的习惯。如果成功当选，人们就会将"不倒翁"的下半身涂黑，以此来表示庆贺。

"不倒翁"之所以受欢迎，是因为它的重心在下面。无论你用多大的力气推它，只要你一松手，它都会马上弹起来。

人也是这样，只有拥有了不倒翁精神，你才可能经受得住创业历程中的风吹雨打，才可能最终成为富豪，笑傲群雄。《水手》对此不是说得很明白吗？"风雨中这点痛算什么，擦干泪，不要怕，至少我们还有梦。"只要你善于从失败中吸取教训，成功终究会是你的囊中之物。

失败的原因可能有很多，比如骄傲自大、过分自满、夸海口、滥用职权等。韩非子曾说过，人们不会被一座山压倒，却可能被一块石头绊倒。然而，不管是什么样的失败，只要你跌倒后再爬起来，跌倒的教训就会成为对你有益的经验，帮助你在未来取得成功。

格林斯曾说过："人生成功的秘诀只有那些在奋斗中尚未成功的人才知道。"如果你问一个非常擅长溜冰的人是如何做到擅长溜冰的，他就会告诉你："跌倒，爬起来，便是成功。"

第九章 坚韧不拔，知难而进

失败只是柳暗花明前的山重水复

花白的胡须，白色的西装，黑色的眼睛，在中国和世界的很多地方，我们都可以看到这样的笑容。而这个笑容，恐怕是世界上最著名、最昂贵的笑容了。因为这个有着慈祥笑容的老人就是著名快餐连锁店"肯德基"的招牌和标志——哈兰·山德士上校。他不光是这个著名招牌的创造者，也是我们今天吃的肯德基炸鸡的发明者。这个来自美国的著名连锁快餐厅，在中国拥有广泛的市场。它是世界最大的炸鸡快餐连锁企业，在世界各地拥有超过11000多家餐厅。这些餐厅遍布80多个国家，从中国的长城，到巴黎繁华的闹市区、风景如画的索非亚市中心以及阳光明媚的波多黎各，都可以看到肯德基的身影。如今，上校的精神和遗产已成为肯德基品牌的象征，以山德士上校的形象设计的肯德基标志，已成为世界上最出色、最易识别的品牌之一。然而有谁知道，山德士上校的成功是经历了怎样的失败才得来的？从最初的街边小店，到今天的食品帝国，山德士走过的是一条崎岖不平的创业之路。

山德士上校是典型的大器晚成的人，因为他成功的时候已经65岁了。在他之前的64年的人生历程中，走过的路都是崎岖不平的。

山德士上校出生于美国印地安那州亨利维尔附近的一个农庄。他出生的时候家境不是很富裕，但最起码还过得下去。然而在他6岁那年，他父亲去世了，留下母亲和他们兄弟三个，从那时候开始他的苦难生活才真的拉开序幕。

为了生活，他母亲不得不在外面接很多活儿来做，白天去食品厂削土豆，晚上给人家缝衣服。这样的忙碌使得母亲没时间照顾山德士兄妹三个，只能由最大的孩子山德士照顾弟妹，为母亲分担忧愁。白天母亲不在家，小山德士就给弟弟妹妹做饭。也正因此，山德士学会了做饭，一年之后，他竟然学会了20个菜，成

缔造富豪

了远近闻名的烹饪能手。

在山德士12岁那年,母亲改嫁,山德士和继父的关系却不怎么好,他上到六年级就不想再继续读下去了。家里的氛围使得他时刻想逃离出去,挣扎了很久之后,山德士决定辍学,出去找份工作,换个环境生活。之后他去格林伍德的一家农场做工人,日子虽然辛苦,但能维持个人温饱,而且关键是活得自由和无拘无束。

此后山德士换过无数种工作,粉刷工、消防员、卖过保险,还当过一阵子兵,可以说阅历相当丰富。后来他得到一个函授的法学学位,这使他在堪萨斯州小石城当了一段时间的治安官。

40岁那年,山德士来到肯塔基州,开了一家可宾加油站。因为来往加油的客人很多,而这些长途跋涉的人多是饥肠辘辘的样子,山德士看此,突然有了一个很好的想法:为什么我不顺便做点方便食品,来填饱这些人的肚子呢?况且我的手艺也不错。想到这儿,山德士就开始着手准备,之后他就在加油站的小厨房里做了点日常饭菜,用来招揽顾客。

在此期间,山德士推出了自己的特色食品,这就是后来闻名于世的肯德基炸鸡的雏形。由于炸鸡味道鲜美、口味独特,很快就赢得了客人的欢迎,很多人甚至不是为了加油,而是为了吃到炸鸡而来加油站的。随着来加油站买炸鸡的人越来越多,山德士就在加油站的马路对面开了一家餐厅,专门经营他的特色食品——炸鸡。

为了保证质量,山德士亲自上阵,动手烧炸,并投资扩建了可容纳142人的大餐厅。这样,他就开拓了一个初级炸鸡市场。经过几年的经营,山德士研制出一种神秘的炸鸡配方,使得炸鸡表皮形成了一层薄薄的、几乎未烘透的壳,鸡肉吃起来湿润而鲜美。现在这种配方还在使用,但调料已增加到了40种。

到1935年,山德士的炸鸡已是远近闻名。肯塔基州州长鲁比·拉丰为了感谢他对该州饮食业所做出的特殊贡献,正式向他颁发了肯德基州的上校官阶。这也就是"山德士上校"的由来。

到这时,也许你会说,山德士的成功并不是你说的倍加坎坷啊,这不是挺一帆风顺的吗?不要着急,真正的困难还在后面。

尽管生意已经走上了正轨,但山德士并不满足自己已经取得的这些成就。之后他别出心裁,又在饭馆旁边加盖了一座汽车旅馆。这样在著名的霍德华、约翰逊汽车旅店建成之前,山德士已经成立了第一个集食宿和加油为一体的企

第九章 坚韧不拔，知难而进

业联合体。

然而随着顾客的不断增加，山德士明显感到自身管理经验的缺乏，为此他专门到纽约康奈尔大学学习饭店旅店业管理课程。这使他成功解决了之后遇到的饭店管理问题。不过这不代表所有的问题都已经迎刃而解了，问题依然存在：客人越来越多，要为那么多的顾客很快地将炸鸡端上桌，并不是件非常容易的事儿。山德士总是一边手忙脚乱地为顾客炸鸡，一边听着急着赶路的顾客在旁边不停地抱怨。山德士为此大为烦恼：这可如何是好呢？这样长久下去，客人就会因此逐渐流失了。后来一个偶然的机会，一个压力锅展示会给了他一个启发：压力锅不光能大大缩短烹制时间，还不会把食物烧糊，这就再好不过了。

于是在1939年，山德士买回了一个压力锅。他在做了各项有关烹煮时间、压力和加油的实验后，终于发现了一种独特的炸鸡方法，炸出的鸡不光味道鲜美，用时也非常短，仅用15分钟就可以了。这之后，压力锅炸出的鸡就成了顾客的新宠，即使在19世纪30年代，美国到处萧条的时候，山德士的生意依然红火。

可是这样的好景不长，二战的爆发给山德士的加油站带来了不小的打击。因为战争期间开始实行汽油配给，山德士的加油站不得已只好关门大吉，他从此开始专心经营自己的餐厅。然而祸不单行，新建的横贯肯塔基的跨州公路计划最后敲定，山德士的餐厅很不幸正处在高速公路穿过的地方。这对山德士来说无疑是巨大的打击，打乱了他所有的计划，他高涨的奋斗热情一下子降到了冰点。他不得不变卖资产以偿还债务，然而所得的款项只相当于公路通车前的总资产的一半。无奈之下，他只好将银行里的全部存款取出来，全部搭上。这样一来，山德士就从一位人人尊敬的富翁变成了一个一文不名的穷人。

这时的山德士已经65岁了，他所能依靠的只是每月105美元的救济金。当他拿到生平第一张救济金支票时，他内心的凄凉可想而知。不过山德士并不想就此了结自己的一生，他还有更远的路要走，这点儿失败也并不能压倒他。

在生活陷入困顿的时候，山德士一直在想解决的办法，并没有因此自怜自艾下去。在回首自己的奋斗历程的时候，他一直在思考如何改善自己的生活。最后他发现他最有价值的技术就是炸鸡了，这是一笔无形的巨大财富，因为几乎人人都喜欢他的炸鸡。突然，他想起自己曾将炸鸡做法卖给了犹他州的一个饭店老板。这个老板干得很好，还有另外几个饭店老板向他购买山德士的炸鸡作料。身陷困境的山德士想，如果将自己的炸鸡技术教给餐馆，客人点名要吃他的炸鸡，生意越来越好的话，那就可能和餐馆老板一起分享收益了。山德士暗自思量，也

缔造富豪
DIZAOFUHAO

许这就是事业的新起点吧。

就这样，山德士上校踏上了他的第二次创业历程。他带着一只压力锅，一个50磅的作料桶，开着他的老福特上路了。

白色西装，黑色蝴蝶结，一身绅士打扮的白发上校出现在每一家饭店的门口。从肯塔基州到俄亥俄州，不停地兜售炸鸡秘方，要求给老板和店员演示炸鸡。如果他们喜欢，就卖给他们特许权，提供作料，并教他们特殊的炸制方法。

他把他的想法告诉每一位餐厅老板，人们的反应却相当冷淡。很多人当面嘲笑他："得了，老家伙，若是有这么好的秘方，你干嘛还穿着这么可笑的白色服装四处兜售呢？"更有甚者，有的饭店老板觉得和山德士这个怪老头说话都是在浪费时间，于是果断地拒绝了他。

这些话让山德士上校打退堂鼓了吗？当然没有，他并没有就此放弃，一次被拒绝他就请求两次，两次被拒绝就请求三次。在整整两年的时间里，山德士上校被拒绝了1009次。

可他每一次被拒绝后都会重整旗鼓，进行下一次请求。在被拒绝的两年的时间里，他就是独自驾着那辆又旧又破的老爷车，走在美国大地的几乎每一个角落上。困了就睡在汽车后座上，醒了逢人就宣传他的那些点子。而他所示范的炸鸡，经常就是他果腹的餐点……

皇天不负苦心人，在山德士上校第1010次走进一个饭店的时候，终于听到了那句梦寐以求的"好吧"的回答。有了这样的进步，山德士上校继续努力，在他的坚持下，他的想法被越来越多的人接受了。终于在1952年，盐湖城第一家被授权经营的肯德基餐厅成立了，这就是世界上餐饮加盟特许经营的开始。紧接着，令人惊讶的事神奇般地出现了——山德士的业务像滚雪球般越滚越大。在短短5年的时间内，他在美国及加拿大已建立了400家连锁店。

1955年山德士上校的肯德基有限公司正式成立。与此同时，他接受了科罗拉多一家电视台脱口秀节目的邀请。由于每天忙于工作，他只好找出唯一一套清洁的西装——白色的棕榈装，戴上黑框眼睛，出现在大众面前。这个资深的上校烹制炸鸡的形象很快就吸引了观众的眼球，他被那些渴望与他合作的人团团包围，而要买他特许权的餐馆代表更是蜂拥而至。为此山德士建起了学校，让这些餐馆老板到肯德基来学习如何经营特许炸鸡店。

后来，因为山德士本身的年龄问题，不得已将肯德基转手给了别人经营。但肯德基的形象大使永远都是那个一身白色西装、满头白发，戴着黑框眼镜，永远

第九章 坚韧不拔，知难而进

笑眯眯的山德士上校。

山德士的一生是典型的美国传奇，他干过各种各样的工作，直到40岁才在餐饮业上找到了事业的起点。之后历经挫折，在65岁的时候东山再起，重新缔造了另一个辉煌，成立了全球最大的炸鸡连锁集团。

即使在90岁高龄的时候，他仍然在四处推销着肯德基炸鸡。他的年龄没有影响他工作的热情，他对工作的热情依然是那么高涨。当人们问他为什么那么勤奋地工作时，山德士说："人们因闲散而生锈者比精疲力竭者多，如果我因闲散而生锈过，我会下地狱。"

看完山德士的故事后，我想起了一句话：失败就是在第99次跌倒的时候，第100次站起来。柯利·坦·布姆也说过："要是你能认识到失败只是人生道路上的一种迂回，那你就已经踏上成功之路了。"在很多人眼中，失败就是一种不幸。但只有少数人能够了解失败之所以会成为一种不幸，是因为人们把它当成了一种不幸。而这些少数人就是那些最终成功的人。

如果成功轻易就可以到手，那它也就不值得世人为之疯狂奋斗了。那些曾经站到成功巅峰的人，都明白这样一个道理，那就是失败是实验性和富有创造性过程的自然产物。此外，这些人在失败的时候往往能学到更多的东西，他们深知此时的失败就是通向成功的一个转折。也正是基于这种心态，他们最终让成功开出了希望之花，结出了果实。

当我们面临挑战并克服了通向成功路上的各种障碍，成功便不期而至了。

失败的路程本来就是迂回曲折的，在山重水复的时候，只要你肯继续前行，一定会等来柳暗花明的。

▲ 缔造富豪
　　DIZAOFUHAO

不经历风雨怎么见彩虹

古语有云："盖西伯拘而演《周易》；仲尼厄而作《春秋》；屈原放逐，乃赋《离骚》；左丘失明，厥有《国语》；孙子膑脚，《兵法》修列；不韦迁蜀，世传《吕览》；韩非囚秦，《说难》、《孤愤》；《诗》三百篇，大抵贤圣发愤之所为作也。"

这段话的大概意思就是无论古今，成功都是和失败相伴相生的。文学界如此，商界同样如此。

英国在20世纪60年代曾经出现过一个名叫吉姆·斯特莱的亿万富豪。他掌握着资本达2.9亿英镑的大帝国：斯莱特—沃尔克证券有限公司。在当时，2.9亿英镑无疑是吓死人的天文数字。吉姆是当之无愧的大富豪，在英国他是家喻户晓的风云人物，他的"联营集团"就是赚钱的代名词。

可是在吉姆最春风得意的时候，他的财富却如肥皂泡一样破灭了。市场崩溃，联营集团倒闭，吉姆的800万英镑一瞬间化为乌有，还欠下了100万英镑的债务。然而这个叱咤风云的大富豪最终又从残垣断壁中站了起来，重新接受世人的瞻仰。正是他发明了"破产富豪"和"负百万富翁"。

吉姆是独子，生长在伦敦北区，24岁的时候就取得了会计师资格，并很早就展露出了自己的管理才华。他先是在一家亏损达4万英镑的公司里工作，仰仗着他的管理和商业上的才华，只一年的时间，公司就实现了扭亏为盈，并且净赚2万英镑。

初尝成功甜头的吉姆见此就辞掉了自己的工作，办起了属于自己的公司。可谁知道，好景不长，公司开了只有三个月就关门大吉了。

这时候的吉姆不光没赚到钱，还欠了一身外债。没办法，他只好到一家公共

第九章 坚韧不拔，知难而进

汽车和马车车身制造公司里打工。3年后，吉姆荣升为公司销售部经理。在大约一年以后，吉姆遭遇了人生第二次大的挫折——因为长途奔波推销产品而病倒。不过，遭遇打击的吉姆并没有就此消沉。趁着治疗和康复期间，他在医院的病床上琢磨出了一套他的"祖鲁人原则"，在之后的日子里因祸得福。这条原则的大意是：只要选择一个比较狭窄的课题反复钻研下去，你就可能成为这方面的行家里手。举个例子来说，你在《读者文摘》上看到一篇有关祖鲁人的文章，仔细读过之后，你就可能比你生活的街上的人更了解祖鲁人。如果你趁热打铁，再跑到图书馆把有关祖鲁人的书籍借来看，你就会知道得更多。如果你去南非到祖鲁人住的地方继续研究，你就会比任何一个英国人都要了解得多些。当然，问题的关键是祖鲁人是一个非常狭窄的命题，所以你可以集中精力去研究，这就好比研究激光束要比研究霰弹枪更好一样。

病愈之后，吉姆就将对祖鲁人的想法运用到了证券市场上。为此，他仔细钻研较为狭窄的净利收入领域，而不是公司的资产。他把他的全部钱财都用来购买他认为有前途的一家公司的股票，而不是分散冒险。他投入了2800英镑，3年之后滚成了5万英镑。

后来吉姆一边业余玩股票生意，一边先后在几个公司里任职，从一家公司的商务经理做到另一家公司的财务经理。再后来，放弃了莱兰集团前途无量的职务，专于投资事务顾问。这时他结识了前运输大臣沃尔克，在半年之后，成立了吉姆—沃尔克证券有限公司。经过7年的发展，公司成了欧洲屈指可数的大财团；1972年，拥有了2.9亿英镑资产，所经营的公司从事银行、地产、保险、工业和投资管理。而这正是吉姆最春风得意的时候。

可谁知，天有不测风云，1973年的世界危机波及英国，使得证券市场全面崩溃。银行发生危机，地产市场关闭。仅两年的时间，吉姆的大船就沉没了。两年后的10月，吉姆从公司辞职，不但成了一名破产富豪，还飞来横祸的面临新加坡政府的刑事起诉。吉姆背了100万英镑的亏空，新加坡政府因此先后15次向吉姆发出传票，要求引渡。英国政府也对他发出了逮捕状。尽管后来事情没有作出不利于吉姆的判决，但官司耗时一年，对吉姆打击不小。

吉姆在后来回忆当时的情形，语重心长地说："许多问题搅到了一起，实在叫人为难。突然之间，你从800万变成负100万，不光要养家糊口，还随时可能有被引渡的危险，境况糟糕到什么程度可想而知。"

客观来说，吉姆这一跤摔得确实够惨。除了吃官司，还有权势、地位和金钱

缔造富豪
DIZAOFUHAO

的丧失，此外还有欠债。无论是在哪个领域，我们都曾经看到过失败的人一蹶不振，看到他们借酒浇愁，看到他们从此不修边幅，不再注重形象。胡子拉碴、满嘴酒气，除了醉醺醺地喝酒，就不会干别的。他们的意志已经被消磨殆尽，锐气已经被打磨光了，奋斗的热情更是已经被现实的失败浇灭了。

可是吉姆没有这样，在他刚栽了跟头后，很快就又投入了生意场，进行新的"赌博"。他到一家制造窗框的公司去打工，又做起了捕鲑鱼的生意。不过遭遇这么多失败的吉姆想要东山再起并不容易，首先他最急需的就是启动资金。吉姆本身还有价值200万英镑的资产，诸如农场和藏画之类，但他同时欠300万英镑的债务。他要想再次获得资金，只好以这200万做抵押，向银行贷款。

在贷款的过程中，吉姆遭受了不小的挫折，因为他一贯擅长捞钱，在金融界久负盛名，所以人家不太愿意将钱贷给他。不过后来经过吉姆的软磨硬泡，最终勉强将这笔钱搞到了手。这时候的吉姆身上背着债务，同时还要支付利息、生活开支和雇人的开销，外加租用写字楼的费用。大概算下来，差不多要三四年的时间才能还清贷款和亏欠的100万，而要做到这一点，是非常不容易的。

这个时候换做是你，你会怎么选择？

斗志昂扬的吉姆没有停下脚步，而是选择继续前行。他做了三件事：一是稳住债主；二是维持信用；三是设法赚钱。为了能够赚到钱，吉姆想了很多办法，做了很多尝试：和人合作做房地产生意、写书。后来在吉姆想要尝试涉足股票的时候，因为合伙人不感兴趣，最终两人各奔前程，合伙人连本带利提走了绝大部分的钱。

吉姆从稍有钱又变成了穷光蛋。没办法，吉姆只好继续想法子赚钱，直到还清贷款。最后，用了四五年的时间，总算是还上了。随着钱的逐渐还上，吉姆的信心也逐渐增强。上天终究是垂青于这个不怕挫折的人，它在让吉姆一次次跌倒，又一次次爬了起来，最终重新成了一个富豪。

对曾有过的失败，吉姆从来没有过怨天尤人。在他看来，命运的安排有它的道理，正是为了使他吸取前一次失败的教训才刻意安排的。

人在破产的时候，很可能会想了此一生，在现实中因为破产而跳楼的人并不在少数。

其实大部分认为自己失败的人，并不是真正的失败者，只不过是一种暂时的挫折。如果你可怜自己，认定自己就是失败者，那不妨想想看，如果你和那些境况真正悲惨的人互换位置，你的情况又会怎样。所以，不要随便使用"失败"这个字眼。记住，暂时背负一个沉重的十字架算不上是什么"失败"。如果你身

第九章 坚韧不拔，知难而进

上沉睡着成功的种子，小小的困难和暂时的失败会给这个种子提供生长所需的营养，使它迅速成熟。

　　如果你把暂时的挫折或逆境当做不可或缺的良师，那在你的眼中这一切就不算失败。事实上，在每一种逆境和挫折中都蕴含着永恒的教训。而通常这种教训是无法经任何其他方式获得的，只有在经历了失败后，我们才可能领悟成功的真谛。这就好比在经历了风雨之后，才能看到彩虹一样。

缔造富豪
DIZAOFUHAO

没有人是永远不幸的

柯利·坦·布姆在他的著作《藏身之处》里曾提到与母亲的一次谈话，谈话中涉及到了与他们相处多年的姑妈坦特·贝布。柯利发现姑妈老是抱怨自己不快乐，并把现在的情况和自己曾经的"十分快乐"相比，结果就变得更加不快乐。但柯利的母亲知道她为什么会变成这样子。于是她对柯利说："你知道姑妈为什么这么赞誉曾经当过管家的人家吗？那是因为她已经离开了那家，而在那家呆着的时候，她一样也总是抱怨。柯利，你一定要记住，幸福可不是只取决于我们周围环境中的某种东西，而是成就于我们的内心呀！"

除了你自己，没有人有权说你失败。如果在沮丧的时候，你觉得自己就是一个失败者，那请记住富裕的哲学家罗伊斯的话："人世间的一切事物都像是绕着一只轮子旋转，因此没有人是永远不幸的。"

这句话看似简单，但寓意深刻。如果你认为自己已经被打败了，那你就被打败了；如果你认为自己没被打败，那你就没被打败；如果你想获胜，又担心自己做不到，那就可能永远不会成功；如果你认为你将失败，那你就真的失败了。之所以这样说是因为在这个世界上，成功始于人们的意念——完全视你的心理状态而定。

在20世纪初期的美国，得克萨斯州就是众人眼中绝对的热土。很多人争先恐后地来到这里钻探石油。有一小部分人撞上好运，一夜之间成了百万富翁，麦卡锡就是其中最出色、最有名的一个。

在大批的人蜂拥来到得克萨斯州开采石油的时候，麦卡锡的父亲就来到油田里工作。麦卡锡从小就是在油田里长大的。后来，麦卡锡随父亲搬到城市，他给一家石油公司做油泵管理员。由于他反应敏捷，很快就给公司创造了赚钱机会。

第九章　坚韧不拔，知难而进

表现出众的麦卡锡不久就拥有了自己的油站，并把它扩大为两座。

他卖掉了其中一座油站，用这笔钱作为他找石油的第一笔赌本。他买来了工具和设备，租下一块地皮，开始钻探石油。

可6个月后，麦卡锡的希望落空了，因为他钻的是一口干井。随即麦卡锡又租了一套较好的钻井设备，在休斯敦附近的一块土地上继续下他的赌注。

然而这次他的希望再次落空了，因为这还是一口干井。

麦卡锡后来又换了块地方继续钻探，可连续三次，他碰上的都是干井。

三次钻探三次都是干井，那时候正是1933年，美国经济萧条最严重的时候。面对这种境况，很多人劝麦卡锡赶紧放弃，回去做别的生意。麦卡锡却不这样认为。尽管已经失败了三次，可失败并没有击垮他，他又做了第四次努力。这次终于找到了一口真正的石油井，这口井让他赚了70万美元。

初尝胜利喜悦的麦卡锡这次信心倍增，可更大的困难已经在不知不觉中靠近他了。由于不慎，麦卡锡的一口井失火了，大火燃烧了好几天才控制住；随后另一口井井架倒塌，麦卡锡因此重新变得一无所有，还因此欠下了200万美元的债务。

换句简单明了的话就是：麦卡锡破产了！

几乎一夜之间，麦卡锡的头发变白变稀了，唇上蓄的小胡子也不见了。这样的打击使得麦卡锡一夜之间由血气方刚变得成熟理性了。

但他并没有被现实打垮，在经历了一系列的挫折后，麦卡锡没有时间沮丧。他内心深处始终有一个信念："我一定会成功"在支撑着他。他开始认真研究地质，以图东山再起。他把办公室设在休斯敦市区，整个房间里铺满了各种地图和地质图表。他在研究中发现，盐碱地下肯定有石油，问题是得掌握深钻的技术。可是身无分文的他哪里有钱用来购买先进的深钻设备和技术呢？

后来，麦卡锡时来运转，做了一个石油勘探队的承包人。靠着敏锐的嗅觉，麦卡锡成功找到了石油，发了财，在一年之内麦卡锡就还清了旧债。

之后，麦卡锡更是一发不可收，他走到哪里，就把鼻子嗅到哪里。靠着这样的敏锐和坚定，麦卡锡最终成了大富翁。当然，我们需要讲清的一点是麦卡锡大手大脚的结局并不是我们要学习和借鉴的。

试想，如果在当初破产的时候，麦卡锡放弃了，结果会怎么样？还会有他后来的成功吗？答案是否定的！这就好比没有米没办法做熟饭一样。每个人都期待成功，而之所以有人成功了，有人却失败了，为什么？就是因为在即将成功的转弯处，有的人放弃了，有的人没有放弃。

▲ 缔造富豪
▲ DIZAOFUHAO

　　无论遇到什么样的失败，都要在内心深处对自己说："我一定会成功"，只有这样，你才可能成功。如果你对自己尚且没有信心，又怎么期待成功青睐你呢？我们甚至可以这样理解：成功就是一个害羞的孩子，如果你关起房门，不愿意与它进一步沟通，那成功是不会主动跟你交朋友的。

第九章 坚韧不拔，知难而进

你不放弃希望，成功才不会放弃你

鲁迅先生曾经说过："希望是本无所谓有无所谓无的，这正如地上的路，走的人多了，也便成了路。"在电视上看到很多人病入膏肓，最终却战胜病魔，开心地活下去，就是因为他们内心深处残留着希望。在一个人得了绝症之后，如果能够放宽心，给自己以希望，那他一定会比大夫预期的时间活得长。否则，只会早早就告别人世。如果你心中没希望，即使是小小的感冒，也有可能将你彻底打垮。人是为希望活着的，没有希望，遇到一点儿小事就放弃自己的人，是不可能成功的。因为成功就是一首坚持的诗，只有永不放弃、坚持到底的人才可能将它吟咏得更好。

日本松下电器公司总裁松下幸之助出身贫寒。年轻的时候他曾到一家电器工厂谋职。这家工厂的人事主管看松下幸之助衣着肮脏，身体瘦小，觉得很不理想，便信口说："我们现在暂不缺人，你一个月以后再来看看吧。"这本来就是个拒绝松下幸之助的借口，可谁知一个月之后，他竟真的回来了。这样反复了多次，主管只好直接表达自己的态度："你这身脏兮兮的打扮是进不了我们工厂的。"松下听后立即借钱买了一身整齐的衣服穿上再来面试。负责人见他实在，只好说："之所以不聘用你，是因为你电器方面的知识掌握的太少了。"

松下听完这话就回去了，可两个月之后他再次出现在这位人事主管面前："我已经学了不少有关电器的知识，您看我哪方面还有差距，我一项项来弥补。"这位人事主管紧盯着态度诚恳的松下，看了半天之后才说："我干这一行几十年了，还是第一次遇见你这样的人。我真佩服你的耐心和韧性。"

然而，正是依靠这种永不放弃的精神，松下最终打动了这位人事主管，得到了这份梦寐以求的工作，并以此为契机，最终成为电器行业了不起的领军人物。

缔造富豪
DIZAOFUHAO

我一直相信一个人总会有成功的一天。所以即使受到挫折也不要绝望，即使筋疲力尽也不要忘记奋斗，因为事情的发展往往会有出人意料的时候。上帝喜欢在云端眨眼，所以我们要想成功就必须经得起考验。在失败的时候明白这是上天刻意的安排，鼓起勇气，坚持下去，最终成功是会属于你的。伟大的事业从来就不是一蹴而就的，它是由许多平凡的事务积累成的。伟大的事业也不是靠侥幸取得的，只有坚强的意志才能最终成就它。

经常听到别人这么说："为了成功，我曾经努力了不下上千次，可一直没有成效。"这话你觉得是真的吗？我对此表示怀疑，别说他们没有试过上千次，就是十次都很令人怀疑。因为如果你有这样的决心能够尝试上千次，那你就不会继续在这里抱怨说你没有看到成效了。说这些话的人多半是尝试了八九次，就是因为没有看到成效，最终放弃了。可他们不知道，也许再尝试第十次或者第十一次，成功就会属于他们了。很多时候成功没有那么难得到，难就难在很多人中途放弃了。如果前进路上有一道铁墙，你无论如何也要咬牙坚持下去。因为只要你翻过墙，成功就在墙的那边等着你了。

1927年，美国阿肯色州密西西比河的大堤被洪水冲垮了。一个9岁黑人小男孩的家被冲毁，就在洪水即将吞噬他的一刹那，他的母亲用力把他拉上了堤坡。

后来男孩子8年级毕业了，但阿肯色中学不招黑人，他只能到芝加哥去读中学。然而，家里根本没有那么多钱供他念书。这时候母亲做了一个决定：让孩子复读一年。而她为了给孩子攒上学用的钱，为50名工人洗衣、熨衣和做饭。

第二年的夏天，母亲终于凑够了上学用的钱，然后她带着男孩子踏上了奔向芝加哥的火车。在这个偌大的城市，母亲靠当佣人谋生。男孩则以优异的成绩读完中学，又顺利地读完了大学。大学毕业后他创办了一本杂志，因为缺少500美元的邮费不能给订户发函。一家信贷公司表示愿意贷款给他，但有个条件：得有一笔财产作抵押。母亲听说后，同意将她心爱的家具用来作抵押，而这套家具是她分期付款很长时间才买到的，是她一生最喜欢的东西。

后来这份杂志取得了巨大成功，男孩子做了一件事：将母亲列入他的工资花名册，并告诉她算是退休工人，再不用辛苦工作了。

可是好景不长，一段时间后，男孩的杂志一下子陷入了低谷。面对巨大的困难和障碍，男孩好像已经无力回天了。一天，他心情极度郁闷地跟母亲说："妈妈，看来这次我真的要失败了。"

"儿子，"母亲说，"你努力尝试过了吗？"

第九章 坚韧不拔，知难而进

"试过了。"

"非常努力吗？"

"是的。"

"很好。"母亲果断地结束了谈话，"无论什么时候，只要你肯努力尝试，就一定不会失败。"

果然，男孩很快渡过了难关，攀上了事业新的巅峰。

这个男孩就是驰名世界的美国《黑人文摘》杂志创始人、约翰森出版公司总裁、拥有3家无线电台的约翰·H·约翰森。

命运灿烂与否全在于搏击，奋斗下去就是希望。失败任何时候只有一种，那就是放弃努力。

人类心理学先驱艾尔费烈德·艾德勒说："你愈不把失败当做一回事，失败愈不能把你怎么样；只要能保持个人心态的平衡，成功的可能性也愈大。"简而言之，就是成功人士根本不考虑什么是失败。一家媒体经过对近百位成功男士和女士的采访和研究(这些成功人士包括高级管理人员、议员、教练和许多其他行业的人士)发现，这些人甚至根本不用"失败"一词，他们更倾向于用"错误或冒失的开端"或者"挫折"等。他们中的一个人说："如果说我的成功有什么诀窍的话，那就是我希望我能尽快并尽可能多地犯错误，以便从中吸取教训。"另一个则引用了哈里·杜鲁门的名言："无论什么时候，如果我做了一个糟糕的决定，我就立刻出去再做一个另外的决定。"

弗莱彻·布罗姆是科佩尔公司的总经理。那是一家经营建筑材料并提供相关服务的公司。当弗莱彻·布罗姆被人问到什么是他这一生中做过的最困难的决定时，他说："我不知道什么叫困难的决定，我总是尽我的最大努力去做事，担心、焦虑只会阻碍你正确地思考问题。"

在商场打拼了数十载的威廉·史密斯伯格，始终牢记着他年轻时犯过的"错误"。因此他总是语重心长地对他的员工说："我希望你们任何时候都大胆地去冒险。在这个公司里，没有哪一位高级管理人员没有犯过错误，他们都或多或少地对某种产品的失败负有不可推卸的责任，这也包括我。做事业就像滑雪，如果你没有摔过跤，你肯定不能学会。"

尽管我们不能说这些成功人士是在高度赞美失败，但他们确信他们已经从失败中学到了知识。医学科学家乔纳斯·索尔克博士经过201次实验终于成功发现了脊髓灰质炎(俗称小儿麻痹症)的疫苗，结束了这一病症对人类的肆意蹂躏。

缔造富豪
DIZAOFUHAO

有一次有人问他:"你取得了如此卓越的成就,彻底结束了脊髓灰质炎对人类的折磨,你又是怎么看待先前的200次失败呢?"索尔克博士回答道:"我这一生中从来没有经历过200次失败。我的字典上没有'失败'这个词。前200次尝试增加了我的经验,让我学到很多东西,如果没有前200次的学习,我不可能得到这样的结果。"

乔纳斯·索尔克博士的话让我想起了一个心理学的实验。在这个实验中,有一批狗在完成一个很简单的任务时都失败了,那狗为什么会失败呢?

实验中,有一个很大的用铁做的笼子。笼子中间有一个铁栅栏,把笼子分成两半。把狗放进笼子的一边,在笼子底通上电,狗受到电击,会感觉到尖锐急剧的刺痛。一些狗受到电击后,马上跳到了笼子的另一边;在另一边受到电击时,又很轻松地跳回来。这个任务其实很简单,随着通电部位的变化,狗就在箱子中间跳来跳去以躲避电击。但有另外一批同样的狗,它们在受到电击时,不做任何跳跃和挣扎的动作,只会浑身发抖,低声哀鸣,露出一副失败的可怜样。为什么这些狗会做出不同于前面那些狗的举动呢?原来在进行这项实验的时候,心理学家对它们进行了这样的实验:把这些狗栓在一个铁柱子上,时不时地用电刺激它们。狗受到电击后会挣扎、跳跃、咆哮,但无论怎么挣扎,都摆脱不了电击的折磨。经过数十次电击和无效的挣扎后,这些狗最终放弃了努力。等到了笼子里再被电击时,它们也只是瑟瑟发抖,任人宰割了。

人当然比狗聪明,把人囚禁在一个地方,也许之前已经进行了很多次尝试,他多半是会继续努力,想出逃脱的办法的。要不怎么会有那么多历尽千辛万苦从戒备森严的监狱中越狱的人呢?那些成功的富豪很早就从生活中了解到没有"错误",而只有"学习机会"。"失败"之所以是失败,是因为你不再重新开始,这样才使失败成为最终的定局。与其只为"失败"犯愁,不如仔细研究它们,因为它们是开启成功之门的金钥匙。然后,再试一次,直到做对为止,成功的大厦从来都是这样砌成的。作家威廉·马士腾曾经写道:"生命中如果有哪个因素是能导致成功的,那就是从被击倒中得到益处。就我所知的每个成功,都是因当事者能够分析被打倒的原因,而在下次再试时从中得到助益。"

第九章　坚韧不拔，知难而进

坚韧是战胜失败的必要因素

　　毅力是化俗望为金钱的一个重要因素。一个人如果没有毅力，别说战胜不了创业途中的种种磨难和打击，就是生活中的各种挫折也不一定就能克服。任何时候都要坚信：有毅力，你才会赢。

　　几乎所有的富豪都被人们认为是冷酷无情的，有时甚至是残忍的。其实这只是人们的误解。富豪们表现出来的冷酷无情，其实是意志力与毅力、欲望的完美融合。他们正是靠着坚忍不拔的毅力最终才走向成功巅峰的，在他们眼中毅力是必不可少的成功素质。因此，很多富豪都大加称颂"毅力"在人生道路上的重要作用。麦当劳创始人克罗克曾经说过：

　　"在世界上，毅力是无法替代的。

　　天赋无法替代它，有天赋却失败的人比比皆是；

　　教育无法替代它，受教育却失败的人到处都有；

　　才能无法替代它，有才能却失败的人随时可见；

　　只有毅力是无所不能、所向披靡的。"

　　本杰明·富兰克林是几百年来全世界公认的伟人。他的一生中有无数的伟大作为：他发明了避雷针，参与了美国独立战争，写出了"自由、平等、博爱"的名言，美国《独立宣言》的主要起草人之一。同时他还是作家、画家、哲学家，并自修了法文、西班牙文、意大利文、拉丁文，但促使他成功的主要因素，却是坚忍不拔的毅力。

　　年轻时的富兰克林并不十分成功，但十分渴望成功。经过精心总结，他发现成功的关键在于完善的人格，而完善的人格应包括以下13个原则：节制、寡言、秩序、果断、节俭、勤奋、诚恳、公正、适度、清洁、镇静、贞洁、谦逊。

但仅仅知道这13项原则是没有用的，关键是要将它们变成自己的习惯，这才能起作用。明白了这一点后，他为自己准备了一个本子，每一页打了许多格子。他非常清楚，一段时间只能专注于一项修炼，否则，会适得其反。于是他头一个星期只专注于"节制"，每天监督自己要节制，并在本子上做上记号。一个星期后，他惊喜地发现，"节制"已经慢慢在他身上生根了。

尝到甜头后，第二个星期他开始关注"寡言"，并对"节制"复习巩固；第三个星期是"秩序"，再对第一项、第二项复习进行巩固。这样13个星期后，他发现自己待人接物、为人处事都发生了根本的变化。

为了巩固已经有的习惯，富兰克林又在一年内进行了三次13个星期的轮回修炼。这样一年后，这些习惯已经融入了他的血液，渗入了他的灵魂，浸透到了他身体的每一个细胞。成功到此时就成了顺理成章的事了。

毅力，是人的一种心理忍耐力，也是保证一个人成功的持久力。当它与人的期望、目标结合后，就会发挥巨大的作用。要实现自己的抱负，就必须增强毅力。没有毅力，任何抱负都可能沦为空想。

很多人抱怨自己的失败，抱怨自己没有机遇，对别人的成功望而兴叹，却从来不在自己身上找原因。可能这些人都曾经制定过计划，也曾经暗下决心，要通过自己的努力实现抱负。但回首自己的过往，是不是有很多次都对自己说"这事明天再做吧"，到了第二天却忘了自己曾下过的决心？想要成为富豪绝不是口头上说说就可以了，它需要行动起来，而行动则需要坚定的毅力做支撑。

达·芬奇说："顽强的毅力可以克服任何障碍。"坚强不屈的人，在这个世界上只有一小部分。也正是他们，靠着坚韧的力量，将短暂的失败变成了最终的胜利。

然而，毅力不等于蛮干，它是善始善终地将工作做好；毅力也不等于执拗，更不等于顽固。顽固是消极的意志品质，它不实事求是，也不考虑完成任务的可能性，而是一意孤行，不听任何劝告的一条路走到黑；毅力则是积极的意志品质，它是理智的选择，及时地总结经验和教训，因而能将失败变为成功。毅力不仅是漂越苦海的小舟，也是理想的春风吹出的鲜花。

当然，毅力也不是天生的，更不是随随便便就能产生的。它是一种习惯，是在实践活动中逐渐培养、发展起来的。跟其他心理形态一样，培养毅力也必须以清楚的动机作基础。这些动机包括：

1. 准确的目标。它是指要明确自己渴望的是什么。这是培养毅力的第一步，

第九章　坚韧不拔，知难而进

也是最关键的一步。因为强烈的动机是人成功的先决条件。

2. 欲望。人在没有欲望的时候，对任何事都会变得无所谓。当然，有欲望的时候就完全不一样了。你没看到那些被欲望驱使的人做出种种非常的举动吗？人一旦有了欲望，就会保持高涨的奋斗毅力和热情。

3. 自信。相信自己一定可以实现计划，这样的自信可以激励一个人坚定地完成计划。

4. 明确的计划。有组织的计划可以更好地引发毅力，即使计划可能有些不完整和局限性。

5. 踏实地执行。必须仔细观察与分析，不能用猜测来代替扎扎实实的行动。

6. 协调合作的精神。培养毅力还必须是相互之间能达成谅解，融洽的合作。

7. 意志。思想集中到明确的计划上也会产生毅力。

8. 专注。当一个人将自己的精力集中到一件事上的时候，很容易就会做出成绩，这时候自信自然也会增加。当你有了自信的时候，想要继续坚持下去，自然就会有相当强的毅力了。

9. 习惯。习惯在人的一生都起着十分重要的作用。它在很多情况下都主导着人的生活。如果你在生活中将毅力当成一种习惯，那么，即使面对再困难的境况你都可以轻松应对了。

我们在聆听富豪成功经验的时候，都知道他们的成功是历经千辛万苦才得到的，有的甚至奋斗了半生才最终成功。在奋斗的过程中，他们始终抱着坚定的信念，即使面对再大的困境，他们也不允许自己悲观。因为他们知道，一旦走进悲观的死胡同，什么样的智慧和能力都可能被堵塞了，还可能因此失去正确的判断力，对所有的事情都会感到一筹莫展。在遇到困难的时候，他们多半会冷静面对，追究事情的原因。也正是因为这份冷静他们才没有迷失方向，才最终以稳健的脚步向前迈进，开拓出了一条成功的康庄大道。

古语有云："尽人事听天命"。人在面对困难的时候，只要努力发挥自己的潜质，大胆尝试，坚定信念，发挥毅力，成功就不远了。

坚韧是通向成功的铺路石

曾经有一个叫皮特的人，他父亲去世后留给了他一座非常美丽的森林庄园，他一直为拥有这样一个庄园而自豪。可就在一年深秋，一道突然而至的雷电引发了一场大火，无情地烧毁了皮特引以为豪的大森林。

皮特伤心地向银行贷款，以恢复庄园的勃勃生机。可银行拒绝了他的请求。皮特异常沮丧，一直闷闷不乐。太太怕他闷出病来，就劝皮特出去散散心。

心情烦闷的皮特走到一条街的拐角处，看到一家店铺门前人山人海，一看才知道原来是些主妇在排队购买用于烤肉和取暖的木炭。看着那一截截木炭，皮特眼前一亮。回到家后，他马上雇了几个工人把庄园里烧焦的树木加工成优质木炭，再送到集市上售卖。结果没多久，木炭就被抢购一空。皮特用卖木炭的钱买了一大批树苗，终于又使他的庄园绿浪滚滚了。

我们都知道，意志坚韧可以战胜任何挫折，也可以让人顽强地面对失败，但真正做起来却非常难。在遇到困难和挫折的时候，大多数人会觉得沮丧和无助，然后感到自卑，从而自我否定。现在紧张的生活节奏常常会让我们陷入烦恼和焦虑中，虽然我们也在不断要求自己尽快找出解决的办法，可往往陷入怪圈找不到方向，从而更加消极。一直消极的结果就是一败涂地。所以我们要做的是让挫折帮助我们解决问题，而不是向挫折屈服。

我们都知道"有志者事竟成"这句话，它告诉我们战胜挫折最好的办法就是有坚韧的意志。只有坚韧能让我们最终体会胜利的喜悦。面对挫折不退缩的人可以承受来自各方面的挫折和压力。因为有坚韧的意志力在为你充当翅膀，这时候在你眼里，挫折不再是最初不可逾越的高山，现在你可以轻松逾越它。

当然，坚韧也不是天生就可以拥有的，它需要点滴积累的过程。要培养坚持

第九章　坚韧不拔，知难而进

到底的坚韧，就必须先做到积极主动地参与，做到在所做的事情上集中注意力，只有这样才能做到坚持到底。

坚韧也需要乐观的心态。因为只有乐观的人才能永远保持积极向上的心态，永远充满了勇气，只有这样才能让坚韧坚持到底。

坚韧同时需要逆境的磨炼。身处逆境对很多人来说可能是一种不幸，可它却能充分锤炼我们坚韧的意志。因为逆境的摆脱需要的就是坚韧不拔的毅力。

另外，坚韧还需要自信的帮助。自信是挑战挫折的动力，它可以让我们勇敢地挑战挫折。没有自信的人能够拥有坚韧的意志，这十分让人怀疑。因为自信是支持坚韧不倒的支撑，只有有了自信，坚韧才是有意义的。

坚韧在很大程度上代表了一种积极向上和自信乐观的态度。怀抱这种态度去生活的人，必然能经受任何挑战，因为他们是从乐观的角度出发看待身边的一切的，他们相信风雨之后一定能够见到彩虹。当你面对挫折和失败时，是打算放弃呢，还是打算把它当成考验继续努力呢？人的一生要想有所成就，不可能只有喜悦没有挫折和失败，别忘了，失败是成功之母。

如果一个人在奋斗的过程中，将挫折和失败看成生活的挑战，并且接受这种挑战，在被失败打击之后站起来，朝着既定的目标前进，那成功最终会是属于他的。当然，这个过程的实现，需要的是坚韧的意志力。

坚韧代表的是自信和积极的态度，这种态度可以帮助我们战胜一切挫折和失败。而坚韧，顾名思义就是指一个人如何看待挑战，如何对待自己的命运之路。暴风雨固然是可怕的，但只要记得风雨之后会有彩虹，那再大的风雨也阻止不了你前进的脚步。而任何一个人只有不畏挫折、失败和挑战，拥有坚韧的态度和意志力，才能在风雨洗礼后见到绚丽的彩虹。

说了这么多，也许你急于知道如何才能拥有坚韧的性格，这就需要你注意以下几点：首先，要客观地看待出现挫折和失败的原因。这不仅要从自身去寻找原因，还要从不同角度出发去寻找原因。当然，这个角度必须是积极的，只有这样才能抓住问题的关键。但要注意，不能把原因归咎于外部环境，或者自己的粗心大意，只有客观才能找到解决的办法。其次，要了解自己的优点，培养自信心。只有了解自己的优点、对自己有信心的人，才能不惧挑战，积极表现自我。人的一生会碰到很多自己无法左右的情况，以及不可预知的挑战。正确分析造成挫折和失败的原因，大胆尝试，才能战胜挑战。当然，当你一个人不能承担的时候，可以与周围的人沟通，共同探讨解决问题的办法。再次，培养坚韧的性格还要有坚定的目标，不因为外部或自身原因而改变。在向着这个目标奋进的时候，一定要精神饱满，时刻保持着热情。最后，还有一点不可忽视，那就是正确的判断。只有有了正确的判断，你才可能鼓励自己坚定不移地坚持到底，而不是因为盲目而影响了坚韧的意志力。当你把努力和奋斗当成习惯，把挑战当做习惯，就能一直坚持下去。

　　所以，我们说坚韧的性格不是天生就能拥有的，它需要经过后天训练才能得来。只有那些坚韧的人才能最终走到最后。一旦缺少坚韧的性格，即使是个天才，也终究会屈服在挫折和失败面前。

第九章　坚韧不拔，知难而进

坚韧是成功的保证

　　"坚韧"是解除一切困难的金钥匙，它可以成就你想成就的一切。它可以使人们在面对大灾祸、大困苦时不致覆亡；它可以使家境贫寒的孩子接受教育，并最终光耀门楣；它可以使身材纤弱的女子挑起家庭的重担，保证孩子的成长；它可以使残疾人挣钱，养活年迈的父母；它可以使人们逢山凿路，遇水架桥……

　　世界上没有任何东西可以替代"坚韧的意志"。

　　坚韧的意志，是成就大事业的人所具有的共同特征。他们或许缺乏其他品质，或许有各种缺点，然而他们必定具有坚韧的意志。因为它是任何成功必备的因素之一。拥有了它，劳苦不足以让他们灰心，困难不足以使他们丧志，挫折不足以让他们却步。不管身处如何恶劣的境地，他们总能坚持与忍耐，因为坚韧是他们的天性。

　　年轻人可以用"坚韧的意志"作资本，去追求事业，一旦成功将会比以金钱为资本的事业还要大。而历史上的成功已经证明了这点。坚韧可以使人摆脱贫穷，可以使弱者变成强者，使无用变成有用。

　　卡耐基曾经说过，很多人成功的秘诀，就在于他们不怕失败。当他想要做一件事时，总是以澎湃的热情全力以赴，从来不浪费时间考虑失败的可能。即使真的失败了，也会立刻站起来，卯足更大的劲儿，向前大踏步前进，直到成功为止。

　　而那些不具备坚韧性格的普通人，一旦在事业上失败，就会一败涂地，一蹶不振。在他们眼里，现在的失败就是最终的命运，人生已经注定了这些。

　　你曾经看见过一个做事时不管情形如何，都不肯放弃，不肯停止，即使遭遇失败，也含笑站立，并以更大决心向前奋进的人吗？你曾经看见过一个不知失败为何物，不知何时才算受挫，任何困难与阻碍都不会让他跌倒，任何灾祸、不幸都不会让他灰心的人吗？假如你看到了，那是你的荣幸，因为你已经有机会向他学习这种坚忍不拔了。

当你在事业上有"向后转"的念头时，你要小心了，这是最危险的时候，也是最重要的关头！历史上的很多大事业，都是在大多数人都想"向后转"的时候造就的。

也许你会问什么样的人才算坚韧的人。这其实很好找，那些从事科学发明的人就是最好的例证。我们随便举一个例子，诺贝尔，就是发明炸药的那个人，他的发明极多，获得的专利有255种，其中仅炸药就达129种。诺贝尔同时也是一个富豪，但又有谁知道这些发明是在诺贝尔几乎付出生命的代价之后才得来的。在经历了无数的失败之后，诺贝尔依然保持着旺盛的奋斗热情。即使失败，诺贝尔依然没有轻言放弃，最终我们看到了胜利的他。如果说之前的哪一次失败诺贝尔放弃了，那今天我们的生活也可能因此倒退很多。

可能有人会说，我不是发明家，不需要这样的坚韧。所以他们任由自己在做事的时候有始无终。在开始的时候保持着满腔热忱，等遇到困难的时候，就半途而废。那这样的人怎么能成功！他们觉得坚韧是属于那些已经站到成功巅峰的人，觉得自己就是一个普通人，没有坚韧的性格也没有关系。如果是这样的话，就不要抱怨自己为什么迟迟不能成功。难道他们忘了，当一个人豪情满怀的时候，做事是多么势如破竹吗？当然，我们也不能以一个人刚开始做事情的热情来估量他的价值，因为每个人初遇一件事的时候都会有三分钟热度。那是因为人的新鲜感还没有过去，我们应该以最终到达终点的速率来判断。

一个人在做事时，能否不达目的不罢休，是检验一个人品格的标准。坚持是最难能可贵的一种德性。许多人有人云亦云的通病，在情形顺利时，他们努力奋斗；但在大众退出时，他们也自觉地放手了。

曾经有人给一位富豪推荐了一个少年，在这个人向富豪列举了少年的种种优点后，富豪说："他有耐性吗？这是最要紧的事，他能坚持吗？"

是的！这是你终生的问句："你有耐性吗？你有坚韧力吗？你能在失败之后仍然坚持吗？你能不管遇到任何障碍仍然前进吗？"如果你的回答是肯定的，那恭喜你，你已经离成功不远了。

第九章 坚韧不拔，知难而进

意志力是坚韧的同胞兄弟

毅力的基础实际上就是意志力，当意志力和欲望完美结合的时候，就会产生不可抗拒的强大力量。意志力和坚韧是一奶同胞的兄弟，在你克服困难的时候，离不开坚韧，同样也离不开意志力。因为你要做出的每一个决定，都要依靠你内心的力量。当然，意志力不是生来就有的，也不是不可以改变的，它是一种能够培养和发展的技能。

查找字典，你会发现关于意志力有这样的解释："控制人的冲动和行动的力量"，其中最关键的是"控制"和"力量"这两个词。"力量"是客观存在的，问题的关键在于如何"控制"它。

这里有几个方法可以帮助你增强意志力，你不妨试一试：

1. 积极主动

不要把意志力与自我否定相混淆，当把它应用于积极向上的目标时，它将变成一种巨大的力量。

美国东海岸的一位商人知道自己经常喝酒，而且喝得很多。然而他总是这样安慰自己，说自己从事的是非常烦人的工作，如果在吃饭的时候喝几杯葡萄酒，那会使紧张的情绪得到舒缓。可他忽略了一点，那就是酒和累人的活儿会使人昏昏欲睡，所以，他经常在工作的时候呼呼大睡。终于有一天，他意识到自己是在借酒消愁，浪费时光，于是决定不再贪杯，而是把更多的时间花在儿女身上。刚开始时很不容易，因为那香气四溢的葡萄酒总是诱惑他，每当这时他就会暗暗告诫自己。后来，他发现越是关心子女，工作起来越是有干劲儿。

主动的意志力能让你克服惰性，从而把注意力集中起来。在遇到困难时，想象自己克服它之后的快乐，然后全身心投入进去，你就能坚持到底了。

2. 下定决心

美国罗得艾兰大学心理学教授詹姆斯·普罗斯把实现某种转变分为四步：

抵制——不愿意转变；

考虑——权衡转变的得失；

行动——培养意志力来实现转变；

坚持——用意志力来保持转变。

有的人属于"慢性决策者"，他们知道自己应该怎么做，但在决策的时候却经常优柔寡断，结果往往不能付诸行动。

为了更好地下决心，可以给自己的目标规定期限。玛吉·柯林斯是加州的一位教师，对如何减肥十分关心。后来她参加了一个公众节目，为了更好的减肥，她给自己买了一件比现在的身材小两号的服装，并规定在三个月后穿它。由于坚持不懈，柯林斯最终如愿以偿。

3. 目标明确

普罗斯教授曾经研究过一组打算从元旦起改变自己的实验对象，结果发现最终成功的是那些目标具体、明确的人。其中一名男子决心每天对妻子和颜悦色、平等相待。后来，他果真办到了。另一个人则是想做到对家里人好一点儿，结果最终还是老样子，吵架不断。

所以在订立目标的时候，不要说那些空洞的话"我打算多进行一些体育锻炼"或"我计划多读一点儿书"。而应该具体、明确——"我打算每天早晨步行45分钟"或"每天晚上散步半小时"。

4. 权衡利弊

如果你因为看不到好处而对计划三心二意的话，那你最终是不可能成功的。

普罗斯教授对前往他那儿咨询的人说，可以在一张纸上画好4个格子，以便填写短期和长期的损失和收获。比如你打算戒烟，那就可以在顶上两格填短期损失"我感到很难过"和短期收获"我可以省下一笔钱"；底下两格填长期收获"身体会更健康"和长期损失"我将缺少一种排忧解闷的方法"。通过这样仔细比较，聚集起戒烟的意志力就会更容易了。

5. 改变自我

当然，光知道收获是不够的，最根本的动力来自于你想要成功的决心。道理有时让人信服，但只有在感情因素被激发起来时，你才能真正响应。

汤姆做事往往半途而废，后来某一天他突然意识到再这样下去，是不可能成功的。再加上后来看了别人的成功，终于决定一直努力下去，不再半途而废。

6. 注重精神

法国17世纪著名的将领图朗瓦以身先士卒闻名，每次打仗他都站到队伍最前面。在别人问为什么时，他直言不讳："我的行动看上去像一个勇敢的人，然而自始至终我都非常害怕。我没有向胆怯屈服，而是对身体说'老伙计，你虽然在颤抖，可一定要坚持啊'结果就是你们看到的那样。"

大量事实证明，假设自己是有意志力的行动，有助于你成为一个具有顽强意志力的人。

7. 磨炼意志

早在1915年，心理学家博伊德·巴雷特就曾提出了一套锻炼意志的方法。其中包括从椅子上起身和坐下30次；把一盒火柴全部倒掉，然后一根一根地装回盒子里。他认为，这些练习可以增强意志力，以使你成功面对各种挑战。巴雷特的建议看似过时，但思路却并不过时。例如，你可以事先安排星期天上午要干的事情，并下决心不办好就不吃午饭。你试过之后可能就会发现，你真的完成了那件事，且并没有耽误吃饭的时间。

8. 坚持到底

俗话说"有志者事竟成"，这句话里就包含着与困难作斗争并将其克服的意思。如果你决心做好一件事，那无论遇到什么困难，都要将它坚持下去，千万不要放弃，否则你还会回到原点。

9. 实事求是

如果想要自己最终成为富豪，那就从现在起面对任何困难的时候都要坚持将自己的计划进行到底，即使它看起来那么不可实现。当然，为了实现这点，你可以尝试着将这个大目标分割成一个个小目标。比方说你规定在一年之后要实现什么，在一个月之后要实现什么目标，在一周要实现什么目标，这样经过一段时间，你就会发现自己进步神速。

10. 逐步培养

坚强的意志不是一夜间突然产生的，它有一个积累的过程，中间难免会遇到挫折和失败，这时候就要找出使自己丧失斗志的原因，并有针对性地解决它。

拿戒烟来说，前边你可能下了很多次决心，可一直没有成功。分析原因后，你就可以用一些东西来代替烟，比方说织毛衣。几个月之后，你可能就成功了。

11. 乘胜前进

实践证明，每一次成功都会使意志力增强一点儿。如果你用顽强的意志克服了一种不良习惯，那就能坚定获取胜利的信心。

所以，我们说一个有意志的人能克服一切困难。即使为此经历了很长的时间，付出了极大的代价，那无坚不摧的意志力终能帮助他到达成功的彼岸。

一个有着坚强意志力的人，肯定富有创造力。在每一次前进的途中，你的自信和勇气越强，你战胜困难的决心就会越大。它会在你攀登悬崖的旅途中提供一个坚实的"立足点"，从而助你一臂之力。

你是以怎样的态度来面对失败呢？是慌乱、恐惧，还是淡定、沉着？如果你想"我一定会成功"，那我可以肯定地告诉你，未来成功一定会是属于你的。

将毅力培养成为一种习惯吧！当你面对失败的时候，它一定会给你带来丰厚的回报。

第九章　坚韧不拔，知难而进

激情是不惧失败的火焰

凭谁问，廉颇老矣，尚能饭否？这句诗可能人人都知道，但其中包含的典故你了解吗？

当年廉颇被赵王免职后，跑到了魏国。赵王心意悔改，本来是想重新起用他的，于是派人到魏国探查廉颇的身体情况。如果事情顺利发展，廉颇回赵国还是非常有可能的，但事情坏就坏在中间杀出了个程咬金——廉颇的仇敌郭开。他为了阻止廉颇回赵国，暗中贿赂使者加以阻挠。接受了郭开贿赂的使者来到魏国，看到廉颇吃饭能吃一斗、十斤肉，身披铠甲轻松上马，还是一员虎将；而他回来却对赵王说："廉颇将军已经老了，虽然还能吃很多饭，可是和我坐在一起不长时间，他就去了三次厕所。"赵王一听，以为廉颇真的老了，于是不再起用廉颇，一代杰出的军事家就这样被遗忘了。

虽然古代的廉颇没被赵王重用，现在有一个当代廉颇却非常厉害。提起他的名字，可能大家并不熟悉，但提起全球最大的传媒娱乐公司——维亚康姆公司，你可能就知道了。维亚康姆旗下拥有哥伦比亚广播公司(CBS)、MTV全球电视网、Nickelodeon儿童频道、派拉蒙电影公司、派拉蒙电视、派拉蒙主题公园、Blockbuster录像带出租连锁店、Spelling电视节目制作公司、Showtime电影频道、西蒙出版公司、19家电视台及1300家电影院。而维亚康姆的总裁就是雷石东。

初听这个名字会觉得他是个中国人，然而他是个美国人。雷石东一生的经历异常丰富，也许论个人魅力，他不及GE的韦尔奇；论创造能力，他不如迪斯尼的艾斯纳；论冒险精神，他好像也与传媒大亨默多克有差距。但他的传奇人生和过人的创业激情却远远超过他的任何一个对手。一个人的一生能够在面对挫折和失

缔造富豪

败的时候，永远保持越挫越勇的激情是非常不容易的。不过，雷石东做到了，他在八十岁高龄的时候，依然在风云变幻的商场上不停地搏击着。这还不叫人惊叹吗？

究竟是什么让他在63岁快退休的时候，用大半辈子的经营积蓄展开对维亚康姆的围猎战，既而将其发展成世界上最值得羡慕、运营最好的传媒企业呢？又是什么让这个八旬高龄的老翁迟迟不愿敲响"廉颇老矣"的钟声呢？

要回溯雷石东的一生，你需要有充足的心理准备。因为他一生的经历就像是一部永远在快进的电影，你必须每时每刻睁大眼睛，才不会落下任何精彩的内容。而贯穿这部电影的主线就是雷石东对权利的欲望和对成就感的追求，以及越挫越勇的奋斗热情……

雷石东的前半生我们要讲的不多，不是因为不够优秀，而是因为他的巅峰事业是从后半生开始起步的，而这也是我们最推崇的地方。

如果你看到雷石东的右手，可能会被吓到：火红的皮肤，大拇指旁突出的关节……这是一只曾经浴火重生的手，它记录了雷石东的崛起和奋进。

1979年的时候，55岁的雷石东担任着国家娱乐有限公司的总裁。一天，为了参加华纳兄弟电影公司一个部门经理的聚会，他来到了波士顿，住到了柯普利酒店。然而半夜酒店突然着起了大火，雷石东的双腿被大火烧到动脉，双手被烧焦，全身的烧伤面积达到45%，情况严重到几乎要丧命。

医护人员看到雷石东的情况都觉得他可能在劫难逃。因为当时的医疗水平不高，医生只能从雷石东身上没烧伤的地方取皮补到烧焦的地方。这场大火让他经历了六次换肤手术，手术时间长达60小时。每一次手术的进行，都会让雷石东经历被活剥一般的痛楚。他第一次知道了什么是生不如死。

很多人觉得雷石东后来的种种表现跟这场大火有关，觉得是死亡让他对人生有了新的了解，在认识到生命的可贵后才将精力投入到了新的生活中。事实上却并不是这样的，他的人生观、价值观并没有改变，在他内心深处，对于奋斗的激情依然在不停澎湃。

不过，浴火重生多少也跟雷石东后来的表现沾点边儿。在63岁的时候，雷石东做出一个让世人惊诧的抉择——放弃对国家娱乐公司的日常管理，放弃其他一切工作，把全部精力集中在对维亚康姆的收购上。他的人生也由此变得惊心动魄起来。

对于雷石东的选择，很多人甚至业内人士都表示不理解，因为他们觉得维亚

第九章　坚韧不拔，知难而进

康姆的价值只在于它的硬件——有线电视网、广播台和电视台以及它的节目传输网络。但雷石东却认为，这是一个真正成长型的行业。之后，雷石东筹备资金开始与企图进行反收购的维亚康姆管理层决一死战了。

在这中间雷石东遇到不小的阻力，那就是维亚康姆董事会明显偏袒雷石东的竞争对手。他们好几次设法把雷石东的标底透露给企图进行反收购的维亚康姆公司管理层。管理层与雷石东在标价上展开了惊心动魄的拉锯战，从22.5亿、22.8亿美元一直跟到33亿美元。在这过程中，雷石东的每一次投标都被对手化解。他犹豫了，生平第一次开始担心：如果维亚康姆董事会执意不接受我的条件怎么办？如果真这样就意味着投入进去的资金也收不回来了，这又该怎么办？更重要的是，他还能把价格提到多高？

很多身边的朋友劝雷石东在挫折面前停下脚步，回家安度晚年。但雷石东面对挫折十分倔强，他依然保持着高涨的热情，决定要孤注一掷，因为他一定要赢！

后来雷石东在一周之内三次提高标价。雷石东的眼睛布满了血丝，这是一场绝对耗尽心力的角逐。在他听到维亚康姆董事会同意接受他的报价的消息后，已经接近崩溃的边缘了。

雷石东后来在他的自传中写到，在63岁的时候，他经历了一生中最重要的一次较量。在这过程中他将自己的一生当做赌注，好在在困难面前他笑到了最后。

时间很快流转到了1993年。在这一年，雷石东遇到了一个大机遇——兼并派拉蒙电影影业。然而要进行这个收购，雷石东有一个大障碍——派拉蒙影业的价格上升到了难以想象的高度。为了获得足够的现金，雷石东必须先控制世界上最大的录像带出租公司百视达，因为它拥有罕见的现金流量。

可这一仗，几乎将雷石东逼到了绝境。

先是雷石东在合并百视达之后与该公司的主席兼创始人关系急剧恶化，再加上百视达的最高管理层"身在曹营心在汉"，导致了很多重大失误出现，业绩由此迅速下滑。到1997年1月的时候，维亚康姆的股价几乎下降了10%。

此消息一经传出，传媒就开始质疑维亚康姆和雷石东的信用。媒体更是用了很多难听的词汇来形容他。维亚康姆的股价很快从63美元狂降到26美元，这场变动无疑是雷石东生命中的第二场致命的大火。

这该如何是好呢？

面对生命中来势汹汹的第二场大火，雷石东作出决定：亲自执掌百视达的航舵。

缔造富豪
DIZAOFUHAO

在经过一番艰苦的努力后，雷石东最终力挽颓势，反败为胜。1999年，雷石东以397亿美元收购了拥有200多家电视台与180家广播台的哥伦比亚广播公司（CBS）。事实再一次证明了雷石东的激情是永远不会熄灭的。

作为一个八十多岁高龄的老人，很多人关心他未来几年的计划。对此雷石东回答的很明确："我并不十分关心我的年龄，我考虑更多的是成功，即使面前有重重高山阻挡，我也要一直坚定地走下去，直到成功。因为我心中对于赢的激情是永远不会熄灭的。"

很多上班族面对每天的工作很容易心生厌倦，所以，一再追问如何才能更好地保持对工作的热情，永远激情澎湃。在这里雷石东已经给出了很好的回答。在他的生命中，激情是全部的意义，成功是永远不变的追求。在取得了一些小的成就的时候，他看到的是前方更大的成功，在这样的追求中他永远激情澎湃，永远激情四射。也正是因为这样，他才克服了一个又一个困难，将它们彻底击垮，站到了胜利的巅峰。